# 化学与生活

魏荣宝　编著

国防工业出版社

·北京·

# 内 容 简 介

本书从现实生活中的衣、食、住、行等诸多与化学相关的问题入手，着重介绍了化学在整个社会发展中不可替代的地位和作用，化学与生活的相关知识和密切关系，并从化学的视角来解释生活中最常见的现象。

全书共分9章，其中包括食品与健康、化学能源、生活环境、生活中的高分子材料等。还列举了生活中的化学小常识、有趣的故事、深刻的启迪等内容，寓教于乐、通俗易懂。

本书适合作为高等学校非化学专业开设的化学知识普及教材，也适合作为高中"化学与生活"选修课程的教学参考书。

**图书在版编目(CIP)数据**

化学与生活/魏荣宝编著. —北京：国防工业出版社，2011.8
ISBN 978-7-118-07443-7

Ⅰ.①化… Ⅱ.①魏… Ⅲ.①化学－普及读物 Ⅳ.
①06－49

中国版本图书馆 CIP 数据核字(2011)第 145262 号

※

国防工业出版社出版发行

(北京市海淀区紫竹院南路 23 号 邮政编码 100048)
北京嘉恒彩色印刷有限责任公司
新华书店经售

*

开本 710×960 1/16 印张 16¼ 字数 320 千字
2011 年 8 月第 1 版第 1 次印刷 印数 1—4000 册 定价 29.00 元

**(本书如有印装错误，我社负责调换)**

国防书店：(010)68428422　　发行邮购：(010)68414474
发行传真：(010)68411535　　发行业务：(010)68472764

# 前　言

　　"化学与生活"是一门面向高等院校非化学专业类学生开设的公共选修课程。通过学习,可以让学生逐步了解化学与社会的密切关系,普及化学与日常生活的相关知识,增强环境意识和自我保护意识,通过学习化学中的规律(如化学中的发明、DDT、六六六化合物的兴衰、化学中逆向思维的方法等),提高学生对学习化学的兴趣和欲望,增强学生的自我创新意识。

　　20世纪80年代以来,全世界每年在美国化学文摘(CA)登记在册的新化合物达数百万种之多,截止到2010年4月30日最新数据统计,人类已知的新结构分子已骤升到61813571种,其增长速度令人瞩目。

　　本书介绍了20世纪的化学为人类进步做出的巨大贡献,展望了21世纪生命科学、化学科学和信息科学共同繁荣的美好前景,同时向人们提示了环境污染的严重性及治理方法。

　　根据读者的建议,本书在《绿色化学与环境》一书的内容上进行了调整,删去了"绿色化学"一章,并将相关章节适当调整合并,增加了化学能源、生活环境、生活中的材料等与生活密切相关的章节,使论述的内容更加紧凑合理。与国内出版的类似书籍相比,本书几乎涵盖了日常生活中常见的所有化学问题,并从化学角度给出了合理的解释,力求达到知其然,亦知其所以然的效果。

　　为了适合高中生学习化学的需要,本书着重对高中三个版本"化学与生活"教材中论述的内容做了进一步的讲解和补充。

　　全书共分9章,内容包括人体需要的营养,食品添加剂,生活环境,生活中的高分子材料,生活中的化学小常识,能源,毒品与有毒气体,有趣的故事、深刻的启迪等。

　　感谢国防工业出版社对该书出版的帮助和支持,是他们的热心鼓励使我们树立了一定要写好这本书的决心。

　　本书在编写过程中,参考了国内外有关专家、学者的书刊文献以及网上相关资料,在此深表谢意。

　　参加本书编写的还有梁娅、魏凌云、郭晓燕、吴瑞珍,全书由魏荣宝统稿和定稿。

　　由于水平有限,疏漏不妥之处在所难免,敬请批评指正。

魏荣宝

2011年2月

# 目　录

# 第1章 人体需要的营养

人体所需要的营养主要有蛋白质、脂肪、碳水化合物、无机盐、维生素和水，只有全面、充足的营养供给，才能保证拥有健康的体魄。

## 1.1 碳水化合物（糖）

碳水化合物曾被称为醣，有甜味的醣称为糖，现在已统称为糖，而不再使用"醣"字。碳水化合物是生命的基础能源，它分解释放的能量可以维持人的生理活动，如心跳、呼吸、神经的兴奋、大脑的活动等。

### 1.1.1 糖的分类、结构

（1）糖的分类。糖可分为单糖、二糖和多糖，具体如下。

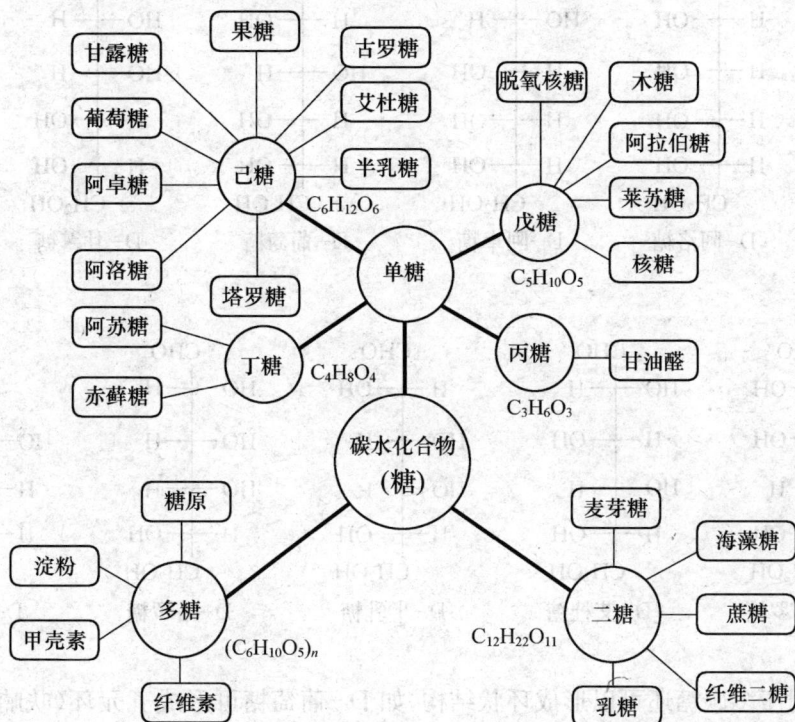

（2）糖的结构。糖的结构复杂，从立体结构讲，通常将糖类分为 D 和 L 系列。

①以开链形式表示单糖：

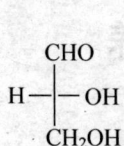 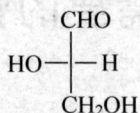 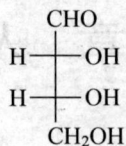 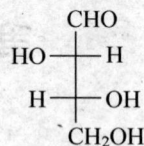

D-甘油醛　　　　L-甘油醛　　　　D-赤藓糖　　　　D-阿苏糖

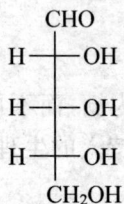 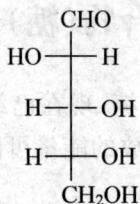 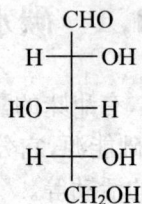 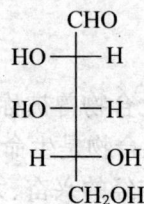

D-核糖　　　　D-阿拉伯糖　　　　D-木糖　　　　D-莱苏糖

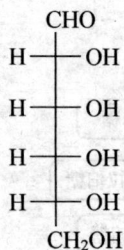 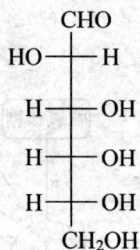 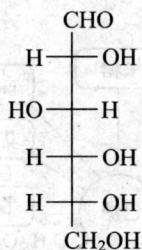 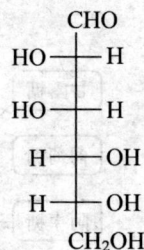

D-阿洛糖　　　　D-阿卓糖　　　　D-葡萄糖　　　　D-甘露糖

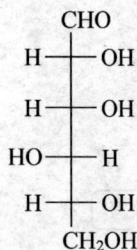 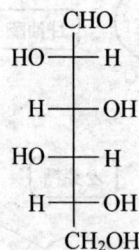 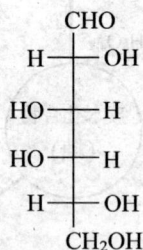 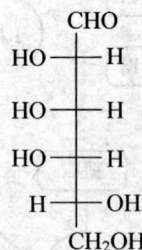 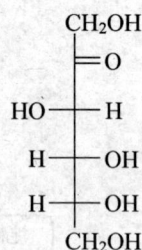

D-古罗糖　　　D-艾杜糖　　　D-半乳糖　　　D-塔罗糖　　　D-果糖

② 对于多碳糖还可以形成环状结构，如 D-葡萄糖可形成五元环（呋喃型）或六元环（吡喃型）结构：

2

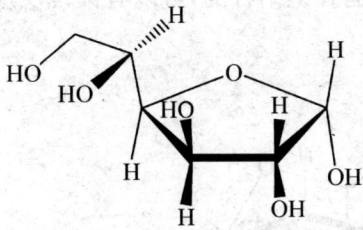

α-D-葡萄糖（呋喃型）

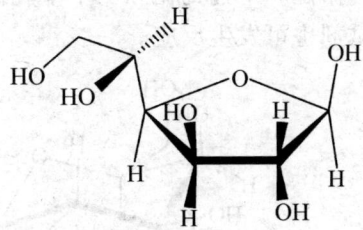

β-D-葡萄糖（呋喃型）

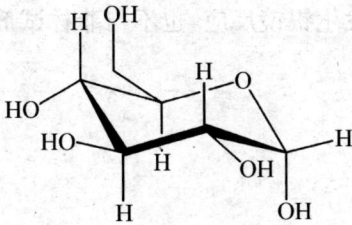

α-D-葡萄糖（吡喃型）

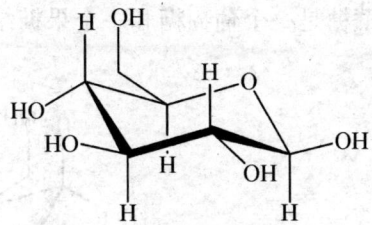

β-D-葡萄糖（吡喃型）

③ 二糖的环状结构：麦芽糖是两个葡萄糖以 α-1,4-糖苷键结合的，可以看成是淀粉的片段，可以有银镜反应，与菲林试剂也可发生反应。

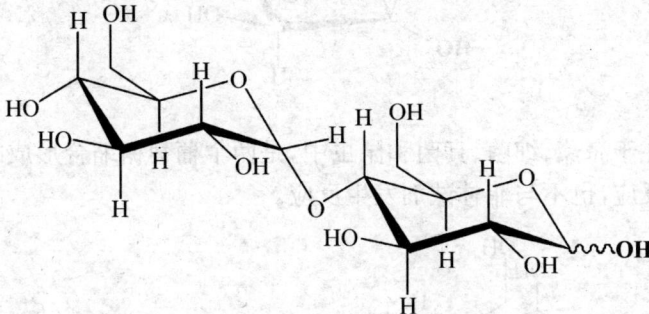

纤维二糖是两个葡萄糖以 β-1,4-糖苷键结合的，可以看成是纤维素片段，可以有银镜反应，与菲林试剂也可发生反应。

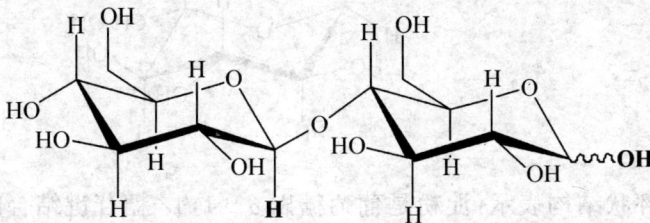

乳糖是一个葡萄糖和一个半乳糖以 $\beta-1,4-$ 糖苷键结合的,可以有银镜反应,与菲林试剂也可发生反应。

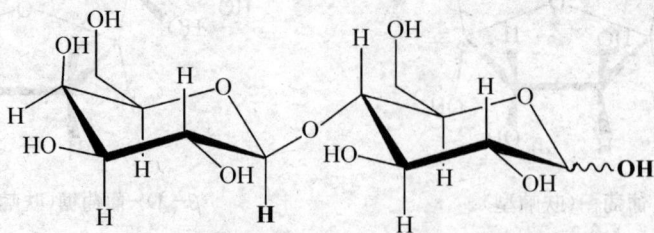

蔗糖是一个葡萄糖和一个果糖结合的,不能发生银镜反应,也不与菲林试剂发生反应。

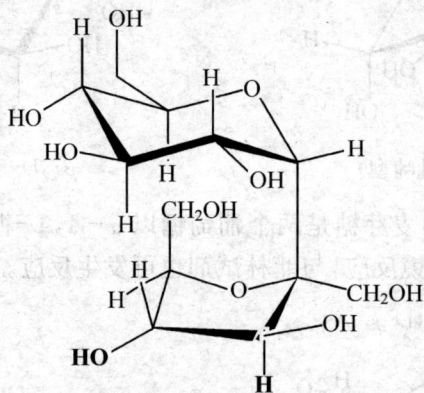

海藻糖存在于海藻、细菌、真菌和昆虫中,是两个葡萄糖缩合形成的缩醛类二糖,不能发生银镜反应,也不与菲林试剂发生反应。

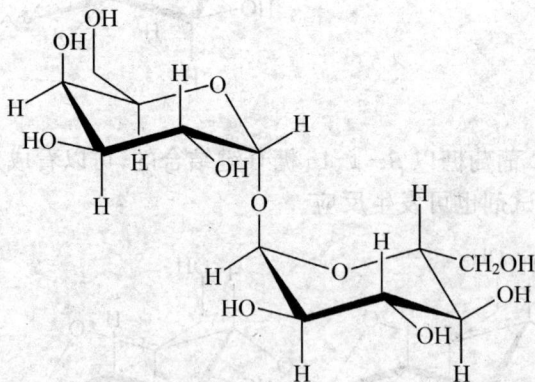

④ 多糖用环状结构表示:淀粉是葡萄糖以 $\alpha-1,4-$ 糖苷键结合的高分子化合物。

4

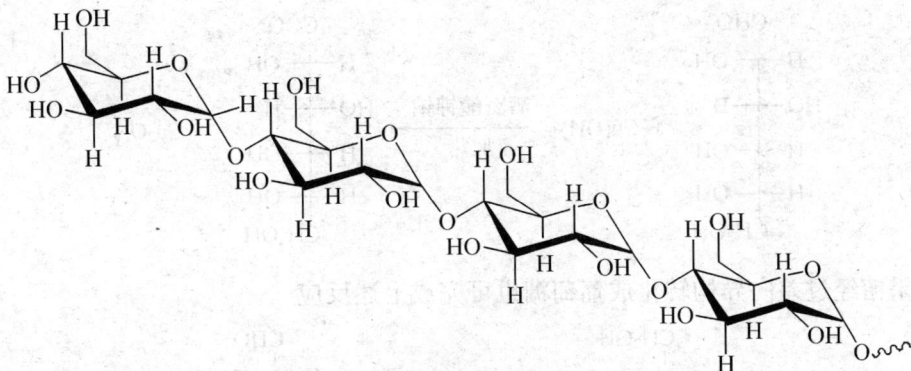

纤维素是葡萄糖以 $\beta$-1,4-糖苷键结合的高分子化合物。

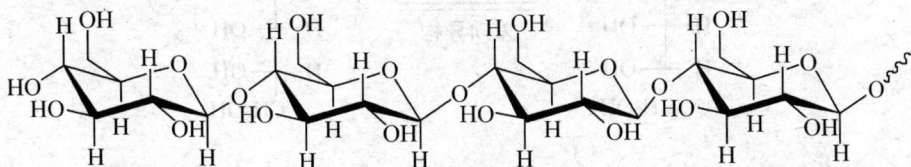

糖元是由葡萄糖以 $\alpha$-1,4-糖苷键及 $\alpha$-1,6 糖苷键合的高分子化合物。
甲壳素是氨基糖以 $\alpha$-1,4-糖苷键键合的高分子化合物。
必须指出的是,除了可以用 D,L 表示糖的构型外,还可用 R,S 表示糖的构型。

### 1.1.2　糖的性质

常见的单糖为葡萄糖和果糖,分子中含有多个羟基和一个羰基(醛基或酮基),具有多元醇和羰基化合物的性质。其主要化学性质如下。

(1) 葡萄糖与羧酸反应形成酯:

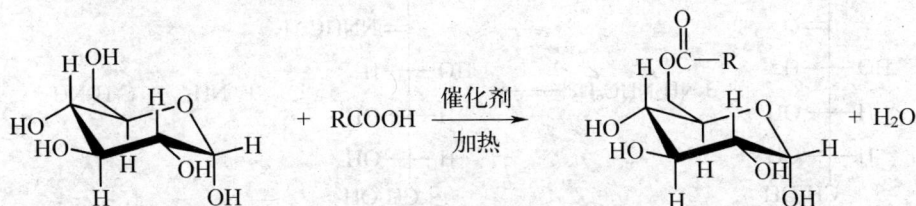

+ RCOOH $\xrightarrow[\text{加热}]{\text{催化剂}}$ + $H_2O$

(2) 葡萄糖(果糖)可被吐仑或菲林试剂氧化成羧酸:

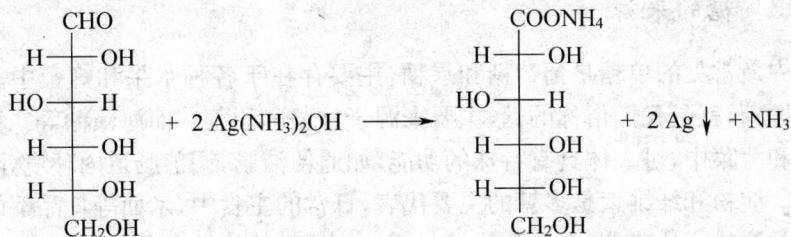

+ 2 Ag(NH$_3$)$_2$OH $\longrightarrow$ + 2 Ag$\downarrow$ + NH$_3$

$$
\begin{array}{c}
\text{CHO} \\
\text{H}\!-\!\text{OH} \\
\text{HO}\!-\!\text{H} \\
\text{H}\!-\!\text{OH} \\
\text{H}\!-\!\text{OH} \\
\text{CH}_2\text{OH}
\end{array}
+ \text{Cu(OH)}_2
\xrightarrow[\text{加热}]{\text{酒石酸钾钠}}
\begin{array}{c}
\text{COONa} \\
\text{H}\!-\!\text{OH} \\
\text{HO}\!-\!\text{H} \\
\text{H}\!-\!\text{OH} \\
\text{H}\!-\!\text{OH} \\
\text{CH}_2\text{OH}
\end{array}
+ \text{Cu}_2\text{O}\!\downarrow
$$

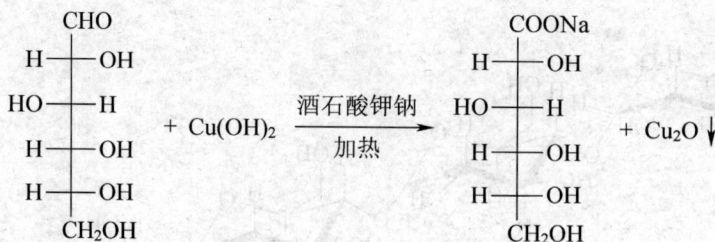

果糖经过差向异构转化成葡萄糖也可完成上述反应。

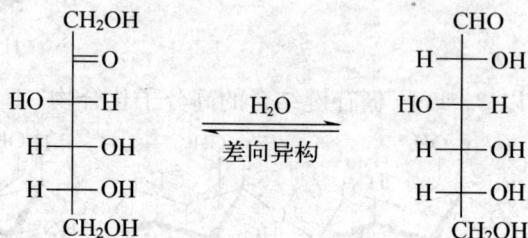

$$
\begin{array}{c}
\text{CH}_2\text{OH} \\
=\!\text{O} \\
\text{HO}\!-\!\text{H} \\
\text{H}\!-\!\text{OH} \\
\text{H}\!-\!\text{OH} \\
\text{CH}_2\text{OH}
\end{array}
\underset{\text{差向异构}}{\overset{\text{H}_2\text{O}}{\rightleftharpoons}}
\begin{array}{c}
\text{CHO} \\
\text{H}\!-\!\text{OH} \\
\text{HO}\!-\!\text{H} \\
\text{H}\!-\!\text{OH} \\
\text{H}\!-\!\text{OH} \\
\text{CH}_2\text{OH}
\end{array}
$$

（3）葡萄糖和果糖与苯肼反应形成糖脎：

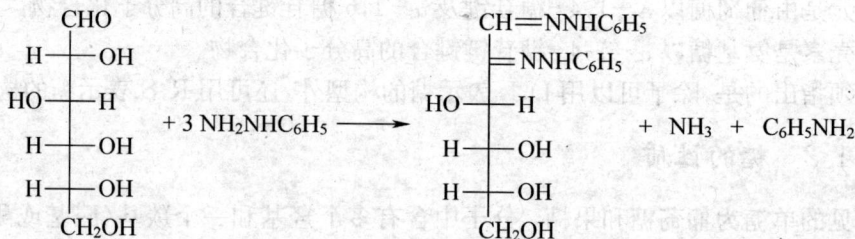

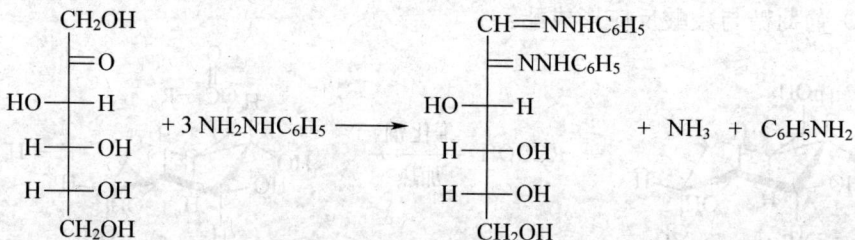

$$
\begin{array}{c}
\text{CHO} \\
\text{H}\!-\!\text{OH} \\
\text{HO}\!-\!\text{H} \\
\text{H}\!-\!\text{OH} \\
\text{H}\!-\!\text{OH} \\
\text{CH}_2\text{OH}
\end{array}
+ 3\,\text{NH}_2\text{NHC}_6\text{H}_5 \longrightarrow
\begin{array}{c}
\text{CH}\!=\!\text{NNHC}_6\text{H}_5 \\
=\!\text{NNHC}_6\text{H}_5 \\
\text{HO}\!-\!\text{H} \\
\text{H}\!-\!\text{OH} \\
\text{H}\!-\!\text{OH} \\
\text{CH}_2\text{OH}
\end{array}
+ \text{NH}_3 + \text{C}_6\text{H}_5\text{NH}_2
$$

$$
\begin{array}{c}
\text{CH}_2\text{OH} \\
=\!\text{O} \\
\text{HO}\!-\!\text{H} \\
\text{H}\!-\!\text{OH} \\
\text{H}\!-\!\text{OH} \\
\text{CH}_2\text{OH}
\end{array}
+ 3\,\text{NH}_2\text{NHC}_6\text{H}_5 \longrightarrow
\begin{array}{c}
\text{CH}\!=\!\text{NNHC}_6\text{H}_5 \\
=\!\text{NNHC}_6\text{H}_5 \\
\text{HO}\!-\!\text{H} \\
\text{H}\!-\!\text{OH} \\
\text{H}\!-\!\text{OH} \\
\text{CH}_2\text{OH}
\end{array}
+ \text{NH}_3 + \text{C}_6\text{H}_5\text{NH}_2
$$

## 1.1.3 糖的来源

食物中最常见的单糖是葡萄糖和果糖，主要存在于各种水果和蜂蜜中。最常见的二糖是蔗糖，就是我们俗称的糖，主要来源于甘蔗和甜菜。而海藻糖等二糖大都存在于水果和蔬菜中，对人体具有特殊的功能，如通便洁肠，调节肠道内环境，降低血清胆固醇等。淀粉和纤维素是多糖的主要代表，日常的主食中，米面等食品都能为人体提供充足的淀粉。从蔬菜、水果和谷类中摄入一定量的纤维素尤为必要，这些纤维素

6

在肠道中像"拖把"一样能够帮助人体排毒、通便。

在自然界,绿色植物通过光合作用将 $CO_2$ 和 $H_2O$ 转化成淀粉和纤维素。

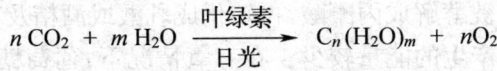

$$n\ CO_2 + m\ H_2O \xrightarrow[日光]{叶绿素} C_n(H_2O)_m + n O_2$$

叶绿素包括叶绿素 a 、叶绿素 b 、胡萝卜素和叶黄素等成分,其中,叶绿素的吸光能力极强 。叶绿素 a 呈蓝绿色 ,叶绿素 b 呈黄绿色。

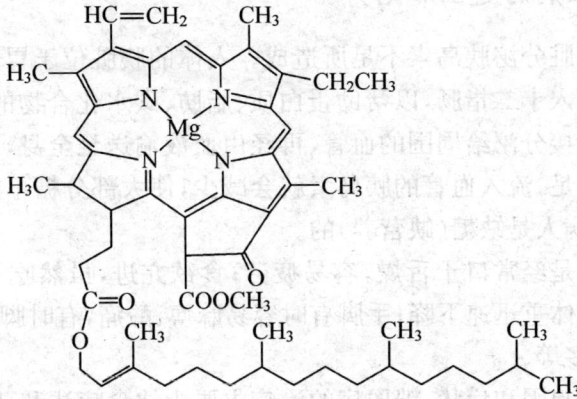

叶绿素 a

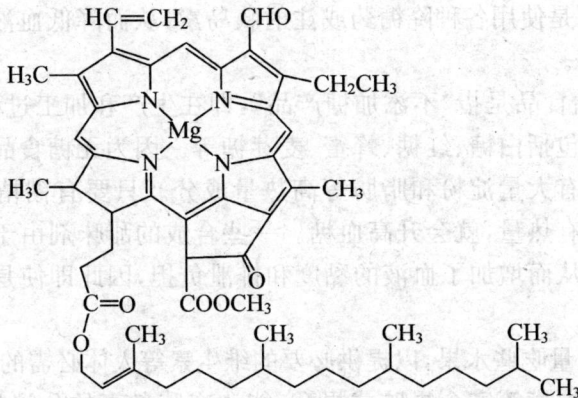

叶绿素 b

## 1.1.4 糖在体内的降解

糖的主要生理功能是供给能量。食物中的淀粉及其他糖类先经消化道中的酶水解成单糖,再进入血液输送到各种组织。人的消化道中没有水解纤维素的酶,不能消化纤维素。牛、马、羊、鹿等食草动物,因为胃中有能产生纤维素酶的细菌,可以将纤维素水解成葡萄糖。

葡萄糖在细胞内的分解有多种途径,如无氧氧化、有氧氧化、磷酸戊糖循环等。在无氧情况下,葡萄糖被酵解成丙酮酸,再转化成乳酸或酒精及其他产物。此过程称为无氧酵解或发酵,所产生的能量较少。在有氧情况下,葡萄糖经酵解生成丙酮酸,再经氧化脱羧转变成乙酰辅酶 A。后者通过三羧酸循环,彻底被氧化为二氧化碳和水。此过程产生的能量较多,是生物获取能量的主要途径。

### 1.1.5　糖尿病的起因和治疗

糖尿病是由胰脏分泌胰岛素不足所造成。人体的胰脏位于胃的后面,其主要任务是分泌胰岛素流入十二指肠,以帮助蛋白质、脂肪、碳水化合物的消化。胰脏所分泌的胰岛素也可直接分泌给周围的血管,再经由血液输送至全身,以利于细胞吸收。如果胰岛素分泌不足,流入血管的胰岛素就会减少,使大部分糖不能被分解,引起血糖升高,因此糖尿病人是缺糖(缺营养)的。

糖尿病的症状是经常口干舌燥,容易疲劳;食欲亢进,虽然吃了很多,但很快又饿;眼睛容易疲劳;体重迅速下降;手脚有时容易麻痹、酸痛,有时脚底没有知觉;易被蚊子咬伤;小便频多等。

根据糖尿病的起因和症状,糖尿病的治疗主要为饮食疗法和药物治疗。饮食疗法是糖尿病的基础治疗,通过食用含糖较低的食物,达到降低空腹血糖、餐后血糖的作用。

药物治疗主要是使用各种降糖药或注射胰岛素,从而降低血液中的葡萄糖或提高葡萄糖的利用率。

市场上的无糖食品是指"不添加糖产品",即在生产和加工过程中,没有人工添加的糖类甜味剂,包括白糖、红糖、蜂蜜、麦芽糖等。因为无糖食品只能保证没有添加糖,所以依然含有大量淀粉和脂肪等高热量成分。只要有糊精或来自大米白面的精制淀粉,就会有热量,就会升高血糖。一些合成的甜味剂由于不能被人体吸收而成为体内垃圾,从而增加了血液的黏度和排泄负担,因此即使是无糖食品也应控制使用。

糖尿病人可适量吃些水果,以提供必要的维生素等人体必需的营养,其中,菠萝、柚子、樱桃、杨梅、柠檬等富含果胶或果酸,能改变胰岛素的分泌量,宜两餐之间吃一些。

石榴含有铬元素,而大多数糖尿病患者身体里就缺少这种元素。铬对人体是相当重要的,它在糖和脂肪的新陈代谢中起着重要作用。研究表明,铬能提升体内的葡萄糖容量,为糖尿病患者增加胰岛素。也有学者认为,石榴叶中有效成分为黄酮苷,可通过提高机体周围组织对葡萄糖的利用率来调节血糖。因此,糖尿病患者长期用石榴叶煎水代茶饮是有益的。

糖尿病人可适量吃些石榴、柚子、苦瓜、芋头等

# 1.2 油 脂

## 1.2.1 油脂的结构

油和脂肪统称为油脂。油脂的官能团是酯基,具有酯的共性,其主要成分是各种高级脂肪酸的甘油酯。通常将常温下为液态的油脂称为"油",如花生油、芝麻油等;而将常温下为固态的油脂称为脂,如肥的猪肉、牛肉、羊肉含脂肪较多。其结构可用下面通式表示。

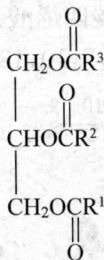

$$
\begin{array}{c}
CH_2OCR^3 \\
\quad\quad O \\
CHOCR^2 \\
\quad\quad O \\
CH_2OCR^1 \\
\quad\quad O
\end{array}
$$

通常按组成脂肪的羧酸的饱和与不饱和将油脂分为饱和油脂和不饱和油脂,饱和羧酸主要有十二酸(月桂酸)、十四酸(棕榈酸)、软脂酸和硬脂酸。

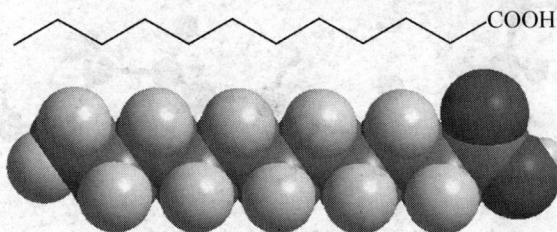

月桂酸

9

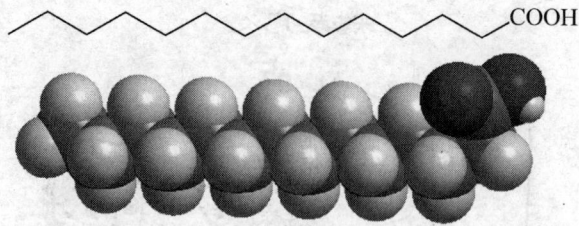

棕榈酸

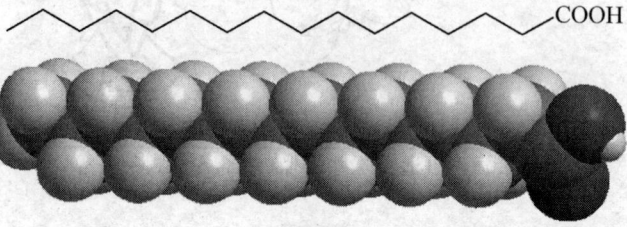

软脂酸

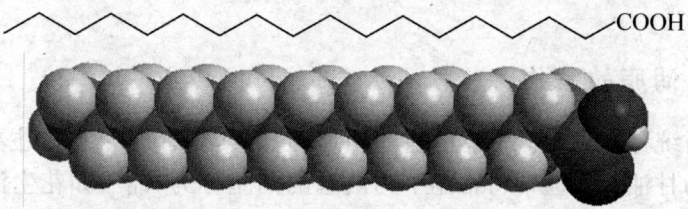

硬脂酸

不饱和羧酸主要有:亚油酸(9,12-十八碳二烯酸)、亚麻酸(9,12,15-十八碳三烯酸)、花生四烯酸(5,8,11,14-二十碳四烯酸)、二十碳五烯酸(5,8,11,14,17-二十碳五烯酸,EPA)和二十二碳六烯酸(4,7,10,13,19-二十二碳六烯酸,DHA)。

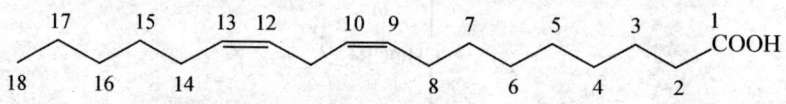

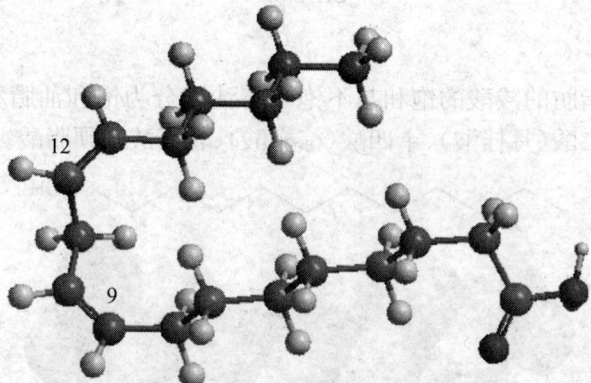

全顺-9,12-十八碳二烯酸

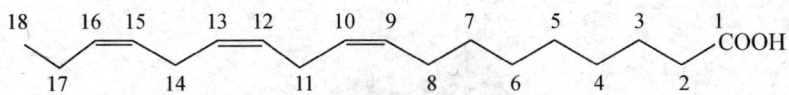

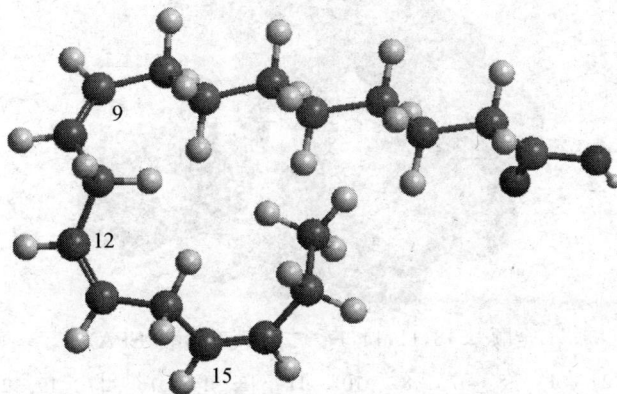

全顺-9,12,15-十八碳三烯酸

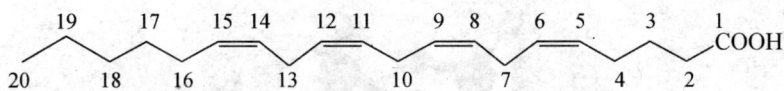

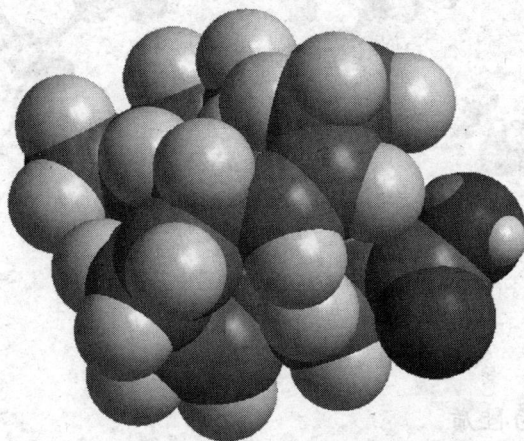

全顺-5,8,11,14-二十碳四烯酸

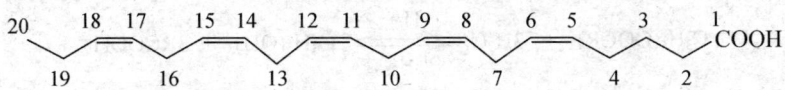

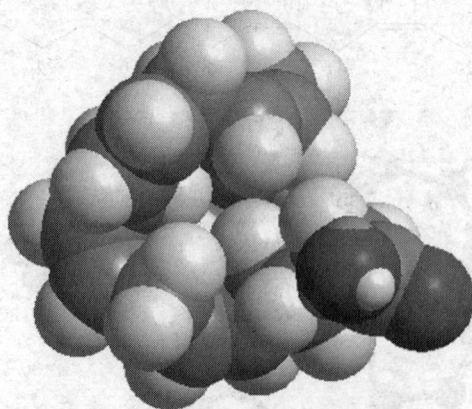

全顺-5,8,11,14,17-二十碳五烯酸(EPA)

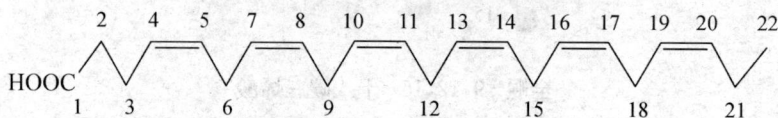

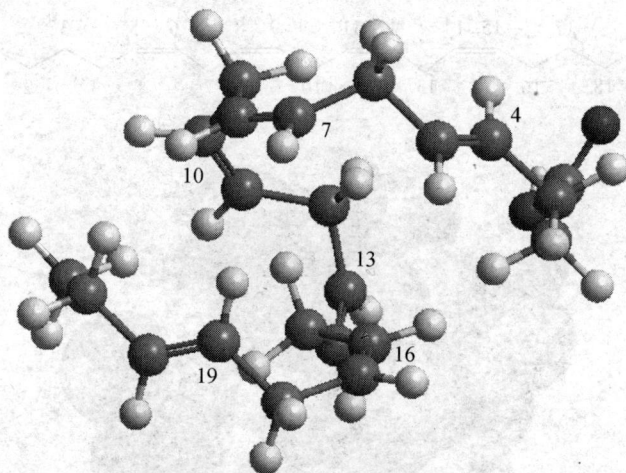

全顺-二十二碳六烯酸(DHA)

### 1.2.2 油脂的性质

（1）在酸性催化剂存在条件下加热，油脂可水解成脂肪酸和甘油，这是可逆反应。

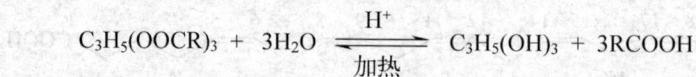

$$C_3H_5(OOCR)_3 + 3H_2O \underset{加热}{\overset{H^+}{\rightleftharpoons}} C_3H_5(OH)_3 + 3RCOOH$$

（2）在碱性催化剂存在条件下加热，油脂发生彻底水解，生成甘油和脂肪酸盐，这是不可逆反应。

$$C_3H_5(OOCR)_3 + 3KOH \underset{\text{加热}}{\overset{H_2O}{\rightleftharpoons}} C_3H_5(OH)_3 + 3RCOOK$$

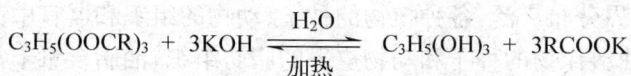

工业上制造肥皂就是利用这个反应，因此称为皂化反应。

皂化值：1g 油脂完全皂化所需要的氢氧化钾的量（mg）。皂化反应是逐步进行的，三个脂肪酸逐步水解下来，反应速度与碱的浓度、温度、油脂的结构有关。

（3）在解酯酶存在下，油脂可在常温下进行部分水解。

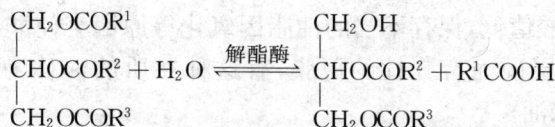

$$\begin{array}{c}CH_2OCOR^1 \\ | \\ CHOCOR^2 \\ | \\ CH_2OCOR^3\end{array} + H_2O \overset{\text{解酯酶}}{\rightleftharpoons} \begin{array}{c}CH_2OH \\ | \\ CHOCOR^2 \\ | \\ CH_2OCOR^3\end{array} + R^1COOH$$

（4）工业上用油脂的酯交换反应制备高纯度的高碳脂肪酸的甲酯或乙酯，还可以进一步还原得到高碳脂肪醇。

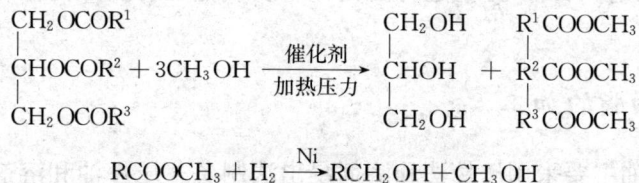

$$\begin{array}{c}CH_2OCOR^1 \\ | \\ CHOCOR^2 \\ | \\ CH_2OCOR^3\end{array} + 3CH_3OH \underset{\text{加热压力}}{\overset{\text{催化剂}}{\longrightarrow}} \begin{array}{c}CH_2OH \\ | \\ CHOH \\ | \\ CH_2OH\end{array} + \begin{array}{c}R^1COOCH_3 \\ R^2COOCH_3 \\ R^3COOCH_3\end{array}$$

$$RCOOCH_3 + H_2 \overset{Ni}{\longrightarrow} RCH_2OH + CH_3OH$$

（5）油脂的氢化：在适当的反应条件下，油脂中碳碳双键发生加氢反应，称为油脂的氢化，又称油脂的硬化。

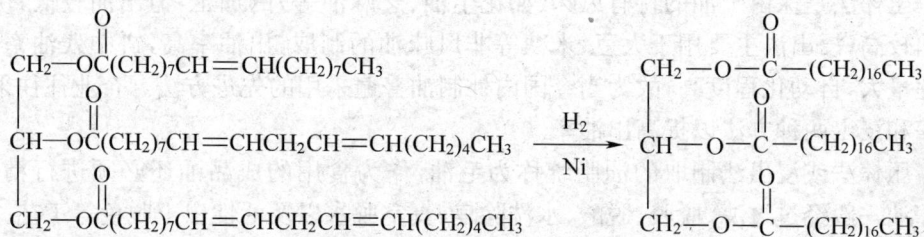

$$\begin{array}{c}CH_2\text{—OC(CH}_2)_7CH\text{=}CH(CH_2)_7CH_3 \\ | \quad \overset{O}{\|} \\ CH\text{—OC(CH}_2)_7CH\text{=}CHCH_2CH\text{=}CH(CH_2)_4CH_3 \\ | \quad \overset{O}{\|} \\ CH_2\text{—OC(CH}_2)_7CH\text{=}CHCH_2CH\text{=}CH(CH_2)_4CH_3\end{array} \underset{Ni}{\overset{H_2}{\longrightarrow}} \begin{array}{c}CH_2\text{—O—C—(CH}_2)_{16}CH_3 \\ | \quad \overset{O}{\|} \\ CH\text{—O—C—(CH}_2)_{16}CH_3 \\ | \quad \overset{O}{\|} \\ CH_2\text{—O—C—(CH}_2)_{16}CH_3\end{array}$$

硬化油（氢化油）：油脂经氢化后，变成固体或半固体的油脂称为"硬化油"或"氢化油"。油脂氢化反应进行的程度不同，硬化油的熔点范围也不同。硬化油可以代替牛、羊油脂作为制肥皂的原料，完全硬化的油脂可以用来制备饱和脂肪酸。选择氢化制得的硬化油可以用于配制酥油、人造奶油、黄油等。油脂彻底氢化，可以得到高碳醇和甘油。

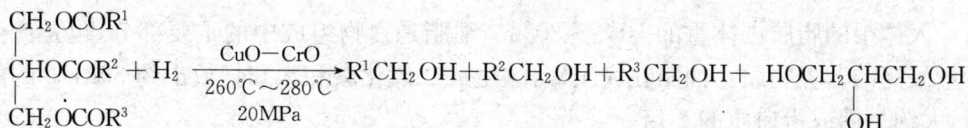

$$\begin{array}{c}CH_2OCOR^1 \\ | \\ CHOCOR^2 \\ | \\ CH_2OCOR^3\end{array} + H_2 \underset{\substack{260℃\sim280℃ \\ 20MPa}}{\overset{CuO-CrO}{\longrightarrow}} R^1CH_2OH + R^2CH_2OH + R^3CH_2OH + \begin{array}{c}HOCH_2CHCH_2OH \\ | \\ OH\end{array}$$

油脂在自然界分布广泛,各种植物的种子、动物的组织和器官中都存在一定数量的油脂,特别是油料作物的种子和动物皮下的脂肪组织,油脂含量丰富。

动物的脂肪组织和油料植物的籽、核是油脂的主要来源。天然油脂大都是混合甘油酯(即 $R^1$、$R^2$ 和 $R^3$ 不相同)。一种油脂的平均相对分子质量可通过它的皂化值反映。皂化值越小,油脂的平均相对分子质量越大。油脂的不饱和程度常用碘值(100g 油脂与碘发生加成反应时所需 $I_2$ 的量(g))来表示。碘值越大,油脂的不饱和程度越大。油脂中游离脂肪酸的含量常用酸值(中和 1g 油脂所需 KOH 的量(mg))表示。新鲜油脂的酸值低,保存不当的油脂因氧化等原因会使酸值增大。有些油类在空气中能形成一层硬而有弹性的薄膜,有这种性质的油称为干性油(碘值大于130),如桐油和亚麻油。

油脂不溶于水,溶于有机溶剂,如烃类、醇类、酮类、醚类和酯类等。在较高温度、催化剂或有解脂酵素存在时,经水解而成脂肪酸和甘油。与钙、钾和钠的氢氧化物经皂化而形成金属皂和甘油,并能进行卤化、磺化、氧化、氢化、异构化、聚合、热解等化学反应。

### 1.2.3　油脂的加工

目前,食用油主要采用压榨法和溶剂浸出法制备。压榨油和溶剂浸出油的区别主要是加工方法的不同。压榨油是将油料中含的油脂用物理方法挤压出来的产品;溶剂浸出油是将油料中的油脂用正己烷抽提出来的产品,也属于物理制油方法。

压榨法是保留了油的特有风味(如花生油、芝麻油等)的加工,但出油较低,饼中残油较高;浸出法主要用于大豆、米糠等非风味油的制取,出油率高,饼中残油率低,处理量大,自动化程度高,故为当今国内外制油普遍采用的先进方法。企业往往采用压榨和浸出两种方法以提高出油率。

压榨法或浸出法制取的油脂统称为毛油,作为食用的成品油还必须进行精炼。压榨油一般经过过滤、脱胶、脱酸、水洗除皂、真空脱水以及活性白土脱色等工艺。浸出油除经过上述工序外,还要经过真空脱除油中固有的气味和残留的挥发性物质(正己烷)。

关于食用油,国家制定了一系列指标,包含色泽、气味、透明度、含皂量、不溶性杂质、酸值、过氧化值和溶剂残留量等项目,凡是达到国家食用油标准的油都是安全的。

### 1.2.4　油脂的生理作用

人体中的脂肪占体重的 $10\%\sim20\%$。油脂是食物组成中的重要部分,也是产生能量最高的营养物质。油脂在完全氧化(生成二氧化碳和水)时,放出约 39kJ/g 的热量,大约是糖或蛋白质的 2 倍。

脂肪在人体内经脂肪酶催化进行水解,生成甘油(丙三醇)和高级脂肪酸,然后再分别进行氧化分解,释放能量。油脂同时还有保持体温和保护内脏器官的作用。

油脂能增加食物的滋味,增进食欲,保证机体的正常生理功能。但摄入过量脂肪,可能引起肥胖、高血脂、高血压、脂肪肝等,也可能会诱发乳腺癌、肠癌等恶性肿瘤,因此在饮食中要注意控制油脂的摄入量。

### 1.2.5　DHA 藻油

DHA 藻油是一种纯植物性 DHA 原料,从人工培育的海洋微藻中提取。无臭、无味,特别适用于胎儿、婴幼儿。

DHA 化学名称为 4,7,10,13,16,19 - 二十二碳六烯酸,是组成大脑细胞不可缺少的高度不饱和脂肪酸,对脑神经传导和突触的生长发育极为有利。此外,它还能阻止胆固醇在血管壁上的沉积,预防或减轻动脉粥样硬化和冠心病的发生。

下面是 DHA 转化成脑细胞中甾体物质的反应式。

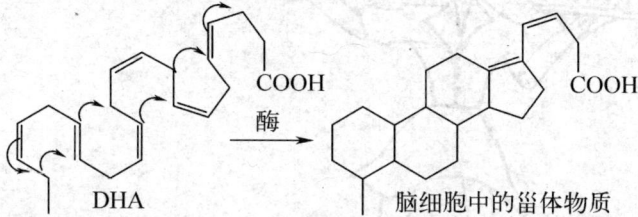

早期的 DHA 产品多以富含二十二碳六烯酸(DHA)和二十碳五烯酸(EPA)的深海鱼油为原料通过分子蒸馏工艺制得,以 EPA 和 DHA 混合形式存在。而目前最先进的工艺是用富含 DHA 且不含 EPA 的海洋微藻菌株通过生物发酵工艺后提取制得。由于深海鱼类生长的不确定性及人类频繁捕捞,加上各种污染,导致鱼类资源越来越少,质量也相应下降。于是人们开始寻求用藻类资源提取 DHA,它既无污染又是循环再生资源,而且 DHA 纯度更高、更易吸收。目前市场上多以其甘油酯的形式销售。

食用油是消费者获取 DHA 的主要来源,其中以橄榄油、核桃油、亚麻油中含有必需的脂肪酸亚麻酸较多。核桃、杏仁、花生、芝麻等干果类也含有较多的亚麻酸,它可在人体内转化成 DHA。

母乳中 DHA 的含量尤其丰富。日本的母亲吃鱼较多,乳汁中 DHA 含量高达 22%,居全球第一。

DHA 含量高的鱼类有鲔鱼、鲣鱼、鲑鱼、鲭鱼、沙丁鱼、竹荚鱼、旗鱼、金枪鱼、黄花鱼、秋刀鱼、鳝鱼、带鱼、花鲫鱼等,每 100g 鱼中的 DHA 含量可达 1000mg 以上。就某一种鱼而言,DHA 含量高的部分又首推眼窝脂肪,其次则是鱼油。

膳食中不饱和脂肪不足时易产生下列病症:血中低密度脂蛋白和低密度胆固醇增加,使动脉粥样硬化,诱发心脑血管病;不饱和脂肪是大脑和脑神经的重要营养成分,摄入不足将影响记忆力和思维力,对婴幼儿将影响智力发育,对老年人将可能产生老年痴呆症。但膳食中不饱和脂肪过多时,也会干扰人体对生长因子、细胞质、脂

15

蛋白的合成。

DHA 分子中含有 6 个双键的高度不饱和脂肪酸,本身非常容易氧化,氧化之后生成过氧化物,对人体有害。在加强热时,容易被氧化或环化,生成苯并芘类芳香多环化合物,因此其油脂多用于凉拌菜或直接入口,添加在食用油中用于炒菜使用是不科学的。因此不是所有的食物都适合添加 DHA,如果添加,需要保护措施,如果没有行之有效的保护措施,反而容易产生有害物质。

富含 DHA 的油脂不宜用作烹炒用油

## 1.2.6 绿色保健食品——橄榄油

橄榄油是从橄榄树上自然成熟的鲜果中直接榨取得到的油脂,由于橄榄油中 80% 以上是不饱和脂肪酸组成的油脂,被国际上誉为"液体黄金",是当之无愧的绿色保健食品。其中含棕榈酸(Palmitic acid)7.5%～20%;棕榈油酸(Palmitoleic acid) 0.3%～3.5%;硬脂酸(Stearic acid)0.5%～5.0%;油酸(Oleic acid)55%～83%; 亚油酸(Linoeic acid)3.5%～21%;亚麻油酸(Linolenic acid)0～1.5%。橄榄油中不饱和脂肪酸(油酸、亚油酸、亚麻油酸)占的比例很大,其中亚油酸和亚麻油酸为人体所必需且人体不能自身合成的。此外,橄榄油中还含有丰富的维生素以及 Ca、Zn、 Mg、K、P 等微量元素。

橄榄油能帮助降低低密度脂蛋白胆固醇,而维持"好"的高密度脂蛋白胆固醇,且易于被人体吸收,不易氧化沉淀在人体心血管壁上,因而可以有效防止心血管疾病的发生。

橄榄油常温下为油状液体,5℃～10℃下出现浑浊,0℃以下凝固为白色颗粒体, 190℃以上开始分解,长久暴露于空气中会酸败,因此不要高温使用。

## 1.2.7 反式烯酸的危害

在天然食品的油脂中,反式烯酸的含量很少。生产商为了防止脂肪变质、便于保存或者改善口感,将多种不饱和植物油,采用部分氢化加工的方式,在室温下从液态变成固态或半固态的油脂,以延长食品的销售期。在氢化过程中,主要是顺式加氢,生成含顺式的烯酸脂肪,但也会产生少量反式烯酸脂肪。例如,把植物油氢化后变成人造奶油,可起到起酥的作用。下面是不饱和植物油部分氢化后产生反式烯酸酯的示意式。

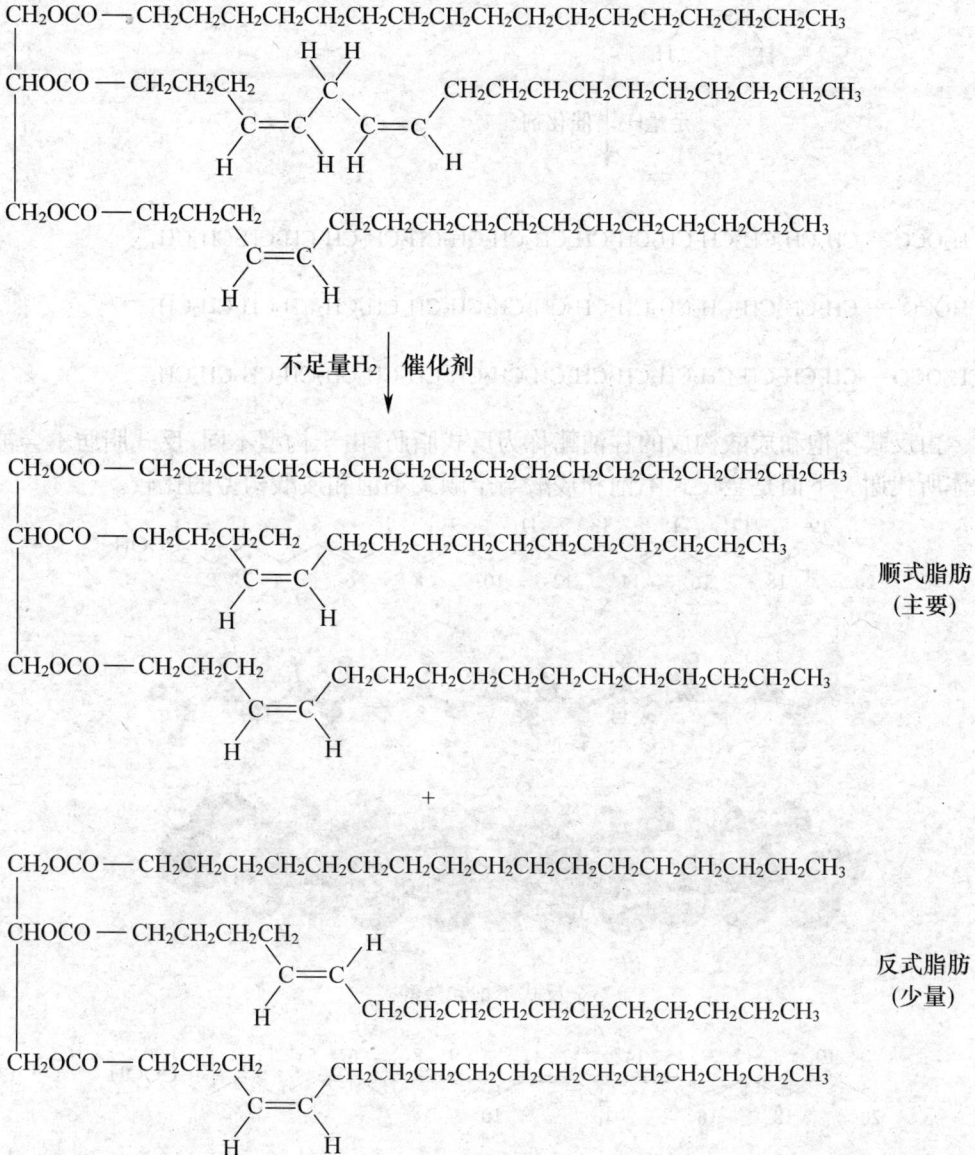

$CH_2OCO$—$CH_2CH_2CH_2CH_2CH_2CH_2CH_2CH_2CH_2CH_2CH_2CH_2CH_2CH_2CH_3$

$CHOCO$—$CH_2CH_2CH_2$ ... $CH_2CH_2CH_2CH_2CH_2CH_2CH_2CH_2CH_3$

$CH_2OCO$—$CH_2CH_2CH_2$ ... $CH_2CH_2CH_2CH_2CH_2CH_2CH_2CH_2CH_2CH_3$

不足量$H_2$ | 催化剂

$CH_2OCO$—$CH_2CH_2CH_2CH_2CH_2CH_2CH_2CH_2CH_2CH_2CH_2CH_2CH_2CH_2CH_2CH_3$

$CHOCO$—$CH_2CH_2CH_2CH_2$ $CH_2CH_2CH_2CH_2CH_2CH_2CH_2CH_2CH_2CH_3$

$CH_2OCO$—$CH_2CH_2CH_2$ $CH_2CH_2CH_2CH_2CH_2CH_2CH_2CH_2CH_2CH_3$

顺式脂肪
(主要)

+

$CH_2OCO$—$CH_2CH_2CH_2CH_2CH_2CH_2CH_2CH_2CH_2CH_2CH_2CH_2CH_2CH_2CH_2CH_3$

$CHOCO$—$CH_2CH_2CH_2CH_2$ ... $CH_2CH_2CH_2CH_2CH_2CH_2CH_2CH_2CH_2CH_3$

$CH_2OCO$—$CH_2CH_2CH_2$ $CH_2CH_2CH_2CH_2CH_2CH_2CH_2CH_2CH_2CH_3$

反式脂肪
(少量)

如果氢气过量,则全部变成饱和脂肪酸酯。由于不存在双键,因此也不会有反式脂肪的存在。

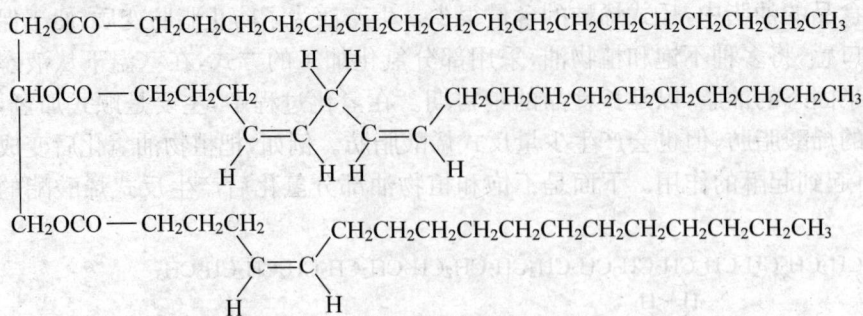

$$\downarrow \text{足量}H_2 \quad | \quad \text{催化剂}$$

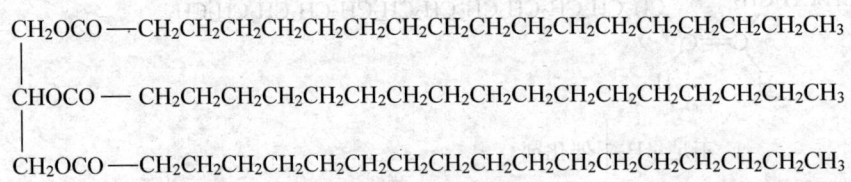

由反式不饱和羧酸构成的甘油酯称为反式脂肪,由于构型不同,反式脂肪不会被机体所代谢。下面是全反式不饱和羧酸与全顺式不饱和羧酸构型的比较。

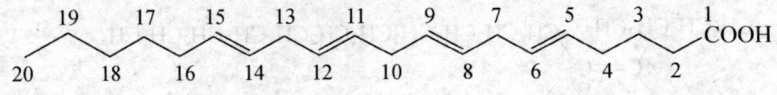

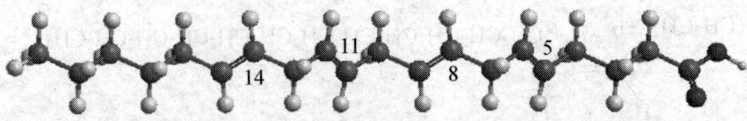

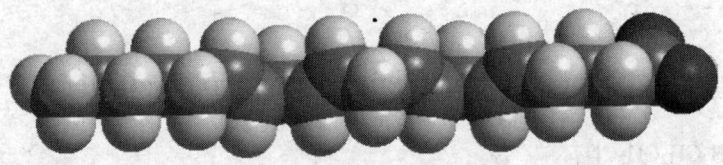

全反式不饱和羧酸

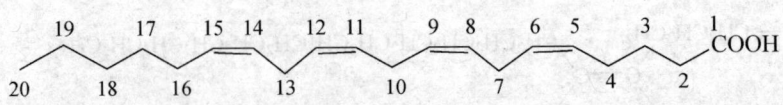

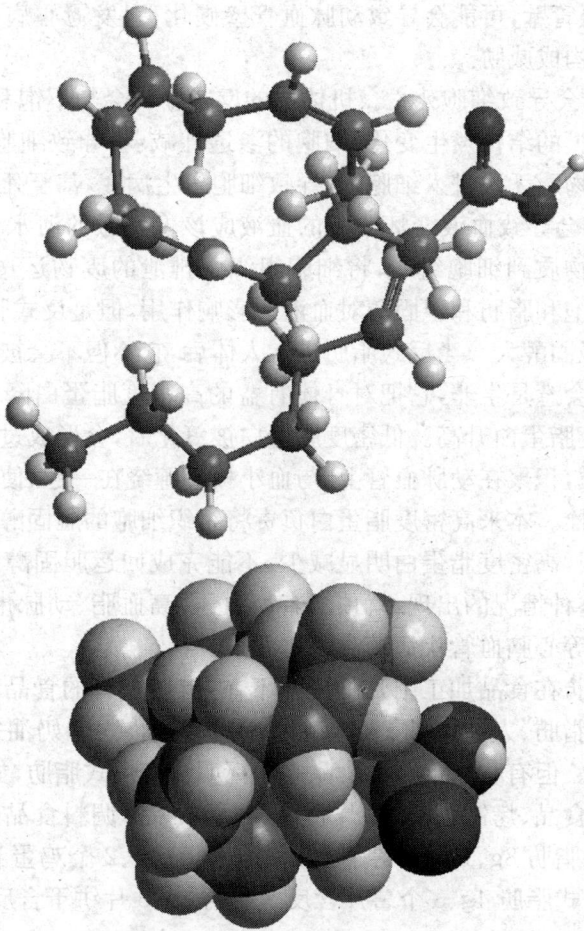

全顺式不饱和羧酸

从上可以看出，全反式不饱和羧酸构型为直线型，而全顺式不饱和羧酸构型为螺旋型。

反式脂肪的危害如下。

（1）反式脂肪是体内垃圾。大家经常见到媒体上介绍饱和脂肪、低密度脂蛋白胆固醇（坏的胆固醇）对身体的害处，但介绍反式脂肪的比较少。反式脂肪分子进入人体后，人体根本无法对其进行识别和代谢，成为体内垃圾，在血管中随着血液的循环到处游荡，使血液黏度上升，血液流动减慢，各种器官细胞获得氧气的量下降，使机体出现亚健康的状态。更为可怕的是：我们的机体有一种自动识别能力，当它发现某种异体进入体内后，就会对其进行排斥。如我们经常见到的被蚊虫叮咬后，皮肤出现的肿块就是排斥反应。机体同样视反式脂肪为外来的异体，于是人体的免疫系统会动员吞噬细胞对这种外来异物进行阻击，当反式脂肪分子被吞噬细胞吞噬后会形成

19

泡沫细胞沉积在血管壁,可能会导致动脉血管壁硬化,引发冠心病、脑中风等心脑血管病,对人的生命构成威胁。

（2）反式脂肪会导致细胞死亡。机体中的反式脂肪会与不饱和脂肪争夺细胞膜的控制权,使细胞膜的结构发生变化,细胞的渗透性减弱,导致细胞的代谢物无法及时排出,氧和营养物质无法进入细胞内,导致细胞发生病变,甚至死亡。

（3）反式脂肪会导致血液变坏。人的血液应该像清澈的河水一样,通往全身各处,负责运输营养物质到细胞组织,将细胞组织中排泄的废物运送到排泄器官。过去,人们非常重视饱和脂肪和胆固醇对血液的影响作用,但是反式脂肪对人体的危害远比饱和脂肪和胆固醇大。当反式脂肪进入人体后,它不但不会被机体所代谢,导致细胞死亡,而且还会惹是生非,它把对身体有益的高密度脂蛋白降低的同时,还把对身体有害的低密度脂蛋白升高。低密度脂蛋白被氧化后,会形成过氧化物,这种不被机体所接受的物质,积聚在动脉血管上,与血小板等缠绕在一起,使动脉血管变硬、堵塞,形成致命的血栓。本来高密度脂蛋白负责将组织细胞的胆固醇运送回肝脏,但由于反式脂肪的原因,高密度脂蛋白明显减少,不能完成回运胆固醇的任务,导致血液中胆固醇升高。这种情况的出现,就预示着高血压、高血脂、动脉粥样硬化、冠心病、心肌梗死、脑中风等心脑血管疾病缠身。

目前,反式脂肪在食品加工中几乎无处不在,市场上有的食品说明中标出的,如氢化植物油、氢化脂肪、人造酥油、人造黄油、雪白奶油、固体奶油等,我们还可以选择,躲避反式脂肪。但有相当部分的食品并未标明含有反式脂肪,如糖果、雪糕、冰激凌、糕点以及快餐食品、烤制食品、油炸食品、起酥食品、调料食品、方便食品等。如1份鸡肉派含反式脂肪8g、1大杯薯条含反式脂肪7.1g、2个鸡蛋卷含反式脂肪4g、1份黄油饼干含反式脂肪4g、3个薯片含反式脂肪2g、5片饼干含反式脂肪1g等。

### 1.2.8 油脂的酸败和双键的氧化

在储存过程中,油脂可被空气氧化成过氧化物、醇、醛、羧酸等,产生酸臭味,常称为油脂的氧化酸败,铜、铁等金属容器,会加速油脂的氧化酸败。油脂的氧化酸败反应是自由基氧化过程,双键先氧化成过氧化物,进而氧化成醛,最后氧化成酸。饱和脂肪酸的酯在光照、加热等条件下也能缓慢氧化成过氧化物,进一步转变成醛类或羟基酸等。因此,食用油应避光(放于棕色玻璃瓶中)、密封(尽量装满,不留空气)保存。长期保存可适量加入抗氧化剂(维生素 E),不要在塑料瓶中长期保存(塑料中的有害物质会溶于油中)。

### 1.2.9 油脂中有害物质的去除

1. 棉籽油中的有害物质——棉酚

棉酚是一种深红色的有毒物质,存在于粗棉籽油中,粗棉籽油内含量为
0.24％～0.40％。其结构为

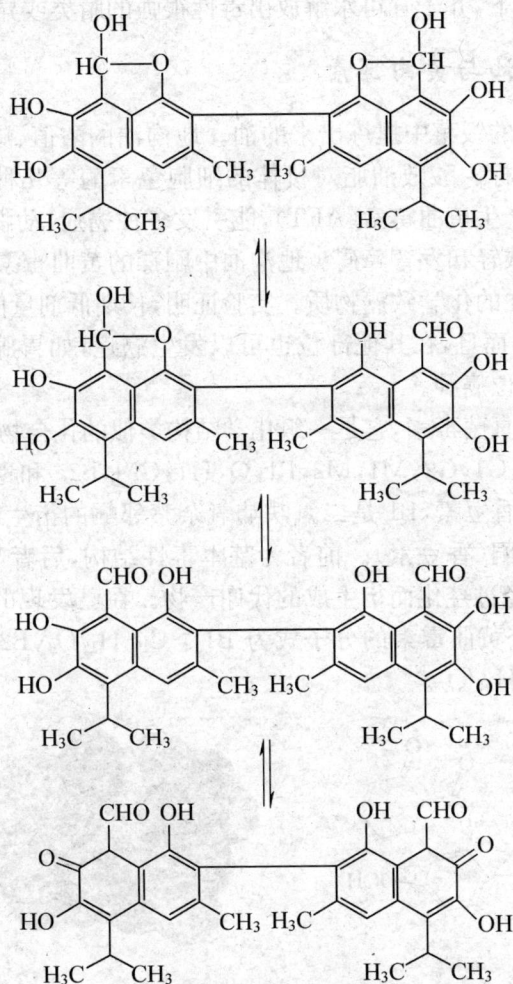

棉酚对人体的危害主要是引起烧热病,患者的皮肤有难以忍受的灼热感,伴有头晕、气喘、心慌、四肢无力等症状。女性患烧热病后,易发生闭经、子宫缩小;男性患者往往有严重的睾丸损伤,造成无精子或精子数量锐减。因此粗棉油不能食用,必须经过碱炼方可食用。

经过纯化的棉酚在医药上有广泛的用途,如可制成良好的男性节育药,也可制成抗癌药物。

2. 菜油中的芥子苷

芥子苷存在于菜油中,粗菜油中一般含量在 3‰～10‰。其结构为

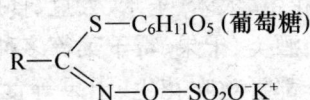

在芥子酶的作用下，芥子苷可水解放出毒性很强的腈类或异硫腈类化合物。

### 1.2.10　地沟油与黄曲霉素

地沟油即从吃剩的饭菜中提炼出来的油。地沟油的酸值、羰基值远远超出国家规定的食用油卫生指标。酸败油脂对机体的细胞色素酶等几种酶系统产生损害作用，油脂的高度氧化产生黄曲霉素（AFT），能引发多种癌症，动物长期摄入酸败变质的油脂，会出现体重减轻和发育障碍。地沟油中剧毒的黄曲霉素，毒性是砒霜的 100倍，是目前发现的最强的化学致癌物质。实验证明，长期低剂量使用黄曲霉素可以使动物 100% 患上肝癌，而且，在其他部位也可以发生癌症，如胃腺癌、肾癌、直肠癌及乳腺、卵巢、小肠等部位癌肿。

黄曲霉素为分子真菌毒素，它是一组化学结构类似的化合物，目前已分离鉴定出 12 种，分别是 B1，B2，G1，G2，M1，M2，P1，Q，H1，GM，B2a 和毒醇。黄曲霉素的基本结构为二呋喃环和香豆素，B1 是二氢呋喃氧杂萘邻酮的衍生物，即含有一个双呋喃环和一个氧杂萘邻酮（香豆素）。前者为基本毒性结构，后者与致癌有关。M1 是黄曲霉素 B1 在体内经过羟化而衍生成的代谢产物。在已发现的主要 12 种结构中，B1 的毒性最大。部分黄曲霉素的分子式为 B1：$C_{17}H_{12}O_6$，B2：$C_{17}H_{14}O_6$，G1：$C_{17}H_{12}O_7$，G2：$C_{17}H_{14}O_7$。

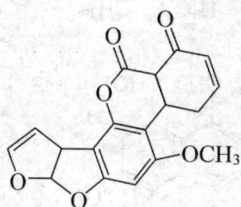

黄曲霉素 B1

我国规定，大米、食用油中黄曲霉素允许量标准为 $10\mu g/kg$，其他粮食、豆类及发酵食品为 $5\mu g/kg$。婴儿代乳食品不得检出。而世界卫生组织推荐食品、饲料中黄曲霉素最高允许量标准为 $15ng/kg$。$30\mu g/kg\sim50\mu g/kg$ 为低毒，$50\mu g/kg\sim100\mu g/kg$ 为中毒，$100\mu g/kg\sim1000\mu g/kg$ 为高毒，$1000\mu g/kg$ 以上为极毒，其毒性为氰化钾的 10 倍，为砒霜的 68 倍。黄曲霉素随食物进入人体后，先被吸收到肝脏，在此被转化成多种黄曲霉素的衍生物，这些衍生物导致肝脏的 DNA 受损，其中一个重要作用是破坏抗癌基因 P53，改变 P53 的编码。

目前，黄曲霉素在霉变的花生、大米、玉米、大豆、食用植物油等农产品，甚至油料种子、调味品、发酵品、中药材、酒类、干果、霉干菜等多种加工产品中均有发现。

北方人春节甚至整个冬季都喜欢吃花生、干果等食品，为了防止产生黄曲霉素，建议将桃仁、果仁、谷物等储藏在密封和干燥的地方，不要吃发霉的干果、果仁和粮食,以及用发霉食品为原料制作的其他食品。

要食用合乎标准的色拉油,小作坊生产的豆油、花生油尤其可疑。油类的储藏条件至关重要,家中不要使用坛子、缸等容器盛放油类,因为这些容器的边缘容易"长毛"。要严厉打击将发霉的大米经过抛光处理坑害消费者的不法行为。

### 1.2.11 油脂的热裂解与多环芳烃

油脂在高温加热时可分解生成甘油和脂肪酸,甘油进一步脱水变成丙烯醛,丙烯醛与脂肪酸中的共轭不饱和键通过 D-A 反应形成环状物,经进一步复杂的脱水环化可产生苯并[a]芘类多环芳烃。

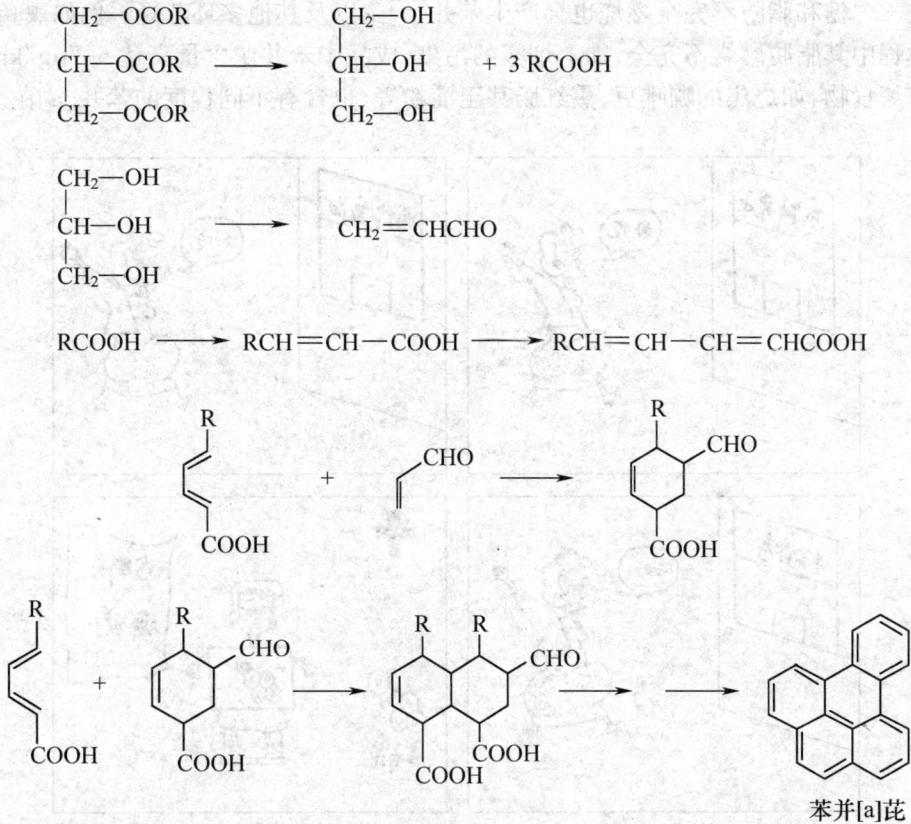

$$
\begin{array}{l}
CH_2\!-\!OCOR \\
| \\
CH\!-\!OCOR \\
| \\
CH_2\!-\!OCOR
\end{array}
\longrightarrow
\begin{array}{l}
CH_2\!-\!OH \\
| \\
CH\!-\!OH \\
| \\
CH_2\!-\!OH
\end{array}
+\ 3\ RCOOH
$$

$$
\begin{array}{l}
CH_2\!-\!OH \\
| \\
CH\!-\!OH \\
| \\
CH_2\!-\!OH
\end{array}
\longrightarrow
CH_2\!=\!CHCHO
$$

$$ RCOOH \longrightarrow RCH\!=\!CH\!-\!COOH \longrightarrow RCH\!=\!CH\!-\!CH\!=\!CHCOOH $$

苯并[a]芘

让我们了解一下日常饮食中有哪些方式会造成苯并[a]芘潜入人体。

(1) 首先是煎与炸的烹调方式。反复煎炸食品的植物油,极有可能发生上述反应,产生一定量的致癌成分。煎炸时所用油温越高,产生的苯并[a]芘也越多。日常生活中还应慎食油炸食品,对于反复热过的含油剩菜以及烧饼(据调查,一些不法商贩常用炸油条用过的旧油涂抹于烧饼上,尤其是烧饼和果子联营铺子的烧饼)应尽量少吃。

(2) 炒的方式。炒菜前都要把食用油烧开,而食用油加热到一定温度会产生油烟,这种烟雾中含有许多包括上述反应所产生的具有致癌作用的烃类有机物。据测定,食用油加热到270℃时,产生的油烟中含有苯并[a]芘等化合物,吸入人体可诱发肿瘤和导致细胞染色体的损失。而油温不到240℃时其损害作用较小。所以日常炒菜时,不要使油长时间处于烧开状态,注意控制油烟(如使用抽油烟机)。炒完一道菜后,锅四周往往会产生一些黑色锅垢,它也含有苯并芘。一定要刷锅,再做下一个菜。

(3) 熏烤食品。一方面熏烤所用的燃料木炭含有少量的苯并芘,在高温下它们便有可能伴随着烟雾侵入食品中。另一方面,则与熏烤的鱼或肉等自身的化学成分有关——糖和脂肪不完全燃烧也会产生苯并[a]芘以及其他多环芳烃。例如熏鱼,制作过程中其脂肪燃烧不完全,加上烟雾的污染,成品中苯并芘含量高达 6.7μg/kg;其他熏烤食物,如烧焦的咖啡豆、熏红肠甚至淀粉等,也含有不同程度的苯并[a]芘。

当然,熏制食品致癌性的大小取决于许多因素,所以我们可以采取适当的措施减少其对人体的危害。①与食入量有关:摄入苯并芘的量随吃的量增多而增多,所以不宜将油炸食品作为日常食品;②与熏烤方法有关:据测定,用炭火烤的肉内含苯并芘 2.6μg/kg~11.2μg/kg,而用松木熏的则高达 88.5μg/kg,用电烤箱烤的仅含 0~0.05μg/kg;③与食物种类有关:肉类制品中含量较多,而淀粉类,如烤白薯、面包中的含量较小。总之,本着"美味不可多食"的原则,让苯并芘无机可乘。

24

### 1.2.12 丙烯酰胺——油炸食品中的致癌物

丙烯酰胺是一种白色晶体物质,熔点为 85℃,1.333 kPa 下沸点为 125℃,闪点为 84℃;不宜与酸、碱、氧化剂、还原剂、铁和铁盐、铜、铝及自由基引发剂接触,有吸湿性;能溶于水,不溶于非极性溶剂。

2005 年,世界卫生组织和联合国粮农组织联合发出警告,称某些食品,特别是富含淀粉类的油炸食品,在煎炸、烧烤、烘焙等高温烹制时会产生致癌毒素丙烯酰胺,严重危害人的健康。我国卫生部发布过 2005 年第 4 号公告:"建议尽可能避免连续长时间或高温烹饪淀粉类食品,改变以油炸和高脂肪食品为主的饮食习惯,减少因丙烯酰胺可能导致的对健康的危害。

丙烯酰胺广泛存在于西方饮食中。世界健康组织公布了食品安全领域 25 名著名科学家的最新研究成果,表明:油炸薯条、烘烤脆饼、高淀粉油炸食品、饼干、面包等食品内所含丙烯酰胺超过建议用量的 400 倍。丙烯酰胺产生的可能途径是:①蛋白质中的丙氨酸部分裂解;②油质热分解;③天冬氨酸与糖发生梅拉德反应产生丙烯酰胺。

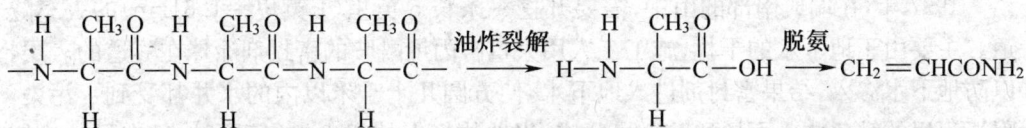

含丙氨酸的蛋白质片段

丙氨酸

丙烯酰胺

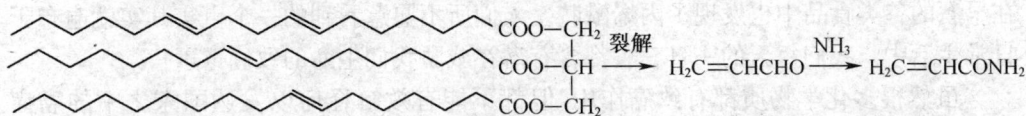

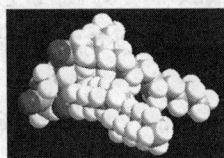
油脂

丙烯醛

丙烯酰胺

丙烯酰胺是一种生化物质,在日常生活中起着人们前所未知的有害作用。世界健康组织的食品安全部长乔根·斯朗特博士警告说,很可能这就是致癌的可怕杀手,这是一种基因毒素,也就是说它侵入基因并改变了基因结构,从而致癌。据专家分析,在由饮食引发的癌症中,可能有30%～40%是由丙烯酰胺引起的。

丙烯酰胺对人的危害主要表现为具有潜在的神经毒性、遗传毒性、生殖毒性和致癌性。丙烯酰胺可通过未破损的皮肤、黏膜、肺和消化道吸收进入人体,分布于体液中。流行病学观察表明,长期低剂量接触丙烯酰胺会出现嗜睡、情绪和记忆改变、幻觉和震颤等症状,并伴随末梢神经病(手套样感觉、出汗和肌肉无力)。丙烯酰胺可引起动物致畸、致癌。长时间接触丙烯酰胺,会导致基因改变和染色体异常,从而诱发肿瘤致癌。

检验结果证明:油炸或烘烤食品更容易富含丙烯酰胺。全世界科学界达成共识:该领域还有待进一步研究,在最新研究成果出来之前,不要再冒险吃那些油炸食品。

在加利福尼亚,一名律师根据健康运动者的呼吁和要求已经郑重向法院提出了申请,要求食品公司在他们的炸烤食品包装上贴上致癌警告标志。

1997年,在瑞典南部的山中,需要开挖一条长5英里(1英里=1.61km)的火车隧道。主要由于地下水的干扰,施工工人用大量含丙烯酰胺的密封剂涂抹在隧道的表层,以防地下水渗入,结果密封剂进入地下水,使方圆几十千米以内的水井都受到了污染,附近河里的鲑鱼体内丙烯酰胺含量猛增,当地牧场上的奶牛也出现了一种奇异的瘫痪怪病。直接接触丙烯酰胺的施工的77人中,有20人手部麻木、头晕目眩、烦躁不安等。在与丙烯酰胺接触最多的45人中,30%已出现了神经系统受损伤的症状。

欧洲明文规定:由包装残留在食品上的丙烯酰胺每10亿单位不得超过$10\times10^{-9}$,但在英国,食品达标委员会发现在过度烹调的炸薯条中含有$12800\times10^{-9}$,在各种各样的松脆食品中约含$1280\times10^{-9}$,而各式各样的烘烤面包中,则含近$4000\times10^{-9}$。另外,在早餐的谷类食品中也发现了丙烯酰胺。人们所不愿意看到的一个事实其实就遍布于日常生活中。我们每天的一日三餐都含有潜在威胁我们生命的致癌毒素!

虽然很多化学物质都有致癌作用,但都不能有效解释何以发达国家之中的癌症患者如此之多。尽管研究证明这与饮食因素有关,但丙烯酰胺却与众不同,它广泛存在于炸烤食品之中并且浓度很高,任何一位吃西餐的人都容易成为它扩散的媒介和牺牲品。

WHO对挪威、瑞典、瑞士、英国和美国等国家高温加工食品中丙烯酰胺的含量进行分析,结果如下。

炸薯条平均含量为$170\mu g/kg\sim2287\mu g/kg$;炸薯片为$50\mu g/kg\sim3500\mu g/kg$;煎饼为$30\mu g/kg\sim42\mu g/kg$;焙烤食品为$50\mu g/kg\sim450\mu g/kg$;饼干为$30\mu g/kg\sim3200\mu g/kg$;麦片为$30\mu g/kg\sim1346\mu g/kg$;玉米片为$34\mu g/kg\sim416\mu g/kg$;面包为$30\mu g/kg\sim162\mu g/kg$;鱼和海产品为$30\mu g/kg\sim39\mu g/kg$;巧克力粉为$50\mu g/kg\sim100\mu g/kg$;咖啡粉为$170\mu g/kg\sim230\mu g/kg$。

中国疾病预防控制中心营养与食品安全研究所提供的资料则显示,在监测的100余份样品中,丙烯酰胺含量为:薯类油炸食品平均含量为780μg/kg;谷物类油炸食品平均含量为150μg/kg;谷物类烘烤食品平均含量为130μg/kg;速溶咖啡为360μg/kg;大麦茶为510μg/kg;玉米茶为270μg/kg。

目前,对如何减少丙烯酰胺的产生还没有很好的应对措施。我国居民食用油炸食品较多,长期低剂量接触,有潜在危害。但人体是一个有机的平衡体,我们每天摄入的食物中,也含有大量的抗癌物质,如茶叶、石花菜、西红柿等,所以应尽可能避免连续长时间或高温烹饪淀粉类食品;改变油炸和高脂肪食品为主的饮食习惯,减少因丙烯酰胺可能导致的健康危害。

# 1.3 蛋 白 质

蛋白质是建造人体的重要原料,人体的神经、肌肉骨骼,甚至毛发没有一处不含蛋白质,一个几公斤重的婴儿长成为一个几十公斤重的大人,体内各种组织成分的自我更新都离不开蛋白质,所以必须供给充足的蛋白质才能满足生命活动的需要。食物中的蛋白质来源很广泛,像大豆、小麦、稻米等谷物类可提供植物蛋白,其中大豆含蛋白质高达39%。各种肉类和蛋类则是动物蛋白的主要来源。选择食物时,要做到荤素搭配、相互补充,使摄入的蛋白质更好地符合人体的需求。

## 1.3.1 蛋白质的结构和性质

(1)蛋白质的基本单位。组成蛋白质的基本单位是氨基酸,天然氨基酸的结构特点是都有一个氨基和一个羧基连在同一个碳原子上。因此,天然氨基酸可看成是甘氨酸的取代物。根据R基团的化学结构分为脂肪族氨基酸、芳香族氨基酸、杂环族氨基酸;根据R基团的酸碱性分为中性氨基酸、酸性氨基酸、碱性氨基酸;根据R基团的带电性质分为疏水性氨基酸、带电荷的极性氨基酸、不带电荷的极性氨基酸。常见的氨基酸结构式如下。

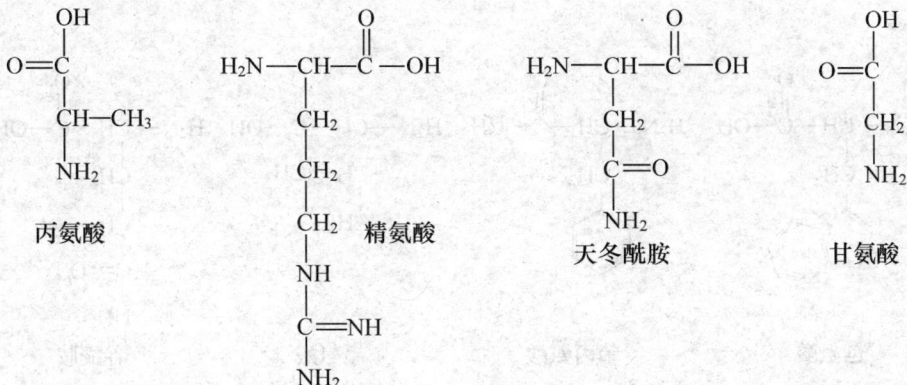

丙氨酸　　　　精氨酸　　　　天冬酰胺　　　　甘氨酸

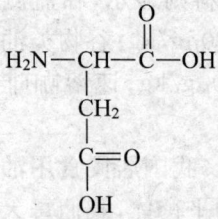
天门冬氨酸

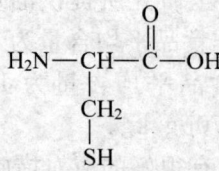
半胱氨酸

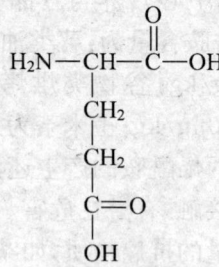
谷氨酸

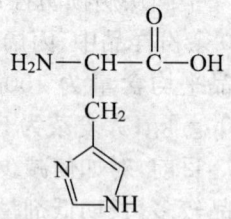
组氨酸

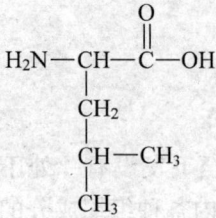
亮氨酸

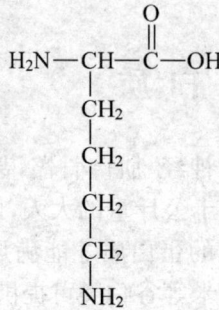
赖氨酸

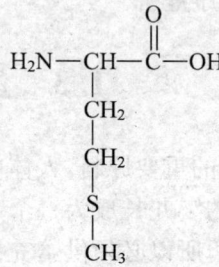
蛋氨酸

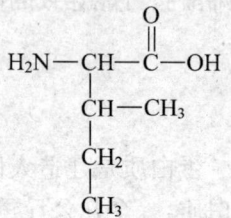
异亮氨酸

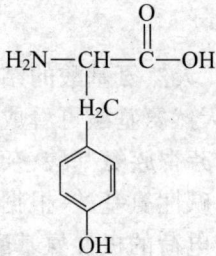
酪氨酸

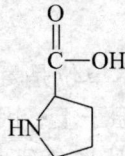
脯氨酸

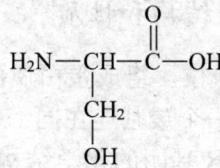
丝氨酸

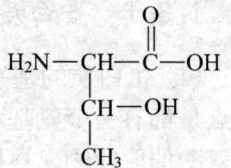
苏氨酸

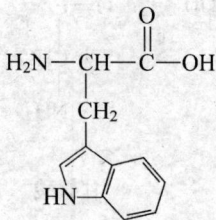
色氨酸

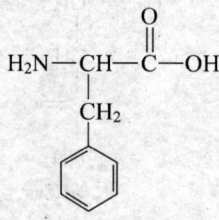
苯丙氨酸

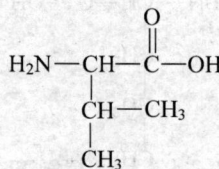
缬氨酸

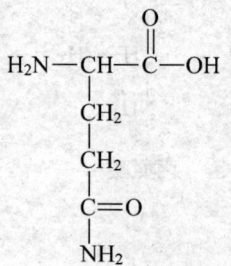
谷酰胺

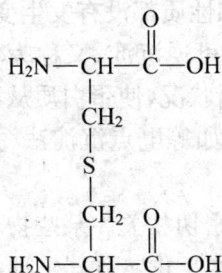

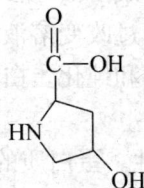

胱氨酸 　　　　　　　　　　羟基脯氨酸

如用构型式表示,天然氨基酸除甘氨酸外,都是 L 构型;如用 R,S 表示构型,绝大多数是 S 构型,但也有 R 型的,如有 L-半胱氨酸是 R 型。

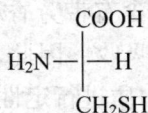　　　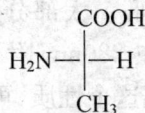

L-半胱氨酸 　　　　　　L-丙氨酸
R-半胱氨酸 　　　　　　S-丙氨酸

(2) 蛋白质的空间结构。蛋白质的一级结构是指肽链中氨基酸的排列顺序;蛋白质的二级结构是指肽链的主链在空间的排列,或规则的几何走向、旋转及折叠,二级结构的常见类型为 α 右手螺旋、β 折叠、无规卷曲、U 形回折;蛋白质的三级结构是指在二级结构基础上,肽链的不同区段的侧链基团相互作用,在空间进一步盘绕、折叠形成的包括主链和侧链构象在内的特征三维结构;蛋白质的四级结构是指由多条各自具有一级、二级、三级结构的肽链通过非共价键连接起来的结构形式;各个亚基在这些蛋白质中的空间排列方式及亚基之间的相互作用关系。

(3) 蛋白质的两性离解和等电点。在等电点(Isoelectric point, Ip)时,蛋白质的溶解度最小,在电场中不移动。在不同的 pH 值下,蛋白质的电学性质不同。在等电点外偏酸性溶液中,蛋白质粒子带负电荷,在电场中向正极移动;在等电点外偏碱性溶液中,蛋白质粒子带正电荷,在电场中向负极移动。这种现象称为蛋白质电泳(Electrophoresis)。利用蛋白质的电泳现象,可以将蛋白质进行分离纯化。

(4) 蛋白质的高分子性质。由于蛋白质的相对分子质量很大,它在水中能够形成胶体溶液。蛋白质溶液具有胶体溶液的典型性质,如丁达尔现象、布朗运动等。由于胶体溶液中的蛋白质不能通过半透膜,因此可以应用透析法将非蛋白的小分子杂质除去。蛋白质胶体溶液的稳定性与其相对分子质量大小、所带的电荷和水化作用有关。改变溶液的条件,将影响蛋白质的溶解性质。在适当的条件下,蛋白质能够从溶液中沉淀出来。

（5）蛋白质的沉淀。在沉淀过程中,结构和性质都没有发生变化,在适当的条件下,可以重新溶解形成溶液,所以这种沉淀称为可逆沉淀,又称为非变性沉淀。一般是在温和条件下,通过改变溶液的 pH 值或电荷状况,使蛋白质从胶体溶液中沉淀分离(可逆沉淀是分离和纯化蛋白质的基本方法,如等电点沉淀法、盐析法和有机溶剂沉淀法等)。

（6）蛋白质变性。蛋白质的性质与其结构密切相关。某些物理或化学因素能够破坏蛋白质的结构状态,引起蛋白质理化性质改变并导致其生理活性丧失。这种现象称为蛋白质的变性(Denaturation)。变性蛋白质通常都是固体状态物质,不溶于水和其他溶剂,也不可能恢复原有蛋白质所具有的性质。所以,蛋白质的变性通常都伴随着不可逆沉淀。引起变性的主要因素是热、紫外线、激烈的搅拌以及强酸和强碱等。

（7）蛋白质的紫外吸收。大部分蛋白质均含有带芳香环的苯丙氨酸、酪氨酸和色氨酸。这三种氨基酸在 280nm 附近有最大吸收。因此,大多数蛋白质在 280nm 附近显示强的吸收。利用这个性质,可以对蛋白质进行定性鉴定。

（8）蛋白质的颜色反应。可以用来定量定性测定蛋白质双缩脲反应:红色,$\lambda_m =$ 540nm,黄色反应,与 $HNO_3$ 的反应,生成硝基苯,呈黄色。皮肤遇到 $HNO_3$ 的情况是,白→黄→橙黄。米伦氏反应:与 $HgNO_3$ 或 $HgNO_2$ 的反应,呈黄色,原理同上。茚三酮反应:紫红色。

### 1.3.2　蛋白质的生理功能

蛋白质是一切生命活动的物质基础,是机体细胞的重要组成部分,是人体组织更新和修补的主要原料,没有蛋白质就没有生命。

蛋白质是由 20 多种氨基酸组成的,氨基酸组成的数量和排列顺序不同,使人体蛋白质多达 10 万种以上。它们的结构、功能千差万别,形成了生命的多样性和复杂性。

蛋白质的生理功能:① 构成和修补人体组织;② 维持机体正常的新陈代谢和各类物质载体内的输送;③ 维持机体内的体液平衡、渗透压的平衡和酸碱平衡;④ 免疫球蛋白可维持机体正常的免疫功能;⑤ 构成人体必需的催化和调节功能的各种酶和激素的主要原料;⑥ 维持神经系统的正常功能,味觉、视觉和记忆等;⑦ 提供热能。

### 1.3.3　富含蛋白质的食品

（1）豆类。腐竹,每 100g 中含蛋白质 50.5g;黄豆,每 100g 中含蛋白质 36.3g。

（2）山产类。干口蘑,每 100g 中含蛋白质 35.6g;冬菇,每 100g 中含蛋白质 13.9g。

（3）动物内脏类。猪肝，每100g含蛋白质21.3g；猪血、羊血、牛肝、羊肝、牛蹄筋、猪皮等也含有大量的蛋白质。

（4）肉类。瘦牛肉，每100g中含蛋白质20.1g；酱牛肉，每100g中含蛋白质32g；红烧牛肉，每100g中含蛋白质25g。

（5）家禽类。鸡，每100g中含蛋白质21.5g。

（6）水产类。青鱼，每100g中含蛋白质19.5g；带鱼，每100g中含蛋白质18.1g；黄花鱼，每100g中含蛋白质17.6g。

（7）蛋类。鸡蛋，每100g中含蛋白质14.7g；鸭蛋，每100g中含蛋白质8.7g。

# 1.4　维　生　素

## 1.4.1　简介

维生素也称维他命，是人体不可缺少的一种营养物质。波兰科学家丰克称它为"维持生命的营养素"。维生素是维持人体健康所必需的一类营养素，其化学结构为小分子有机化合物，它们有的不能在体内合成，有的在体内所合成的量难以满足机体的需要，所以必须由食物供给。维生素的每日需要量甚少（常以毫克或微克计算），它既不是构成机体组织的原料，也不是体内供能的物质，但是在调节物质代谢、促进生长发育、维持生理功能等方面却承担着重要作用，人如果长期缺乏某种维生素，就会导致各种疾病的发生。

1519年，葡萄牙航海家麦哲伦率领的远洋船队从南美洲东岸向太平洋进发，三个月后，有的船员牙床破了、有的船员流鼻血、有的船员浑身无力，待船到达目的地时，原来的200多人活下来的只有35人，当时人们没有找出原因。

1734年，在开往格陵兰的海船上，有一个船员得了严重的坏血病，当时这种病无法医治，其他船员只好把他抛弃在一个荒岛上，他苏醒过来后用野草充饥，几天后他的坏血病竟不治而愈了。诸如此类的坏血病，曾夺去了几十万英国水手的生命。

1747年，英国海军军医林德总结了前人的经验，建议海军和远征船队的船员在远航时要多吃些柠檬，从此未曾发生过坏血病，但那时人们还不知道柠檬中的何种物质对坏血病有抵抗作用。

1912年，波兰科学家丰克经过千百次的试验，终于从米糠中提取出一种能够治疗脚气病的白色物质，这种物质被丰克称为"维持生命的营养素"，简称维他命（Vitamin），也称维生素。

随着时间的推移，越来越多的维生素种类被人们认识和发现，维生素成了一个大家族，人们把它们排列起来以便于记忆，几十种维生素按A、B、C等依次排列。

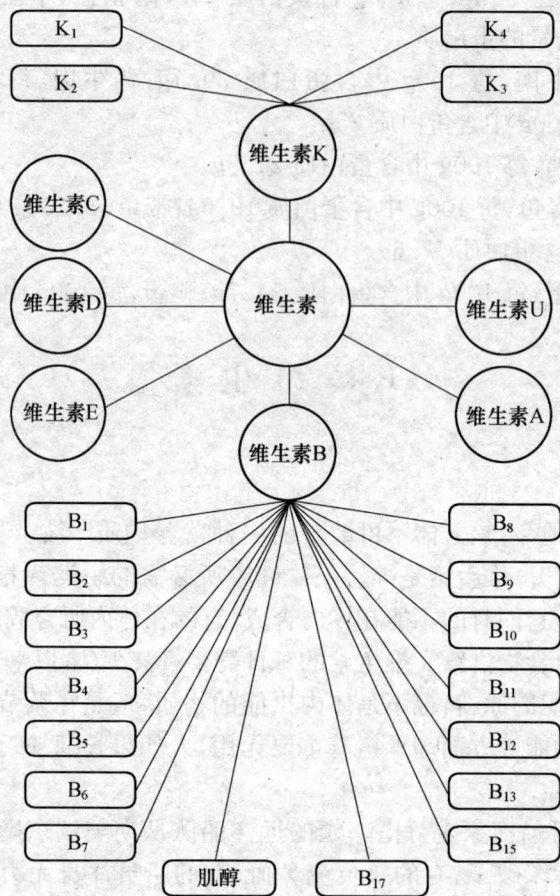

### 1.4.2 维生素 A 的结构、功能和性质

（1）结构。

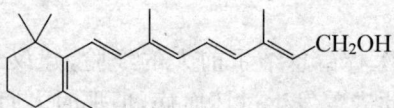

（2）功能。维生素 A 能够保护视力，维持上皮细胞的正常结构，促进骨骼的生长发育，增强机体免疫力。

（3）含维生素 A 的食物。含维生素 A 丰富的食物主要有动物的肝脏、牛奶、黄油、蛋黄以及鱼肝油。植物中的胡萝卜素在人体内也可以转变为维生素 A。多食用一些黄色和红色的蔬菜水果，如胡萝卜、西红柿、南瓜、芒果、柑橘等有利于补充维生素 A。

### 1.4.3　维生素 $B_1$ 的结构、功能和性质

（1）结构。

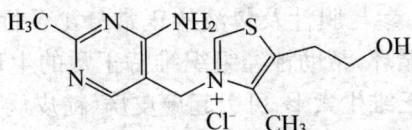

$B_1$ 是最早被人们提纯的维生素，1896 年，由荷兰科学家伊克曼首先发现，1910年由波兰化学家丰克从米糠中提取和提纯。它是白色粉末，易溶于水，遇碱易分解。

（2）功能。缺乏维生素 $B_1$ 时，患者的神经末梢有发炎和退化现象，并伴有四肢麻木、肌肉萎缩、心力衰竭、下肢水肿等症状。18 世纪—19 世纪脚气病在中国、日本，尤其在东南亚一带广为流行，当时每年约有几十万人死于脚气病。中国名医孙思邈当时已知用谷皮治疗脚气病。在现代医学上，维生素 $B_1$ 制剂治疗脚气病和多种神经炎症有显著疗效。在体内，维生素 $B_1$ 以辅酶形式参与糖的分解代谢，有保护神经系统、促进肠胃蠕动、增加食欲的作用。

（3）含维生素 $B_1$ 的食物。维生素 $B_1$ 主要存在于种子的外皮和胚芽中，如米糠和麸皮中含量很丰富，瘦肉、白菜和芹菜中含量也较丰富。

### 1.4.4　维生素 $B_2$ 的结构、功能和性质

（1）结构。维生素 $B_2$ 又称核黄素，是体内许多重要辅酶类的组成成分。

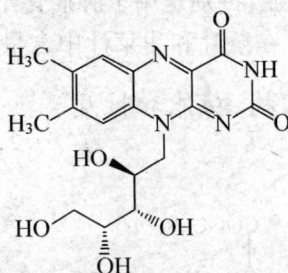

（2）功能。维生素 $B_2$ 可预防口角炎、舌炎，促进皮肤、指甲、毛发的生长，增强视力、减轻眼睛的疲劳，在防治缺铁性贫血方面起重要作用。

（3）含维生素 $B_2$ 的食物。动物的肝、肾、心、乳及蛋类食物中含量丰富，豆类也含有较多的维生素 $B_2$。

### 1.4.5　维生素 $B_3$ 的结构、功能和性质

（1）结构。维生素 $B_3$ 又称尼克酸、烟酸，无色针状结晶，熔点为 236℃，溶于水，不溶于醚及脂类溶剂，能升华、无气味、微有酸味。

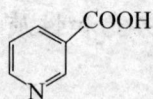

(2) 功能。维生素 $B_3$ 参与胆汁及胃液的正常分泌及性激素的合成。可以降低胆固醇，维持良好的血液循环，帮助神经组织维持正常的生理机能；同时又可增强记忆力、保护健康肌肤。缺乏维生素 $B_3$ 可引起癞皮病(糙皮病)，其典型症状是皮炎、腹泻及痴呆，此外，缺乏维生素 $B_3$ 还可导致口疮、口腔异味、失眠、抑郁、眩晕、易疲劳、低血糖、肌无力、皮疹等疾病。

(3) 含维生素 $B_3$ 的食物。动物内脏、豆类、玉米、酵母、胡萝卜、菜花、枣、蛋、鱼、奶、花生、猪肉、麦芽、土豆等均含有较多的维生素 $B_3$。

### 1.4.6 维生素 $B_4$ 的结构、功能和性质

(1) 结构。维生素 $B_4$ 学名 6-氨基嘌呤磷酸盐，为白色粉末或针状晶体，无味，熔点为 $365^\circ\!C$，难溶于冷水、溶于沸水，微溶于乙醇，溶于乙醚、氯仿。

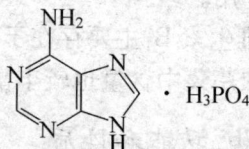

(2) 功能。维生素 $B_4$ 是核酸的组成成分，有刺激白细胞增长的作用。可用于防治各种原因引起的白细胞减少症，特别是用于肿瘤化学治疗时引起的白细胞减少症。

(3) 含维生素 $B_4$ 的食物。在茶叶和甜菜汁中含量较多。

### 1.4.7 维生素 $B_5$ 的结构、功能和性质

(1) 结构。

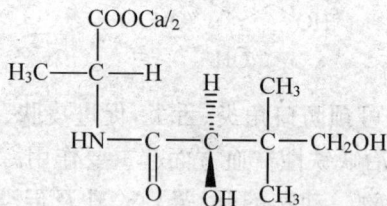

(2) 功能。维生素 $B_5$ 是体内所有细胞所不可缺少的，是辅酶的重要组成部分。它参与肾上腺激素的合成，并协助其他维生素的吸收，能帮助脂肪、蛋白质及糖类进行能量转化。维生素 $B_5$ 能增强体力、预防贫血、维护消化道的正常功能。维生素 $B_5$ 的缺乏会导致易疲劳、消化不良、头痛、手部有刺痛感、精神状态差等症状的发生。

(3) 含维生素 $B_5$ 的食物。动物肾脏、肝脏、牛肉、猪肉、豆类、啤酒酵母、蛋、蘑

菇、坚果、蜂王浆、全麦等。

### 1.4.8　维生素 $B_6$ 的结构、功能和性质

（1）结构。维生素 $B_6$ 又称吡哆素，是含吡哆醇或吡哆醛或吡哆胺的水溶性维生素，1936 年定名为维生素 $B_6$。维生素 $B_6$ 为无色晶体，易溶于水及乙醇，在酸液中稳定，在碱液中易被破坏。

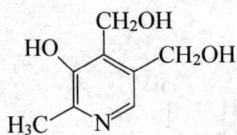吡哆醇　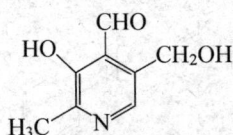吡哆醛　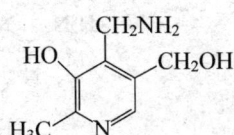吡哆胺

（2）功能。维生素 $B_6$ 为人体内某些辅酶的组成成分，与氨基酸代谢有密切关系。长期缺乏维生素 $B_6$ 会导致皮肤、中枢神经系统和造血机构的损害。单纯的维生素 $B_6$ 缺乏症在人类极少见，临床上应用维生素 $B_6$ 制剂防治妊娠呕吐和放射病呕吐。

（3）含维生素 $B_6$ 的食物。维生素 $B_6$ 在酵母菌、肝脏、谷粒、肉、鱼、蛋、豆类及花生中含量较多。

### 1.4.9　维生素 $B_7$ 的结构、功能和性质

（1）结构。维生素 $B_7$ 又称生物素，属于水溶性维生素，能够促进蛋白质、脂肪等营养物质的代谢。它与维生素 A、维生素 $B_2$、维生素 $B_3$、维生素 $B_6$ 共同摄取，能够促进肠胃的吸收利用，并且效果更为明显。但值得注意的是，雌激素、酒精、生鸡蛋能够降低人体对维生素 $B_7$ 的吸收，应尽量避免同时摄取。

（2）功能。维生素 $B_7$ 有“头发的维生素”之称，其主要功能是防止脱发，维护毛发的健康，并且还能够预防“少白头”的出现。此外，它还能够促进脂肪的代谢，有助于减肥，减缓肌肉疼痛，治疗倦怠、厌食和轻度贫血，维护男性性腺的健康，促进神经、骨髓和汗腺的正常发育等。

（3）含维生素 $B_7$ 的食物。维生素 $B_7$ 的来源十分广泛，其中含量比较丰富的有牛肝、猪肝、羊肝、鸡肝、菜籽油、酵母、花生、黄豆、扁豆、鸡蛋、莴笋、蜂蜜、苜蓿、竹笋、胡桃、高粱、燕麦等。

### 1.4.10　维生素 $B_8$ 的结构、功能和性质

（1）结构。腺嘌呤核苷酸生物素。

（2）功能。帮助脂肪代谢，协助氨基酸及碳水化合物代谢，促进汗腺、精神组织、骨髓、男性性腺、皮肤及毛发的正常运作和生长，维持皮肤正常功能，减轻湿疹、皮肤发炎症状，缓和肌肉疼痛。

（3）含维生素 $B_8$ 的食物。牛肝、猪肝、猪肾、鸡肉、羊肉、蛋黄、牛奶、糙米、小麦胚芽、啤酒酵母、酵母菌，大豆、扁豆等豆类，杏仁、腰果、核桃、葵花子等。

### 1.4.11　维生素 $B_9$ 的结构、功能和性质

（1）结构。维生素 $B_9$ 学名为蝶酰谷氨酸，是从菠菜的叶子中提取的，因而称之为叶酸。

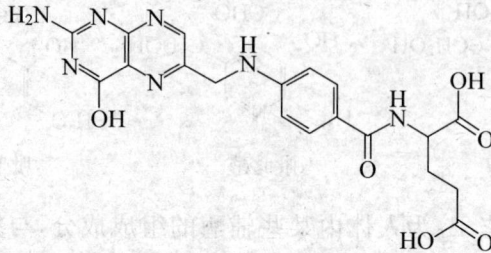

（2）功能。掌管血液系统、促进细胞发育，参与制造红血球及白血球，增强免疫能力，维持头发健康。缺乏维生素 $B_9$ 可导致舌头红肿、贫血、消化不良、疲劳、头发变白，记忆力衰退等症状。

（3）含维生素 $B_9$ 的食物。猪肝、鸡肉、牛肉、羊肉等，蘑菇、菠菜、西红柿、胡萝卜、青菜、小白菜、大豆、橘子、香蕉、葡萄、梨、核桃、栗子等。

### 1.4.12　维生素 $B_{10}$ 的结构、功能和性质

（1）结构。通常为叶酸和其他维生素 B 的混合物，也被称为维生素 R。

（2）功能。调节新陈代谢，维持皮肤和肌肉的健康，增进免疫系统和神经系统的功能，促进细胞生长和分裂（包括促进红血球的产生，预防贫血发生），如缓解水痘感染等。

（3）含维生素 $B_{10}$ 的食物。猪肝、鸡肉、牛肉、羊肉等，蘑菇、菠菜、西红柿、胡萝卜、青菜、小白菜、大豆、橘子、香蕉、葡萄、梨、核桃、栗子等。

### 1.4.13　维生素 $B_{11}$ 的结构、功能和性质

（1）结构。维生素 $B_{11}$ 是一碳基代谢酶系统的组成部分。

（2）功能。它参与嘌呤的合成和胆碱、蛋氨酸以及胸腺嘧啶等重要产物的甲基合成，是核蛋白的合成所需的物质。维生素 $B_{11}$ 缺乏，可致核酸和蛋白质代谢障碍，从而导致以巨幼红细胞性贫血并伴发白细胞减少为特征的疾病。

### 1.4.14　维生素 $B_{12}$ 的结构、功能和性质

1947 年，美国女科学家肖波在牛肝浸液中发现了维生素 $B_{12}$，后经化学家分析，它是一种含钴的有机化合物。它化学性质稳定，是人体造血不可缺少的物质，缺少它

会产生恶性贫血症。

（1）结构。

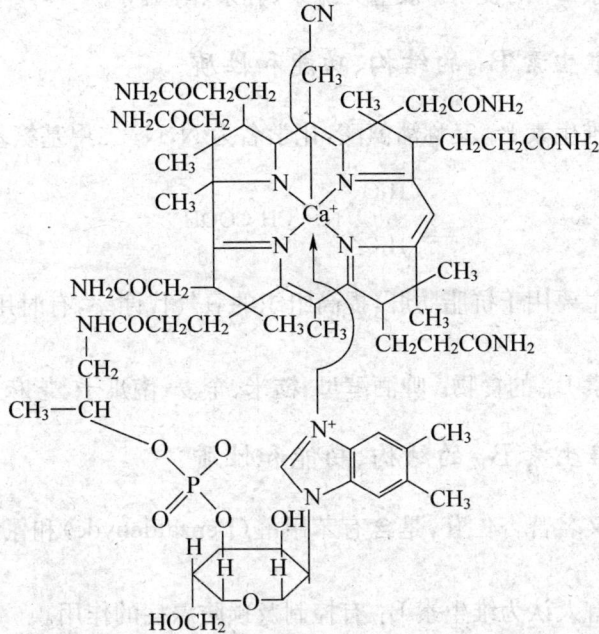

（2）功能。维生素$B_{12}$，即抗恶性贫血维生素，又称钴胺素，含有金属元素钴，是唯一含有金属元素的维生素，它抗脂肪肝，促进维生素 A 在肝中的储存，促进细胞发育成熟和机体代谢。

（3）含维生素$B_{12}$的食物。它与其他 B 族维生素不同，一般植物中含量极少，而仅由某些细菌及土壤中的细菌生成。肝、瘦肉、鱼、牛奶及鸡蛋是人类获得维生素$B_{12}$的来源。

### 1.4.15 维生素$B_{13}$的结构、功能和性质

（1）结构。维生素$B_{13}$又称乳清酸，2,6 - 二氧代 - 4 - 嘧啶甲酸，脲嘧啶 - 6 - 甲酸。

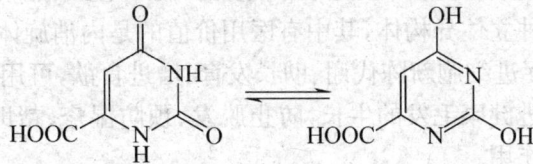

（2）功能。用于治疗黄胆和一般肝脏机能障碍,具有改善肝功能、促进肝细胞的修复作用和其他新功能,如可治疗痛风病、改进脑血管循环、增加吞噬细胞活性、提高

组织再生能力、有助于治愈伤口，还可用于免疫辅药。可作为化学品中毒的预防剂和治疗剂，能影响和控制许多生命代谢活动，对延缓人体衰老具有明显效果。

（3）含维生素 $B_{13}$ 的食物。根茎类蔬菜、乳浆、酸奶等。

### 1.4.16　维生素 $B_{15}$ 的结构、功能和性质

（1）结构。维生素 $B_{15}$ 又称潘氨酸，化学名为 N，N-二甲基氨基乙酸。

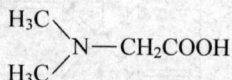

$$\begin{array}{c} H_3C \\ \diagdown \\ N-CH_2COOH \\ \diagup \\ H_3C \end{array}$$

（2）功能。主要用于抗脂肪肝，提高组织的氧气代谢率，有时用来治疗冠心病和慢性酒精中毒。

（3）含维生素 $B_{15}$ 的食物。啤酒酵母、糙米、全麦、南瓜子、芝麻。

### 1.4.17　维生素 $B_{17}$ 的结构、功能和性质

（1）结构。又名苦杏仁苷，是含有苯甲醛（Benzaldehyde）和氰化物（Cyanide）的糖分子。

（2）功能。有人认为维生素 $B_{17}$ 有控制及预防癌症的作用。

（3）含维生素 $B_{17}$ 的食物。杏、苹果、樱桃、桃、油桃等的果核中。

### 1.4.18　肌醇的结构、功能和性质

（1）结构。

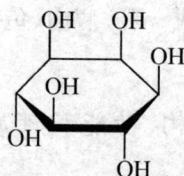

肌醇（Inositol）是一种水溶性维生素，为维生素 B 族中的一种，肌醇和胆碱一样是亲脂肪性的维生素，又称为环己六醇，白色晶体粉末（无结晶水）、风化性结晶（含二分子结晶水），有 9 种立体异构体，其中有医用价值的是内消旋体。

（2）功能。可促进细胞新陈代谢、助长发育、增进食欲，可用于治疗脂肪肝、肝硬化，降低胆固醇，促进健康毛发的生长，防止脱发、预防湿疹、帮助体内脂肪的再分配（重新分布）和镇静作用。

（3）含维生素肌醇的食物。动物肝脏、啤酒酵母、白花豆、牛脑和牛心、美国甜瓜、葡萄柚、葡萄干、麦芽、未精制的糖蜜、花生、甘蓝菜等。

### 1.4.19 维生素C的结构、功能和性质

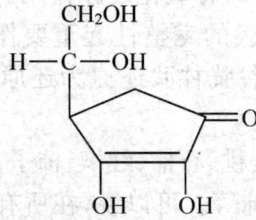

$$
\begin{array}{c}
CH_2OH \\
H-C-OH \\
\end{array}
$$

（1）结构。维生素C又称L-抗坏血酸（Ascorbic acid），是一种水溶性维生素。食物中的维生素C被人体小肠上段吸收，一旦吸收，就分布到体内所有的水溶性结构中。正常成人体内的维生素C代谢活性池中约有1500mg维生素C，最高储存峰值为3000mg维生素C。正常情况下，维生素C绝大部分在体内经代谢分解成草酸，一少部分可直接由尿排出体外。

（2）功能。胶原蛋白的合成需要维生素C参加，所以维生素C缺乏、胶原蛋白不能正常合成，导致细胞连接障碍。人体由细胞组成，细胞靠细胞间质把它们联系起来，细胞间质的关键成分是胶原蛋白。胶原蛋白占身体蛋白质的1/3，是生成结缔组织、构成身体骨架的关键。而骨骼、血管、韧带等，则决定了皮肤的弹性，并有助于人体创伤的愈合。

血管壁的强度和维生素C有很大关系，微血管是所有血管中最细小的，管壁可能只有一个细胞的厚度，其强度、弹性是由负责连接细胞，具有胶泥作用的胶原蛋白所决定的。当体内维生素C不足时，微血管容易破裂，血液就会流到邻近组织。这种情况在皮肤表面发生，则产生淤血、紫癜，在体内引起并发生疼痛和关节涨痛。严重者在胃、肠道、鼻、肾脏及骨膜下面均有出血现象，乃至死亡。

预防牙龈萎缩和出血，让健康的牙床紧紧包住每一颗牙齿。牙龈是软组织，当缺乏蛋白质、钙、维生素C时，容易产生牙龈萎缩和牙龈出血。

预防动脉硬化。可促进胆固醇的排泄，防止胆固醇在动脉内壁沉积，甚至可以使沉积的粥样斑块溶解。

维生素C是一种水溶性的强有力的抗氧化剂，可以保护其他抗氧化剂，如维生素A、维生素E、不饱和脂肪酸，防止自由基对人体的伤害。

治疗贫血。使难以吸收利用的三价铁还原成二价铁，促进肠道对铁的吸收，提高肝脏对铁的利用率，有助于治疗缺铁性贫血。

防癌。丰富的胶原蛋白有助于防止癌细胞的扩散。维生素C的抗氧化作用可以抵御自由基对细胞的伤害，防止细胞变异，阻断亚硝酸盐和仲胺形成强致癌物亚硝胺。曾有人对因癌症死亡的病人进行解剖，发现其体内的维生素C含量几乎为零。

保护细胞、解毒,保护肝脏。在人的生命活动中,保证细胞的完整性和代谢的正常进行至关重要。为此,谷胱甘肽和酶起着重要作用。谷胱甘肽是由谷氨酸、胱氨酸和甘氨酸组成的短肽,在体内有氧化还原作用。它有两种存在形式,即氧化型和还原型。还原型对保证细胞膜的完整性起重要作用。维生素C是一种强抗氧化剂,其本身被氧化,使氧化型谷胱甘肽还原为还原型谷胱甘肽,从而发挥抗氧化作用。

(3) 含维生素C的食物。樱桃、石榴、红椒、柿子、青花菜、草莓、橘子、菜花、猕猴桃、青辣椒、橙子、葡萄汁、西红柿等。可以说,在所有的蔬菜、水果中维生素C含量都不少。美国专家认为,每人每天维生素C的最佳用量应为200mg～300mg,最低不少于60mg,半杯新鲜橙汁便可满足这个最低量。

### 1.4.20 维生素D的结构、功能和性质

(1) 结构。维生素D系固醇类的衍生物,其结构为

人体内维生素D主要是由7-脱氢胆固醇经紫外线照射而转变,称为维生素$D_3$或胆钙化醇(Cholecalciferol)。植物中的麦角固醇经紫外线照射后可产生另一种维生素D,称为维生素$D_2$或钙化醇。

(2) 功能。提高肌体对钙、磷的吸收,使血浆钙和血浆磷的水平达到饱和程度;促进生长和骨骼钙化,促进牙齿健全;通过肠壁增加磷的吸收,并通过肾小管增加磷的再吸收;维持血液中柠檬酸盐的正常水平;防止氨基酸通过肾脏损失。缺乏维生素D会引起佝偻病、手足抽搐和软骨病。但长期摄入过多的维生素D将引起高血钙和高尿钙。特征为食欲减退、过度口渴、恶心、呕吐、烦躁、体弱、便秘腹泻交替出现,严重者将因肾钙化、心脏和大动脉钙化而死亡。

(3) 含维生素D的食物。植物性食物几乎不含有维生素D,维生素D主要来源于动物性食物,如海鱼、动物肝脏、蛋黄和瘦肉等。除了食物来源之外,还可通过自身晒太阳制造。

### 1.4.21 维生素 $K_1$ 的结构、功能和性质

（1）结构。维生素 $K_1$ 是 2-甲基-3-（3,7,11,15-四甲基-2-十六碳烯基）-1,4-萘二酮的反式和顺式异构体混合物。

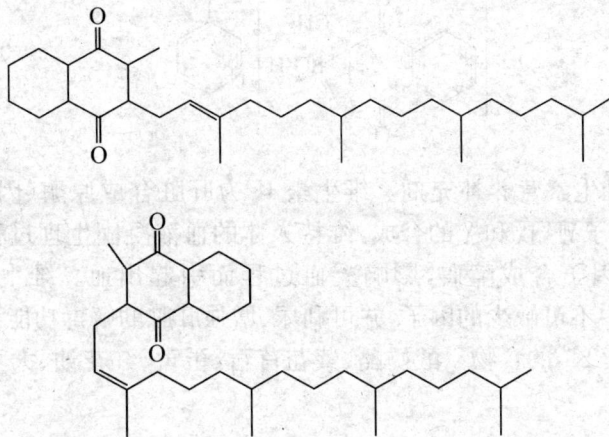

（2）功能。用于维生素 K 缺乏引起的出血，如梗阻性黄疸、胆瘘、慢性腹泻等所致出血，香豆素类、水杨酸钠等所致的低凝血酶原血症，新生儿出血以及长期应用广谱抗生素所致的体内维生素 K 缺乏。

（3）含维生素 $K_1$ 的食物。酸奶酪、紫花苜蓿、蛋黄、红花油、大豆油、鱼肝油、海藻类、绿叶蔬菜等。

### 1.4.22 维生素 $K_2$ 的结构、功能和性质

（1）结构。

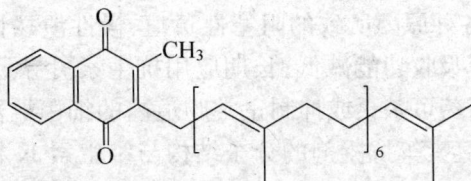

（2）功能。治疗和预防骨质疏松症。维生素 $K_2$ 生成骨蛋白质，再与钙共同生成骨质，增加骨密度，防止骨折；维生素 $K_2$ 可预防肝硬化进展为肝癌；治疗维生素 $K_2$ 缺乏性出血症，促进凝血酶原的形成，加速凝血，维持正常的凝血时间；具有利尿、强化肝脏的解毒功能，并能降低血压。

（3）含维生素 $K_2$ 的食物。酸奶酪、紫花苜蓿、蛋黄、红花油、大豆油、鱼肝油、海藻类、绿叶蔬菜等。

### 1.4.23 维生素 K₃ 的结构、功能和性质

（1）结构。

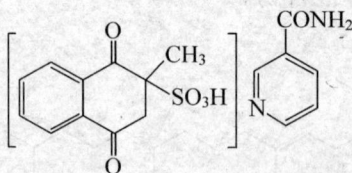

（2）功能。维生素营养补充剂。维生素 K 为肝脏合成原酶（因子 B）的必需物质，并参与凝血因子Ⅶ，Ⅸ 和 Ⅹ 的合成，维持人体的血液凝固生理过程。缺乏维生素 K 可致上述凝血因子合成障碍，影响凝血过程而引起出血。维生素 K 是骨骼素（BGP）合成过程中不可缺少的因子，并可利尿、增强肝脏的解毒功能。

（3）含维生素 K₃ 的食物。酸奶酪、紫花苜蓿、蛋黄、红花油、大豆油、鱼肝油、海藻类、绿叶蔬菜等。

### 1.4.24 维生素 K₄ 的结构、功能和性质

（1）结构。2-甲基-1,4-萘二酚双乙酸酯。

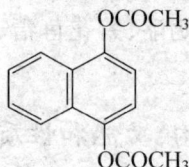

（2）功能。主要适用于维生素 K 缺乏所致的凝血障碍性疾病，如肠道吸收不良所致维生素 K 缺乏。各种原因所致的阻塞性黄疸、慢性溃疡性结肠炎、慢性胰腺炎和广泛小肠切除后肠道吸收功能减低；长期应用抗生素可导致体内维生素 K 缺乏，广谱抗生素或肠道灭菌药可杀灭或抑制正常肠道内的细菌群落，致使肠道内细菌合成的维生素减少；双香豆素等抗凝剂的分子结构与维生素 K 相似，在体内干扰其代谢，使环氧叶绿醌不能被还原成维生素 K，使体内的维生素 K 不能发挥其作用，造成与维生素 K 缺乏相类似的后果。

（3）含维生素 K₄ 的食物。酸奶酪、紫花苜蓿、蛋黄、红花油、大豆油、鱼肝油、海藻类、绿叶蔬菜等。

### 1.4.25 维生素 E 的结构、功能和性质

（1）结构。在自然界有四种生育酚（$R^1$＝$CH_3$，H；$R^2$＝$CH_3$），由于有三个手性碳，因此有八种光学异构体和四种生育三烯酚（$R^1$＝$CH_3$，H；$R^2$＝$CH_3$）。

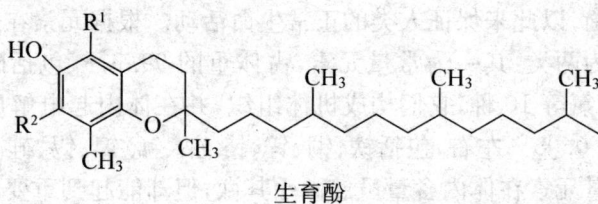

生育酚

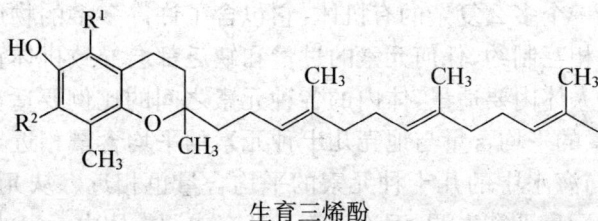

生育三烯酚

（2）功能。维生素E是最主要的抗氧化剂之一。溶于脂肪和乙醇等有机溶剂中，不溶于水，对热、酸稳定，对碱不稳定，油炸时维生素E活性明显降低。生育酚能促进性激素分泌，使男子精子活力和数量增加，使女子雌性激素浓度增高，提高生育能力，预防流产，还可用于防治男性不育症、烧伤、冻伤、毛细血管出血、更年期综合症等方面。近来还发现维生素E可抑制眼睛晶状体内的过氧化脂反应，使末梢血管扩张、改善血液循环，预防近视的发生和发展。

（3）含维生素E的食物。麦芽、大豆、植物油、坚果类、芽甘蓝、绿叶蔬菜、菠菜、添加营养素的面粉、全麦、未精制的谷类制品、蛋等。

### 1.4.26　维生素U的结构、功能和性质

（1）结构。

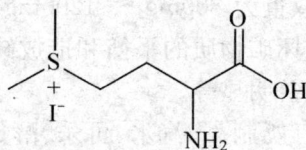

（2）功能。治疗胃溃疡和十二指肠溃疡。

（3）含维生素U的食物。维生素U存在于甘蓝、莴苣、苜蓿和其他绿叶蔬菜中。

# 1.5　人体内的常量和微量元素

## 1.5.1　人体内的常量元素

1. 概述

人体好像是一个复杂的化学工厂，时刻都在进行着化学反应，使各种物质在人体

内的含量达到平衡,以此来保证人类的正常生命活动。根据元素在体内含量的不同,可将体内元素分为两类:其一为常量元素,占体重的 99.9%,包括碳、氢、氧、氮、磷、硫、钙、钾、镁、钠、氯等 10 种,它们构成机体组织,并在体内起电解质作用;其二为微量元素,占体重的 0.05%左右,包括铁、铜、锌、铬、钴、锰、镍、锡、硅、硒、钼、碘、氟、钒等 14 种,这些微量元素在体内含量虽然微乎其微,但却能起到重要的生理作用。

可见,人体是一个多么复杂的有机体,它包含了许许多多的物质和元素,各种元素既互相依存,又相互制约,任何元素的过量和缺乏都会导致机体正常状态的破坏。因此,某种元素在人体内要适量,体内的各种元素之间的比例要适当。有意思的是,人体内几十种元素的平均含量与地壳几十种元素的平均含量相近,血液内的几十种元素的平均含量与海水中的几十种元素的平均含量也相近。从元素平衡医学角度讲,生病等于体内元素平衡失调,而治病等于补充或调整体内元素的平衡。

碳、氢、氧、氮是构成人体蛋白质的元素,氢、氧是构成水的元素。

2. 水(含氢氧元素)

水约占成年人体重的 60%,被认为是最必需、最重要的营养素,它对生命的重要性仅次于空气。水是一切营养素和代谢废弃物的溶剂,水在体内直接参与氧化还原反应,促进各种生理活动和生化反应。一个人一天大约要补充 1700 mL 水,因此不是渴了才喝,应定时补充水。

3. 磷

(1)生理功能。磷存在于人体所有细胞中,是组成骨骼和牙齿的必要元素,几乎参与人体所有生理上的化学反应。具有促进成长以及身体组织器官的修复、协助脂肪和淀粉的代谢,供给能量与活力、减少关节炎的痛苦、促进牙齿的健康生长和牙床的健康发育等功效。磷还是使心脏有规律地跳动、维持肾脏正常机能和传达神经刺激的重要物质。成人每天摄取量为 800mg ~ 1200mg,妊娠期和哺乳期的妇女则需要多些。但过多摄取磷,会破坏矿物质的平衡和造成缺钙,如会导致骨质疏松易碎、牙齿蛀蚀、各种钙缺乏症状日益明显等。

(2)含磷较多的食物。有奶制品、汽水、可乐、酵母、动物内脏类、干豆类、全谷类、蛋类、小鱼干等。

4. 硫

(1)生理功能。硫存在于每个细胞中,不仅是人体所需的较大量元素,也是构成氨基酸的成分之一。硫有助于维护皮肤、头发及指甲的健康、光泽,维持氧平衡,帮助脑功能正常运作。

(2)含硫较多的食物。干酪、蛋类、鱼、谷类、豆类、肉类、坚果类等。

5. 钙

(1)生理功能。钙是人体内的重要元素,它是骨骼和牙齿的主要组成部分。骨质疏松症是中老年的一种常见骨病,其特点是骨头逐渐变细和脆弱,到了后期,脊椎变得脆弱,非常容易变形,往往导致脊骨因衰弱而弯曲,随着脆弱程度的加剧,会增加发生骨折的危险,特别是造成严重损害的髋部骨折。增加钙的摄入量,对于延缓因骨质疏松而引起的骨质减弱和降低骨折发生率能起到重要作用。当钙和维生素 D 一同服用时,效果尤其显著。因为维生素 D 能增强身体吸收钙的能力,许多专家认为,在青春发育期就应开始增加钙的摄入量,每个人每天应补钙800mg,相当于 3 杯牛奶中的钙量,牛奶含钙量高,而且磷、钙比例为 1.2：2,较合适,容易吸收利用。

但一定要科学补钙,钙一旦服用过量,极容易引起肾结石,顽固性便秘。有一位老人,从绝经前就开始补钙和服用维生素 D,十几年来,自以为很满意,不久前出现腰痛、血尿,B 超、CT 检查都证实是肾盂结石,经过再检查发现有明显的高钙血症。

（2）含钙的食物。含钙丰富的食物有薯干、薯粉、香菜、油菜、咸鸭蛋、松花蛋、大豆及大豆制品,海鱼、海带、海参、虾皮以及绿色蔬菜等。肉类食品连骨一起煨炖并加一点醋,肉汤中的含钙量亦可明显提高。

6. 钾

（1）生理功能。钾能够维持人体离子平衡,钾在体内最重要的生理功能就是维持体液平衡,即水分在体内的分布,钾还对神经冲动的传导起着重要作用。

（2）含钾的食物。常见的高钾食物有小米、马铃薯、油菜、西红柿、鸡肉、鲤鱼等。

7. 镁

（1）生理功能。镁也是人体所必需的,镁是一种重要的保护性无机离子,堪称人类心脏的保护伞。当血液中镁的水平呈现不足时,心脏就会遭殃。镁的不足,还会使人的情绪趋于紧张,从而增加紧张激素的分泌。紧张激素的分泌又会反过来造成镁的损失。其恶性循环的结果,最终会增加心脏病突发的危险。正常情况下,每人每天至少要摄入 300mg～350mg 镁,过量的镁会造成血凝结,损害人体健康。

（2）含镁的食物。人体摄取镁的主要途径是多食用一些含镁量高的食物,如绿叶蔬菜、鲑鱼、沙丁鱼、贝类、虾类、坚果类、麦片、小麦胚以及大豆、糙米、荞麦、大麦等。

8. 钠

（1）生理功能。钠能够维持人体离子平衡,此外,钠还有传递生物信息的作用。食盐过多,钠在体内可以引起体液,特别是血容量增加,从而导致血压升高、心脏负担加重。每人每天食盐量应控制在 5g 以下。

（2）含钠的食物。食盐是主要的钠源,海虾米、鱼类等也是含钠食品。

9. 氯

（1）生理功能。氯元素与钾和钠结合,能保持体液和电解质的平衡,人体中氯元素浓度最高的地方是脑脊髓液和胃中的消化液。

（2）含氯的食物。氯元素的主要来源是食盐。

## 1.5.2 人体内的微量元素

1. 铁

（1）生理功能。铁元素约占人体体重的 0.006％,成年人体内铁为40g 左右。人体内的铁都与蛋白质结合,无游离态存在。铁是细胞色素酶、铁硫蛋白、过氧化酶、过氧化氢酶的组成成分,对肌体生存起着至关重要的作用。铁是组成血色素的主要成分,它的功能是向人体组织各部分运送氧气,当血液流到微血管时,就会把氧气释放出来,渗入组织器官之中。如果体内缺乏铁元素,血色素就会减少,携带的氧气也会减少,脑细胞和身体其他组织经常处在缺氧状态,人就会感到疲倦和头晕眼花。100mL血液中有14.5g~15g的血色素为正常的数值,少于12g就属于贫血了,成年人每日需铁量约1mg,青春期妇女每日约需2mg。

(2) 含铁的食物。人体铁的主要来源是食物,特别是在动物性食物中,猪肝含铁量最多,吸收率也最高,肉类、豆、绿色蔬菜中含铁也较多。用铁质炊具烹调食物,也是铁的来源。

2. 铜

(1) 生理功能。铜在人体中含量居第三位。含铜的酶有酪氨酸酶、单氨氧化酶、超氧化酶、超氧化物歧化酶、血铜兰蛋白等。缺铜造成酪氨酸酶活性降低,使头发变白。

白癜风是发生在局部性的皮肤色素脱失,这与缺少酪氨酸有关,因为酪氨酸是能转变成黑色素的物质,而酪氨酸酶是由酶蛋白和二价铜离子结合而成的,缺少了铜离子就没有了催化活性。有些医院就是用硫酸铜来治疗白癜风的。

(2) 含铜的食物。虾、牡蛎、海蜇、鱼、蛋黄、肝、西红柿、豆类及果仁等。另外,饭后不要立即服用维生素C,因维生素C会妨碍铜的吸收。

3. 锌

(1) 生理功能。锌在人体内的含量仅次于铁,居第二位。人体中的锌以$Zn^{2+}$为中心离子存在于许多酶或蛋白中。现在已知人体中大约有18种锌酶和14种需要$Zn^{2+}$激活的酶,这些酶广泛参与人体内一系列代谢过程,包括脂、蛋白质和核酸的合成和分解。如DNA,RNA聚合酶是合成核酸和蛋白质的酶,当碱基配对发生错误时,它们有促进修复的功能。锌影响味觉及食欲,缺锌会引起食欲下降;维持视力需要锌,缺锌会影响视力并导致夜盲症;锌能提高免疫功能,它是维护肌体正常免疫功能和防御机能所必需的物质;锌还可抑制脂质过氧化反应,使细胞对离子或自由基具有较强的抵抗力,锌能延缓衰老;锌与发育成长密切关系,缺锌可造成生长阻塞、生育能力下降。科学家通过实验证明:"男子体内缺锌,如六个月内只吃含锌量低的食物,体重会减少10%,雄性激素也会减少,精子数会失去30%~40%,甚至会失去生育能力"。值得庆幸的是,这种因缺锌引起的性功能障碍是可逆转的,通过补充锌,便可逐步恢复正常。一个成年人每天大约需要补充15mg锌,儿童生长期及青少年性成熟期,需要量较大。由于锌元素广泛存在于各种食物中,如果在平时的一日三餐中注意食物搭配均衡,就能满足机体对锌的要求。

(2) 含锌的食物。人体所需的锌主要从食物中摄取,如牡蛎、虾、蚝及动物肝、肾、肉、鱼、鸡、鸭等。某些中药,如何首乌、桃仁等含锌量亦很丰富。对于缺锌症,可

用 $ZnSO_4$ 和维生素 B 做成复合锌片进行预防和治疗。老年人还可以买添加葡萄糖酸锌的食物作为营养和强化剂,既可以治疗锌缺乏症,又可防止衰老。还可采用锌制剂进行治疗,较普遍的方法是口服硫酸锌。需要在医生指导下服用,不能长期超量服用,否则有可能引起消化道不良反应,严重的还可导致胃出血、胃溃疡。

4. 铬

(1) 生理功能。铬有多种氧化态,人体所需微量元素铬是指 $Cr^{3+}$。$Cr^{3+}$ 参与糖类、脂肪及氨基酸的合成代谢,协调胰岛素发挥作用,若 $Cr^{3+}$ 不足会引起糖尿病。

(2) 含铬的食物。海产品、肉类和奶制品。

5. 钴

(1) 生理功能。钴存在于人体维生素 $B_{12}$ 中,是在生理学上用来处理疾病的最有效的元素之一。人们早就知道,肝制剂对恶性贫血有良好疗效。最初认为这是由于肝脏中含有抗贫血因素的缘故。后来证明,抗贫血因素是由维生素 $B_{12}$ 和胃液中的一种黏蛋白结合而成。对于恶性贫血,每天摄入维生素 $B_{12}$ 20mg 左右一般就能加以控制。按钴计算,每天摄入 1mg 便可。此外,钴具有驱脂作用,能防止脂肪在肝脏中堆积。

(2) 含钴的食物。食物中含钴量以海产品及蜂蜜最多,都超过 $1\mu g/g$。富含钴的食品有小虾、扇贝、牡蛎、肉类、粗麦粉及动物肝脏(鸡肝、牛肝)、粗粮、猪肾、鱼子、蟹肉、核桃、莴苣、花生、马铃薯、生姜等。发酵的豆制品,如臭豆腐、红腐乳、豆豉、酱油等都含有少量维生素 $B_{12}$,可作为钴的食物来源。

6. 锰

(1) 生理功能。锰是人体内多种酶的激活剂,锰参与各种氧化还原过程,使肌肉有力量,锰能影响动脉硬化病人的脂类代谢,人体缺锰可造成骨骼发育障碍,影响体内维生素的合成,降低抗病能力。

(2) 含锰的食物。含锰较多的食物有粗粮、豆类、核桃、花生、葵花子、芝麻、茶叶等。绿叶蔬菜含锰也较多,但含草酸也较多,影响人体对锰的吸收。

7. 镍

(1) 生理功能。镍是核酸的成分,在生物膜代谢中起重要作用,缺乏时会使有关酶活性降低。

(2) 含镍的食物。含镍多的食物是植物性食物,如粗粮、干豆、水果、蔬菜等。

8. 锡

(1) 生理功能。锡与能量代谢的酶系统有关,能促进组织生长、伤口愈合,缺乏时生长停滞、脱毛、乏力等。

(2) 含锡的食物。肉类、粗粮、干豆、菜蔬中均含有较丰富的锡。

9. 硅

(1) 生理功能。硅是人体中含量较多的微量元素,它是形成骨骼、软骨、结缔组织的必需成分,在维护血管弹性、骨骼钙化过程中起重要作用。

（2）含硅的食物。所有植物性食物都含有硅，牛奶也是硅的来源。

10. 硒

（1）生理功能。硒是一种多功能的微量元素，它在防癌、抗癌、抑制癌症等方面作用突出。硒可直接与致癌物作用，阻碍致癌物在体内代谢产生；硒是谷胱甘肽过氧化物酶的重要成分，此酶在人体中起到抗衰老、防癌变的作用；硒能提高人体的免疫功能，我国新疆西北边区的调查资料表明，该地区百岁老人最多，也是高硒区，而且该地区癌症发病率极低；硒具有维持心血管系统正常结构和功能的作用，血管病与缺硒有关，硒对冠心病和动脉粥样硬化有一定的抑制作用，其原因是硒能抑制脂质过氧化反应，消除自由基的毒害，从而保护心肌正常代谢。大骨关节病是原因不明的地方性疾病，现在知道与缺硒有关，硒还可以缓解或降低汞、镉等有害元素的毒性。

（2）含硒的食物。我国营养学会推荐的硒供给量标准为 5mg/天，当摄入硒量不足时，可食用富硒食品或药物补充，含硒较多的食物有海产品、肉类、奶制品和谷物。补充硒的药物有人参制剂、富硒酵母、含无机硒的维生素 C 片等。

11. 钼

（1）生理功能。钼是构成黄嘌呤氧化酶、醛氧化酶、亚硫酸氧化酶、硝酸盐还原酶等的重要成分。黄嘌呤氧化酶能催化人体嘌呤化合物的氧化代谢及最后形成尿酸，并与铁代谢密切相关；醛氧化酶参与机体的解毒功能；亚硫酸氧化酶可催化含硫氨基酸物质的代谢，此酶缺乏时可导致神经系统病变，多数还会造成眼球晶状体损害；而硝酸盐还原酶对食道癌的防治有一定的意义。根据我国河南林县发现，食道癌高发区居民的血清、尿与头发中钼含量明显低于低发区，食道癌患者体内钼含量也较低。

（2）含钼的食物。人体对钼的需要量很少，一般从膳食中即可满足。膳食中摄入的钼主要来源于动物内脏、肉类、全谷类、麦胚、蛋类、叶类蔬菜和酵母。

12. 碘

（1）生理功能。碘的唯一功能是用于合成甲状腺分泌的含碘激素——甲状腺激素，碘的生理功能也是通过甲状腺激素表现出来。碘缺乏的典型特征是甲状腺肿大（大脖子病）、头发变脆、肥胖和血胆固醇增高、甲状腺功能减退。缺碘的孕妇所生的孩子可患有称为侏儒的呆小病，这是一种以甲状腺机能低下、甲状腺肿、智力迟钝和生长迟缓为特征的疾病。患儿出生后得到诊断并给以甲状腺激素治疗可避免上述某些症状的出现。成人轻度缺碘将出现疲乏、肌无力、黏液分泌过多的症状。食入过多的碘即日摄入量超过 $2000\mu g$，也有产生甲状腺肿大的潜在危险。

（2）含碘较多的食物。海带及海产品。

13. 氟

（1）生理功能。氟是人体内重要的微量元素之一，骨和牙齿中含有人体内氟的大部分，氟化物与人体生命活动及牙齿、骨骼组织的代谢密切相关。氟可以促进牙齿珐琅质对细菌酸性腐蚀的抵抗力，防止龋齿，因此水处理厂一般都会在自来水中添加少量的氟。据统计，氟摄取量高的地区，老年人罹患骨质疏松症的比例以及龋齿的发生率都会降低。龋齿、骨质疏松、骨骼生长缓慢、骨密度和脆性增加是缺氟的主要表现，另外，还可能造成不孕症或贫血。氟摄取过量也会引起中毒，主要表现为氟骨症和氟斑牙。

（2）含氟较多的食物。饮用水。

14. 钒

（1）生理功能。钒在人体内的含量极低，主要分布于内脏，尤其是肝、肾、甲状腺等部位。人体对钒的正常需要量为 $100\mu g/$ 天。钒在胃肠中的吸收率仅为 $5\%$，其吸收部位主要在上消化道。此外，环境中的钒可以经皮肤和肺吸收入人体中。血液中约 $95\%$ 的钒以离子状态（$VO_2{}^+$）与转铁蛋白结合而输送，因此钒和铁在人体内可互相影响，而且钒进入细胞后，具有广泛的生物学效应。有实验显示，调节磷酰转移酶、腺苷酸环化酶、蛋白激酶类的辅因子，与体内激素、蛋白质、脂类代谢关系密切，造血功能得以改善。钒还能抑制胆固醇的合成，减轻诱发动脉硬化的程度。另外，牙釉质和牙本质都属于羟磷灰石，钒可以置换到羟磷灰石中，起到预防龋齿的作用。日本学者研究表明，糖尿病患者与体内钒含量的降低有一定的关系。

（2）含钒较多的食物。食物中谷类、根茎类蔬菜、坚果、植物油都含钒。

# 1.6 常见的对人体有害的元素

人体是一个整体，不能缺少某种元素，但也不能过量。由于受环境污染等因素的影响，下列元素在食品和环境中对人类健康存在着威胁。

1. 铝

（1）毒性。铝对人体的危害是多方面的，过量的铝可影响脑细胞功能，从而影响和干扰人的意识和记忆功能，造成老年痴呆症；可引起胆汁郁积性肝病，还可导致骨骼软化，以及引起细胞低色素性贫血、卵巢萎缩等病症。因此，世界卫生组织于 1989 年正式将铝确定为食品污染物，并要求加以控制，铝是通过铝制器皿和铝的食品添加剂进入到人体的。

（2）含铝较多的食物。预防铝摄入过多应从以下途径严加限制，不用明矾净化的水、尽量避免使用铝制器皿及餐具、尽量少吃油炸等含铝膨松剂（硫酸钾铝）的食品、少用铝制剂胃病药。

2. 铅

（1）毒性。对人体而言，铅是一种具有神经毒性的重金属元素。铅进入人体后，会损害神经、消化系统和造血功能。可溶性无机铅盐都有毒，其毒性源于铅、易与蛋白质分子中半胱氨酸内的 SH 基发生反应，生成难溶化合物，中断了有关的代谢路径。铅在体内代谢情况与钙相似，易积在骨铬之中。儿童对铅的吸收率比成人高出4 倍以上。当人体中摄入多量铅后，主要效应与四个组织系统相关，如液、神经、肠胃和肾。急性铅中毒通常表现为肠胃效应,剧烈的爆发性腹痛后,出现厌食、消化不良和便秘。

（2）含铅较多的食物。铅的主要来源有,铅的开采、冶炼和精炼对周围环境大气和土壤的影响,从而污染食物;含铅农药的使用,食品容器、用具等对食物的污染。因此,我们要采取一些措施,餐前洗手,少吃含铅高的松花、爆米花等膨化食品,不要在交通繁忙区和工业生产区玩耍或逗留。

多食用排铅食品,如牛奶、海带、大蒜、洋葱、猕猴桃等。

3. 镉

（1）毒性。镉对生物机体的毒性与抑制酶功能有关。人体镉中毒主要是通过消化道与呼吸道摄取被镉污染的水、食物和空气而引起的。如偏酸性或溶解氧值偏高的供水易腐蚀镀锌管路而溶出镉,通过饮水进入人体。长期吸烟者的肺、肾、肝等器官中含镉量超出正常值 1 倍,烟草中的镉来源于含镉的磷肥。镉在人体内的半衰期长达 10 年～30 年,对人体组织和器官的毒害是多方面的,能引起肺气肿、高血压、神经痛、骨质松软、骨折、内分泌失调等病症。在日本曾发生过骇人听闻的"骨痛病",镉中毒的受害者开始是腰、手、脚关节疼痛,延续几年后,全身神经痛和骨痛,最后骨骼软化萎缩、自然骨折,直至在虚弱疼痛中死亡。有报道指出,男性前列腺患者也与人体摄入过量镉有关。

婴儿出生时体内并没有镉,随着年龄的增长,人体内的镉就慢慢地积累起来,人体对它又没有平衡机制,所以它能在肾脏积累。积聚在人体内的镉能破坏人体内的钙,受害者骨头逐渐变形。起初为腰、背、下肢疼痛,以后疼痛逐渐加剧,步行时像鸭子般臀部左右摇摆,容易发生病理性骨折,患者因疼痛而不能入睡。进入人体中的镉能与含巯基的蛋白质分子结合,减低或抑制酶的活性,并妨碍蛋白质和脂肪的转化,引起高血压和心血管疾病。镉会蓄积在肾、肝和生殖器官等组织中,造成肾和神经损伤(以前者为主)。镉与锌的性质类似,但镉对某些肾组织比锌有更大的亲和力,因而能不可逆转地置换锌,改变依靠锌的一切生化反应,引起尿蛋白症、糖尿病、水肿病和癌症等。在因高血压死亡的人中,锌镉比为 1.4 左右,有的甚至不到 1.0。食物中含锌量比常量少或含镉量多了,都能引起镉在人体中的积聚。从预防镉中毒的角度看,应尽量选食锌镉比值大于 40 的食物,如牡蛎、谷类、面筋、豆荚、坚果等。

（2）含镉较多的食物。镉在一些食物中的污染相当严重,2005 年—2006 年,上海食品污染物监测结果显示,上海镉污染较严重的食品依次为扇贝、梭子蟹、头足类海产品(墨鱼、鱿鱼)、猪肾、猪肝等。

4. 汞

（1）毒性。汞的毒性因其化学形态而有很大差别。经口摄入体内的单质汞基本上是无毒的,但通过呼吸道摄入的气态汞是高毒的。有机汞化合物是高毒性的,例如,20 世纪 50 年代和 60 年代在日本水埃市和新潟市分别出现的水俣病即是由甲基汞中毒引起的神经性疾病。这种疾病是由工厂废液中甲基汞排入水系,又通过食物链浓集于鱼体内,最后为人摄取所致。水俣病在日本曾引起千余人死亡,因甲基汞致人死亡的事件还曾在伊拉克、巴基斯坦等国发生过。

汞及其化合物的毒性主要出自于它们对含硫化合物的高度亲和能力,因此在进入生物体后,就会破坏酶和其他蛋白质的功能,影响其重新合成,由此引发其严重后果。甲基汞的毒性表现还有其特异之处,进入人体渡过急性期后,可有几周到数月的潜伏期,然后显示脑和神经系统的中毒症状,而且难以痊愈。此外,甲基汞还可通过母体影响到胎儿的神经系统,使出生婴儿患有智能性发育障碍、运动机能受损等脑性小儿麻痹症状。

(2) 含汞较多的食物。汞是一种普遍存在于环境中的元素,来自大自然和人类的活动。汞主要以甲基汞这种有机形态积聚于食物链内,尤其是鱼类。由于甲基汞会影响神经系统,特别是发育中的胎儿,所以食物内甲基汞含量令人关注。2003 年,联合国粮食及农业组织/世界卫生组织联合食品添加剂专家委员会把甲基汞的暂定每周可容忍摄入量降低至 $1.6\mu g/kg$(体重)。

# 第 2 章　食品添加剂

## 2.1　食品添加剂的分类

　　食品添加剂是用于改善食品品质、延长食品保存期、便于食品加工和增加食品营养成分的一类化学合成或天然物质。目前,我国有 20 多类、近 1000 种食品添加剂。

　　食品添加剂按来源可分为三类:天然提取物,如辣椒红等;利用生物发酵等方法制取的类天然物质,如柠檬酸等;纯化学合成物,如苯甲酸钠等。

　　按照食品添加剂的功能进行分类,可分为防腐剂、酸度调节剂、抗结剂、消泡剂、抗氧化剂、增白剂、膨松剂、着色剂、发色剂、乳化剂、调味剂、被膜剂、保水剂、营养强化剂、凝固剂、食品香料、催熟剂等。下面分类进行介绍。

## 2.2　防　腐　剂

　　为了防止各种加工食品、水果和蔬菜腐败变质,可以根据具体情况使用物理方法或化学方法来防腐。化学方法是使用化学物质来抑制微生物的生长或杀灭这些微生物,这些化学物质即为防腐剂。防腐剂可以有广义和狭义的不同:狭义的防腐剂主要指山梨酸、苯甲酸等直接加入食品中的化学物质;广义的防腐剂除包括狭义防腐剂所指的化学物质外,还包括那些通常认为是调料而具有防腐作用的物质,如食盐、醋以及那些通常不直接加入食品,而在食品储藏过程中应用的消毒剂和防霉剂等。

　　没有防腐剂,就没有如此丰富多彩的食品,没有防腐剂就没有当今幸福美满生活。

### 2.2.1　苯甲酸

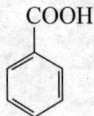

　　苯甲酸的别名为安息香酸,结构式为 $C_6H_5COOH$,外观为白色晶体,微甜并带咸,熔点为 112.4℃,沸点为 249℃。在限量内使用苯甲酸是安全的,它在生物转化过

程中可与甘氨酸结合形成马尿酸或与葡萄糖结合形成葡萄糖苷酯，并由尿排出体外。

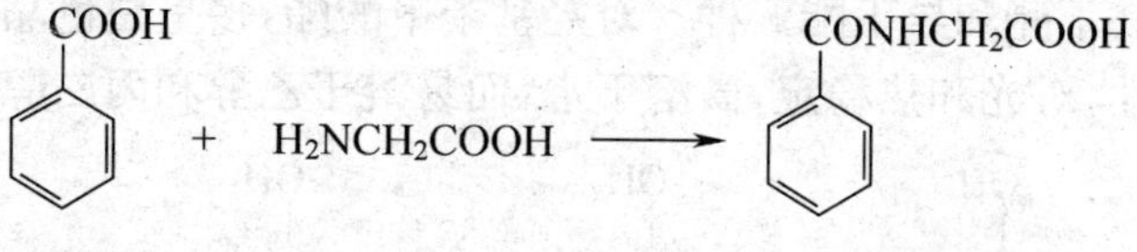

$$\text{苯甲酸} \quad + \quad \text{甘氨酸（H}_2\text{NCH}_2\text{COOH）} \quad \longrightarrow \quad \text{马尿酸}$$

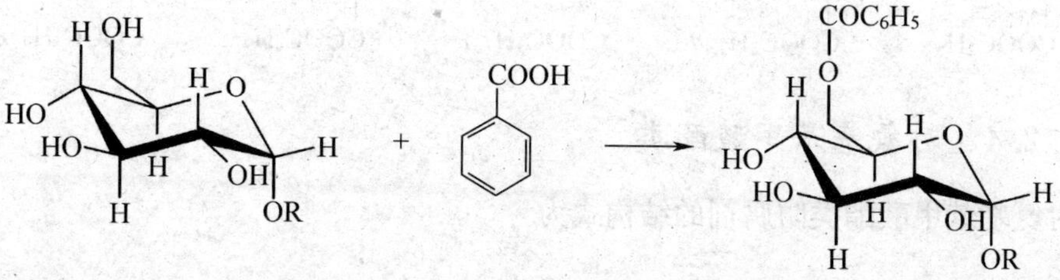

由于曾有苯甲酸可能引起叠加中毒现象的报道，本品在使用上仍有争议，所以食品中添加苯甲酸的量一定要在限制范围之内，即 ADI[①] 值（人体每日允许摄入量）为 0～5mg/kg（体重）（苯甲酸及其盐的总量，以苯甲酸计）。

苯甲酸（钠）可用于各种食品，如酱油、酱菜、果酱、腐乳、果子露、汽水、各种罐头等的防腐。

### 2.2.2 山梨酸及其盐类

山梨酸的结构式为

$$CH_3CH\!=\!\!=\!CH\!-\!CH\!=\!\!=\!CH\!-\!COOH$$

山梨酸亦称花椒酸，化学名称为 2,4—己二烯酸。它是白色针状结晶，熔点为 134.5℃，沸点为 228℃（分解）。微溶于水，易溶于乙醇、甲醇、丙酮、乙酸等。食用后可参与体内正常新陈代谢。一般对人体无害。据测定，其毒性仅为苯甲酸的 1/4，ADI 值为 0～25mg/kg（体重）。相比较而言，山梨酸（盐）比苯甲酸（盐）更安全。

### 2.2.3 对羟基苯甲酸酯类

对羟基苯甲酸酯又称对羟基安息香酸酯或尼泊金酯。由于对羟基苯甲酸的羧基

---

① ADI 值即每日允许摄入量，是专家们根据化学、生物学数据评价确定的。通常安全系数是 100～200，即 ADI 值是试验动物 MNL 的 1%～2%，该 ADI 值摄入量对人的健康在一生中不会造成危害。

一般安全评价的基本数据是慢性毒性试验中最大无作用量（MNL），以 mg/kg 计，即试验动物每天每公斤体重所摄入的添加剂在试验中未发现任何副作用的量。然后根据 MNL 值制定 ADI 值。

与不同的醇发生酯化反应而生成不同的酯,目前在食品中使用的有对羟基苯甲酸乙酯、丙酯、异丙酯、丁酯和异丁酯五种。对羟基苯甲酸酯,多呈白色晶体,稍有涩味,几乎无嗅,无吸湿性,对光和热稳定,微溶于水,而易溶于乙醇和丙二醇。

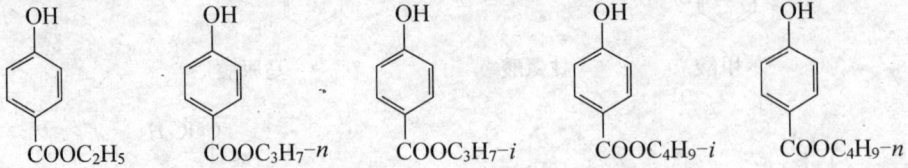

## 2.2.4 对氨基苯甲酸酯类

对氨基苯甲酸酯类防腐剂的结构式为

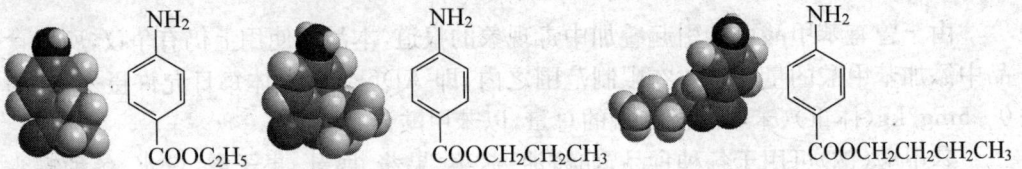

对氨基苯甲酸乙酯　　　对氨基苯甲酸丙酯　　　　　对氨基苯甲酸丁酯
$LD_{50}$:5000mg/kg　　　　8000mg/kg　　　　　　　17100mg/kg

其毒性小于苯甲酸,但水溶性较差,主要用于酱油、酱菜的防腐。

## 2.2.5 亚硝酸钠

亚硝酸钠($NaNO_2$)易潮解,易溶于水,其水溶液呈碱性,其 pH 值约为 9,微溶于乙醇、甲醇、乙醚等有机溶剂。亚硝酸钠暴露于空气中会与氧气反应生成硝酸钠。若加热到 320℃以上则分解,生成氧气、氧化氮和氧化钠。接触有机物易燃烧爆炸。本品与肉制品中肌红蛋白、血红蛋白接触可生成鲜艳、亮红色的亚硝基肌红蛋白或亚硝基血红蛋白,可产生腌肉的特殊风味。亚硝酸盐只要添加量小于国家食品添加剂卫生标准中的限量,就不会对身体造成明显影响。肉制品中如果不添加这些防腐剂,会很容易被微生物污染,对人的身体造成更大的危害。

## 2.2.6 甲醛

$$H-C \underset{H}{\overset{O}{\parallel}}$$

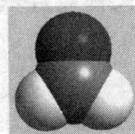

甲醛（Formaldehyde）又称蚁醛，化学式为 $CH_2O$，相对分子质量为 30.03，密度为 $1.067g/cm^3$，熔点为 $-92℃$，沸点为 $-19.5℃$，爆炸极限为 $7\%\sim73\%$，易溶于水和乙醇，40%水溶液俗称福尔马林，是具有刺激性气味的无色液体，具有防腐作用，通常被用来固定病理标本及动物标本等。在国家规定的范围内限量作为食品防腐剂使用。

甲醛的毒性主要表现在以下几个方面。

（1）刺激作用：低浓度的甲醛对眼、鼻和呼吸道有刺激作用，主要症状为流泪、打喷嚏、咳嗽、结膜炎、咽喉和支气管痉挛等。可导致皮肤过敏，出现急性皮炎，表现为粟粒至米粒大小红色丘疹，周围皮肤潮红或轻度红肿。

（2）毒性作用：按毒性分级，甲醛属中等毒性物质。甲醛能凝固蛋白质，当它与蛋白质氨基酸结合后，可使蛋白质变性，对细胞具有极大的伤害作用。

甲醛主要用于海产品的防腐。用甲醛处理过的海产品，如海参、鱿鱼、海蜇等，外观好看，食用要谨慎。在碱性中，甲醛与海产品中的蛋白质反应，形成缩醛化合物，使水浸泡过的海参、鱿鱼、海蜇变得挺直。但进入人体胃中，在酸性环境下又会放出甲醛，放出的甲醛可能会与人体蛋白质中的氨基酸重新结合而危害人的健康。

下面以丙氨酸组成的蛋白质片段为例，示意这一过程：

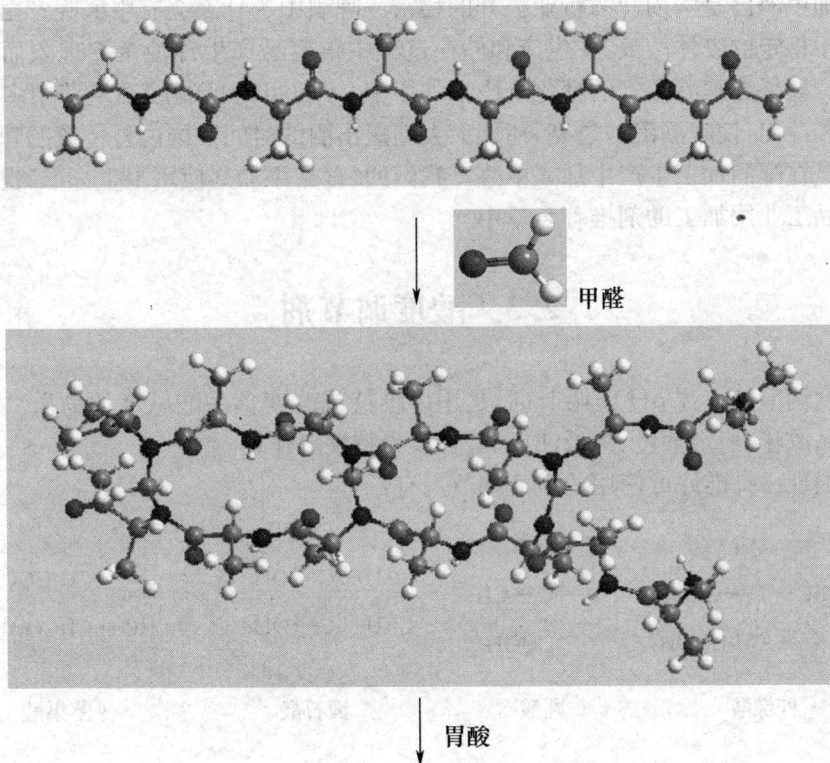

甲醛

胃酸

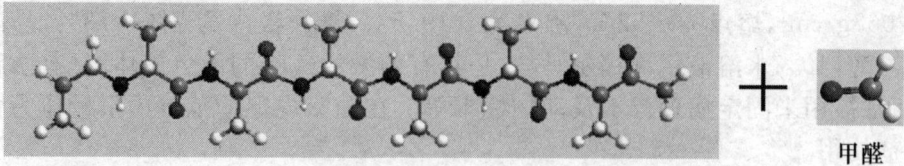

甲醛

放出的甲醛再与人体内的其他蛋白质反应,使之发生病变。

　　添加甲醛已是国内啤酒行业公开的秘密。啤酒中为什么会有甲醛呢?由于啤酒是一种不稳定的胶体溶液,在生产和储存过程中很容易产生浑浊沉淀现象而影响产品外观。如果在啤酒生产的糖化阶段添加甲醛,不仅可以抑制啤酒麦芽中多酚物质的氧化和溶出,使啤酒澄清透亮,还能大大缩短出酒的时间。国内外传统的啤酒酿造工艺都是在啤酒加工生产中加入甲醛。我国的《食品添加剂使用卫生标准》也将甲醛列在食品工业用加工助剂推荐名单中。

## 2.3　酸度调节剂

　　酸度调节剂亦称 pH 值调节剂,是用以维持或改变食品酸碱度的物质。它具有改善食品风味、稳定颜色、降低浊度、增强胶凝特性等作用。

　　我国现已批准许可使用的酸度调节剂有:

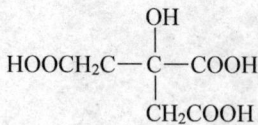

柠檬酸

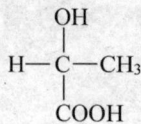

乳酸

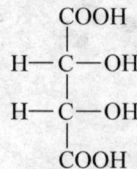

酒石酸

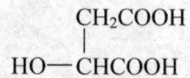

苹果酸

56

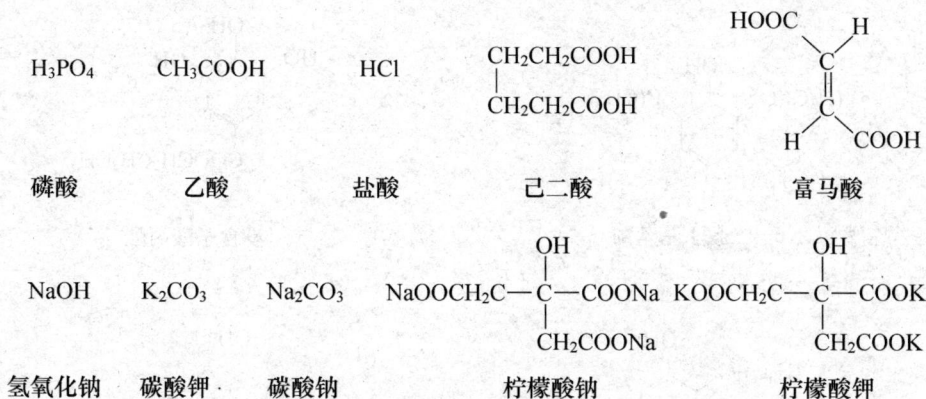

| | | | | |
|---|---|---|---|---|
| H₃PO₄ | CH₃COOH | HCl | CH₂CH₂COOH<br>CH₂CH₂COOH | HOOC—CH=CH—COOH |
| 磷酸 | 乙酸 | 盐酸 | 己二酸 | 富马酸 |

$H_3PO_4 \quad CH_3COOH \quad HCl$

$$\begin{matrix} CH_2CH_2COOH \\ CH_2CH_2COOH \end{matrix}$$

己二酸

富马酸

NaOH  K₂CO₃  Na₂CO₃

$$NaOOCH_2C-\overset{\overset{\displaystyle OH}{|}}{\underset{\underset{\displaystyle CH_2COONa}{|}}{C}}-COONa$$

$$KOOCH_2C-\overset{\overset{\displaystyle OH}{|}}{\underset{\underset{\displaystyle CH_2COOK}{|}}{C}}-COOK$$

氢氧化钠　碳酸钾·　碳酸钠　　　柠檬酸钠　　　　　柠檬酸钾

## 2.4　抗 结 剂

抗结剂是用来防止颗粒或粉状食品聚集结块,保持其松散或自由流动的物质。允许使用的抗结剂有硅铝酸钠、硅酸钙、磷酸三钙、二氧化硅和微晶纤维素等。

## 2.5　消 泡 剂

消泡剂是在食品加工过程中降低表面张力,消除泡沫的物质。在食品加工时,如发酵、搅拌、煮沸、浓缩等过程中可产生大量气泡,影响正常操作的进行。消泡剂可分两类:一类能消除已产生的气泡;一类能抑制气泡的形成。

我国许可使用的消泡剂有乳化硅油、高碳醇脂肪酸酯、聚氧乙烯和聚氧丙烯季戊四醇醚、聚氧乙烯和聚氧丙醇胺醚、聚二甲基硅氧烷等。

## 2.6　抗氧化剂

抗氧化剂能防止或延缓油脂和食品的氧化分解、变质,提高食品的稳定性。使用抗氧化剂不仅可以延长食品的储存期、货架期,给生产者、经销者带来良好的经济效益,而且给消费者带来更好的安全感。

目前,常用的抗氧化剂有:2,6-二叔丁基苯酚,主要用于食用油脂、干鱼制品;叔丁基对羟基茴香醚(2-叔丁基-4-羟基苯甲醚与3-叔丁基-4-羟基苯甲醚的混合物),主要用于食用油脂;没食子酸丙酯(3,4,5-三羟基苯甲酸丙酯),主要用于油炸食品、方便面和罐头;维生素 E 主要用于婴儿食品;维生素 C 主要用于鱼肉制品、冷冻食品等。

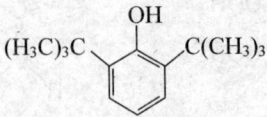

2,6-二叔丁基苯酚

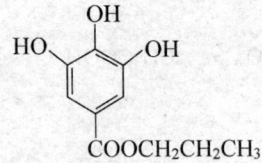

没食子酸丙酯

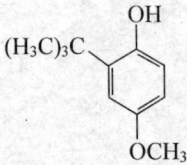

3-叔丁基-4-羟基苯甲醚

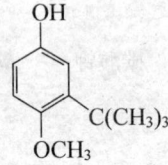

2-叔丁基-4-羟基苯甲醚

# 2.7 增白剂

增白剂是能够破坏、抑制食品的发色因素,使其褪色或使食品免于褐变的物质,可分为氧化漂白及还原漂白两类。增白剂除可改善食品色泽外,还具有抑菌等多种作用,在食品加工中被广泛使用。

## 2.7.1 过氧化苯甲酰

过氧化苯甲酰是一种增白剂,它常用于面粉处理。其外观是白色结晶或微黄色颗粒状或粉状、糊状,熔点为106℃～108℃,溶于苯、氯仿、醇、乙醚、丙酮,微溶于水。若受热、摩擦、撞击易引起分解、燃烧甚至爆炸;干燥时极不稳定,一般储存时,在其表面注入25%～30%的水。其结构式为

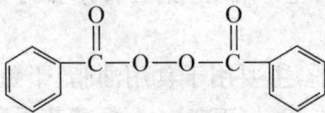

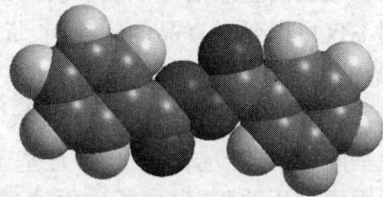

过氧化苯甲酰通过破坏米面中的胡萝卜素和叶绿黄素达到增白的目的。有资料表明,过量添加该物质可能会加剧活性氧对面粉中不饱和物质的破坏,出现色泽不正、异味(如哈喇味)等不良现象,也会使面粉过度漂白提前陈化。有专家称,过量使

用增白剂会引起人类身体的某些病变，甚至致癌。过氧化苯甲酰的分解产物为苯甲酸和苯，长期过量食用对肝脏功能有损害。欧盟等发达国家已禁止在小麦粉中添加过氧化苯甲酰。

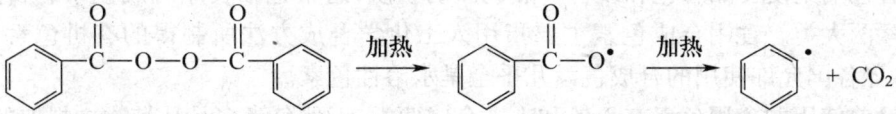

在我国，该物质仍可被限量使用，在 GB 2760—2007《食品添加剂使用卫生标准》中，它被允许使用 0.06 mg/kg。应该说，只要是在国家许可的范围之内使用，对于消费者是安全的。毒理实验表明，大鼠食用过氧化苯甲酰的致死量为 7710mg/kg（体重），这说明过氧化苯甲酰还是一种具有毒性的化学物质，再加上一些厂家超量使用，还是会对人体造成损害的。所以建议食用未添加过氧化苯甲酰的全麦面粉。

### 2.7.2 二氧化钛

食用二氧化钛作为着色剂和食品增白剂使用，无毒、无味，白色粉末状，广泛应用于制药、食品和化妆品行业中。其作用仅为外观好看，不能参加体内代谢。

# 2.8 膨 松 剂

膨松剂是能使产品形成致密多孔组织，从而使制品具有膨松、柔软或酥脆的物质。可分为碱性膨松剂和复合膨松剂两类。碱性膨松剂主要是 $NaHCO_3$，其受热后分解为 $Na_2CO_3$ 和 $CO_2$。

$$2NaHCO_3 \xrightarrow{\text{加热}} Na_2CO_3 + CO_2 + H_2O$$

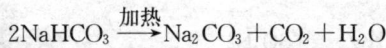

残留物 $Na_2CO_3$ 在高温条件下将与油脂发生皂化反应，使制品品质不佳，口味不纯，pH 值升高，颜色加深，破坏组织结构。

复合膨松剂，即俗称的发酵粉，一般由碱性剂（$NaHCO_3$）、酸性剂（硫酸铝钾、酒石酸氢钾）和填充剂（淀粉、食盐）组成。

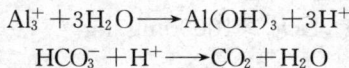

$$Al_3^+ + 3H_2O \longrightarrow Al(OH)_3 + 3H^+$$
$$HCO_3^- + H^+ \longrightarrow CO_2 + H_2O$$

由于铝会减退人的记忆力和抑制免疫功能，阻碍神经传导，而且铝从人体内排出速度很慢，近年来，国际上很多报道均指出铝与老年性痴呆症有密切关系，所以还是少用含铝的复合膨松剂为好。

目前市场上的无铝膨松剂是由食用碱、柠檬酸、葡萄糖酸内酯、酒石酸氢钾、磷酸二氢钙等混合制成。无铝复合膨松剂安全、高效、方便，适应于消费者的需求，也是近年来食品膨松剂的主要发展趋势。

# 2.9 着色剂

着色剂是使食品着色和改善食品色泽的物质,通常包括食用合成色素和食用天然色素两大类。食用合成色素主要指用人工化学合成方法所制得的有机色素。目前,世界各国允许使用的合成色素几乎全是水溶性色素。

目前使用的食用色素有天然和人工合成两类,天然色素多是从植物中提取的;人工合成色素按化学结构可将其分为偶氮类和非偶氮类。偶氮类色素按溶解性分为油溶性色素和水溶性色素。由于油溶性色素不易排出体外、毒性较大,所以一般食用色素都是带有水溶性磺酸钠基团的。

## 2.9.1 化学合成色素

目前我国允许使用的合成色素有柠檬黄、苋菜红、日落黄、胭脂红等,但不许在婴儿食品中使用。

（1）柠檬黄:

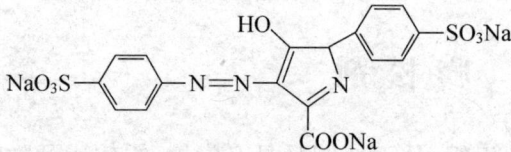 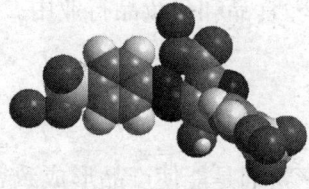

ADI 值（人体每日允许摄入量）为 0～7.5mg/kg，$LD_{50}$＞2000mg/kg。

（2）苋菜红:

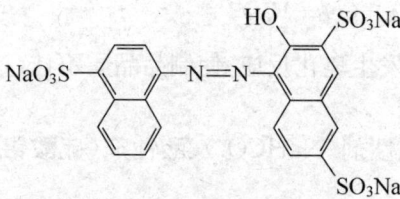 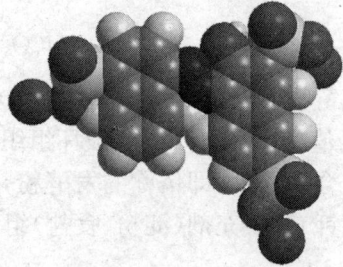

ADI 值为 0～0.5mg/kg，$LD_{50}$＞10000mg/kg。

（3）日落黄:

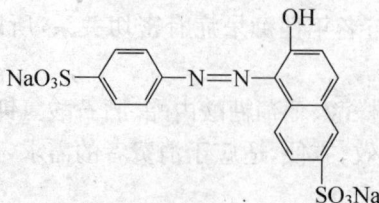 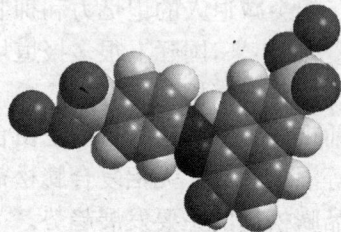

ADI 值为 $0\sim2.5mg/kg$ ，$LD_{50}>10000mg/kg$。

（4）胭脂红：

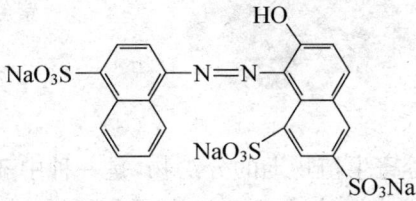 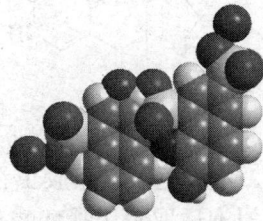

ADI 值为 $0\sim0.125mg/kg$ ，$LD_{50}>8000mg/kg$。

它们广泛用于单味型饮料、果汁型饮料等食品和饮料中，日常生活中对此类食物要控制摄入量。

除了一些不确定的危险因素外，有一点已经获得证实，那就是"小儿多动症"，少儿行为过激都与长期过多进食含合成色素的食品有关。一位临床经验丰富的儿科主任医师指出：少儿正处于生长发育期，体内器官功能比较脆弱，神经系统发育尚不健全，对化学物质敏感，若过多过久地进食含合成色素的食品，会影响神经系统的冲动传导，刺激大脑神经出现躁动、情绪不稳、注意力不集中、自制力差、行为过激等症状。同时由于肝脏解毒功能及肾脏排泄功能不够健全，致使大量消耗体内解毒物质，干扰体内正常代谢功能，从而导致腹泻、腹胀、腹痛、营养不良、智力低下和多种过敏症，所以儿童更应当注意控制色素的摄入量，少喝或不喝饮料，即经过染色处理过的食品。实验表明，过多饮用带有色素的饮料，舌头和脸色会变成饮料的颜色。

### 2.9.2　食用天然色素

目前，市场上常见的天然色素有：红曲色素、紫胶色素、甜菜红、姜黄、$\beta$-胡萝卜素等。

（1）红曲色素。它是由江米以水浸泡，蒸熟，加红曲酶发酵后，制成红曲米，将之用乙醇提取得到，$LD_{50}=7000mg/kg$，结构式为

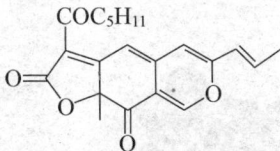 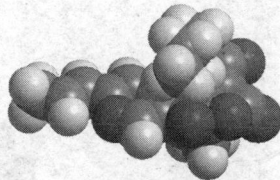

红色

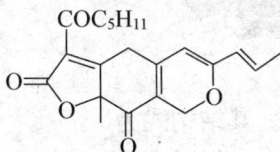 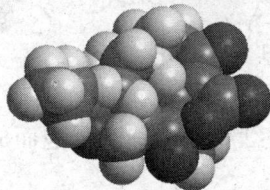

黄色

61

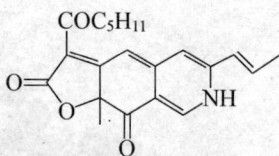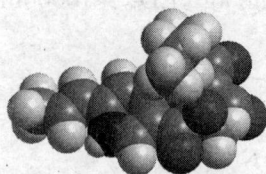

紫色

（2）紫胶色素。紫胶虫在梧桐、芒果等寄生植物上的分泌物，是一种中药材。将之用水浸泡后取浆用盐酸酸化，加氯化钙使之沉淀，加酸酸化制得，无毒。结构式为

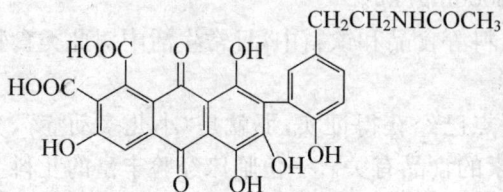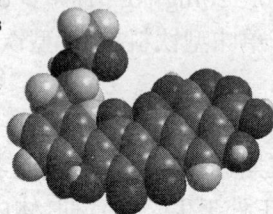

紫胶酸A

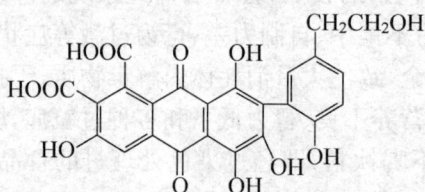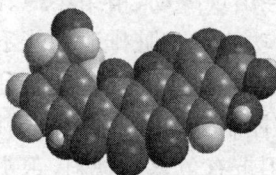

紫胶酸B

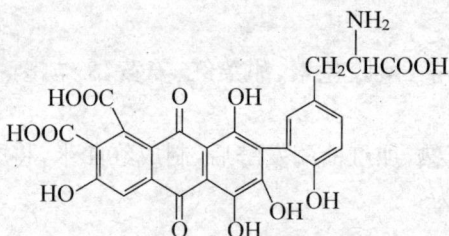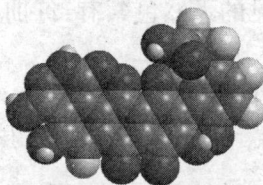

紫胶酸C

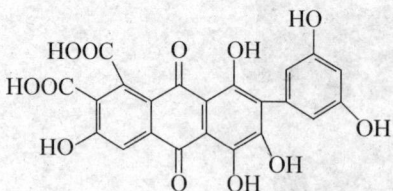

紫胶酸D

（3）甜菜红。它由红甜菜干加水浸泡而成，无毒。其结构式为

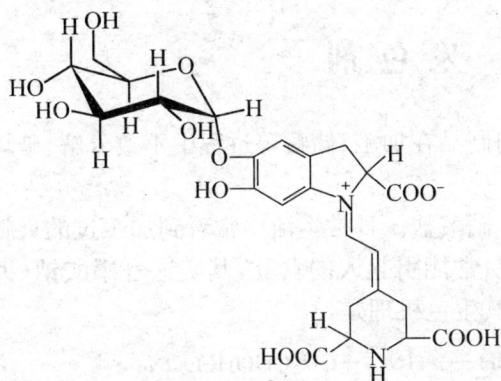

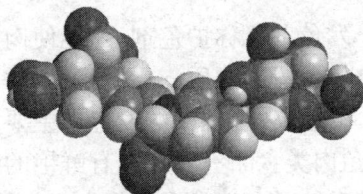

（4）姜黄。它是一种中药材，将之用水浸泡而得，ADI 为 0～2.5mg /kg。结构式为

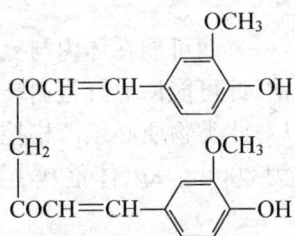

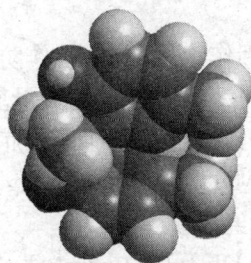

（5）β-胡萝卜素。ADI 为 0～2.5mg /kg。结构式为

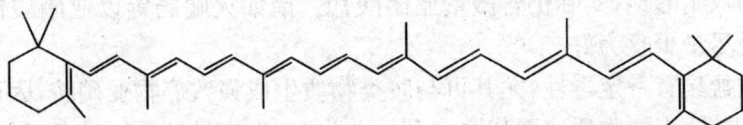

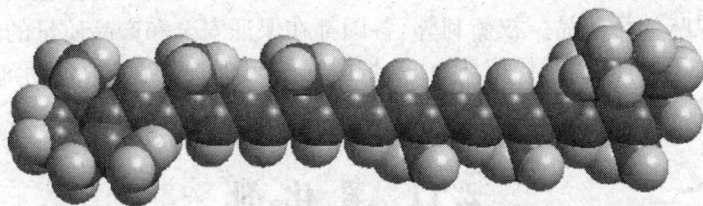

建议购买食品时注意一下食用色素的成分。

近来，由于食用合成色素的安全性问题，各国实际使用的品种数逐渐减少。食用天然色素是来自天然物，且大多是可食资源，利用一定的加工方法所获得的有机着色剂。它们主要是由植物组织中提取，也包括来自动物和微生物的一些色素，但它们的色素含量和稳定性等一般不如人工合成品。不过，人们感觉其安全性比合成色素高，尤其是对来自水果、蔬菜等食物的天然色素，则更是如此，故近来发展很快，各国许可使用的品种和用量均在不断增加。

## 2.10 发 色 剂

发色剂又称护色剂,是能使肉及肉制品在加工、储藏等过程中不致分解、破坏,呈现良好色泽的物质。

目前,我国常用的发色剂主要是亚硝酸盐。日常生活中常看到加工过的火腿、牛肉、鱼肉类食品一般都具有鲜艳的红色,常能引起人的食欲,其实这是硝酸钠(钾)和亚硝酸钠(钾)等盐混合物在起作用。其生色机理是:

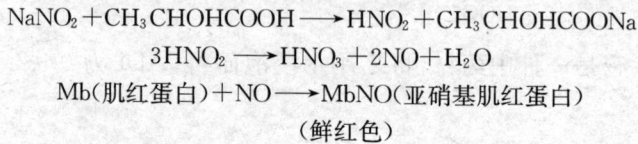

$$NaNO_2 + CH_3CHOHCOOH \longrightarrow HNO_2 + CH_3CHOHCOONa$$
$$3HNO_2 \longrightarrow HNO_3 + 2NO + H_2O$$
$$Mb(肌红蛋白) + NO \longrightarrow MbNO(亚硝基肌红蛋白)$$
$$(鲜红色)$$

亚硝酸钠/钾作为发色剂(也作防腐剂),一方面可能在体内与氨基酸反应产生强致癌物亚硝胺;另一方面摄入的大量亚硝酸钠/钾可能使血红蛋白转化成高铁血红蛋白,失去携氧能力,引起肠原性青紫症。所以对此类物质必须严格控制添加量。

亚硝酸钠:ADI 为 0～0.2mg/kg,LD$_{50}$ 为 200mg/kg(体重)(小鼠,经口)、85mg/kg(体重)(大鼠,经口)

亚硝酸钾:ADI 为 0～0.2mg/kg(体重),LD$_{50}$ 为 200mg/kg(体重)(兔,经口)。

退一步说,一般肉类和食盐中均含有 20$\mu$g/kg 左右的硝酸盐或亚硝酸盐,即使腌肉中未加亚硝酸钠,实际仍含微量亚硝酸盐。诸如火腿肠等以亚硝酸钠作发色剂的食物还是尽量少吃为好。

亚硝酸盐具有一定毒性,尤其可与胺类物质生成强致癌物亚硝胺,因而人们一直力图选取某种适当的物质取而代之。到目前为止,尚未见到既能护色又能抑菌,且能增强肉制品风味的替代品。权衡利弊,各国都在保证安全和产品质量的前提下,严格控制使用。由于抗坏血酸、异抗坏血酸、烟酰胺等可促进护色(护色助剂),而抗坏血酸与 $\alpha$-生育酚可抑制亚硝胺的生成,故常与护色剂合用。

## 2.11 乳 化 剂

乳化剂是能改善乳化体中各种构成相之间的表面张力,形成均匀分散体或乳化体的物质。它能稳定食品的物理状态,改进食品的组织结构,简化和控制食品的加工过程,改善风味、口感,提高食品质量,延长货架寿命等。乳化剂在食品加工中主要应用在焙烤食品及淀粉制品、冰淇淋、人造奶油、巧克力、糖果、口香糖、植物蛋白饮料、乳化香精中。乳化剂是消耗量较大的一类食品添加剂,各国许可使用的品种很多,我国批准使用的有 30 种之多。常用的有脂肪酸甘油酯、脂肪酸蔗糖酯、脂肪酸山梨醇酯、脂肪酸丙二醇酯、大豆磷脂、阿拉伯树胶、海藻酸、酪蛋白酸钠、明胶等。

# 2.12  调味剂

调味剂是补充或增强食品原有风味的物质,一般分为苦、辣、咸、鲜、甜和酸。

## 2.12.1  鲜味剂

鲜味剂按化学性质可分为氨基酸系列、核苷酸系列两种。下面主要介绍最常用的增味剂——味精。

味精,商品名称是 L-谷氨酸钠或麸氨酸钠,化学名称为 2-氨基戊二酸单钠盐,结构式为

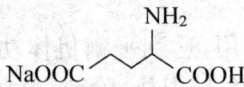

$$NaOOC-\overset{\overset{\displaystyle NH_2}{|}}{\quad}-COOH$$

它是以淀粉为原料,经过水解、糖化、发酵、提炼浓缩而成的,能提高菜肴的鲜度,促进食欲。一般味精食用后会有 96% 在体内被吸收,其余氧化后在尿中排出;故每人每天摄入量不宜超过 7g,否则会使体内谷氨酸钠增多,超过肠道转化能力,而血液中谷氨酸钠含量升高必然会影响 $Ca^{2+}$ 和 $Mg^{2+}$ 的吸收,发生一时的身体不适,如短时的头痛、心跳加快、恶心等,甚至对人的生殖系统也有不良影响。

由于味精长时间加热(155℃)会引起失水而变成有毒的焦谷氨酸钠(5-氧代脯氨酸钠),所以味精应在将近起锅或起锅后加入比较好。另外,味精也不要在酸性食物和碱性食物中使用,这时味精的鲜味也不存在了。

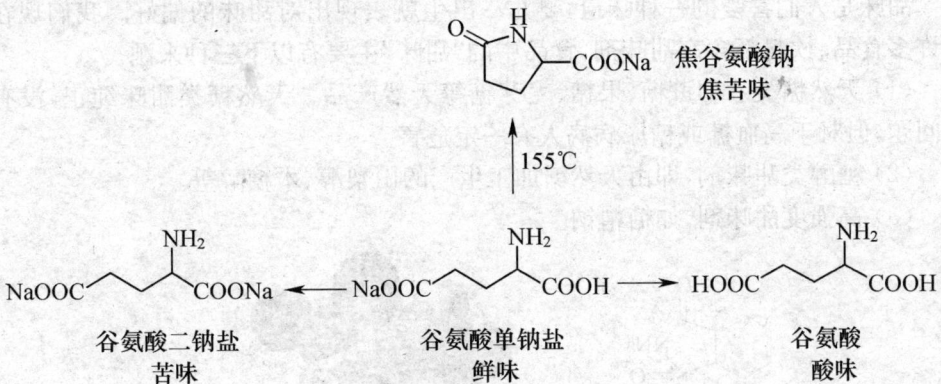

焦谷氨酸钠
焦苦味

↑ 155℃

谷氨酸二钠盐　　　　　　谷氨酸单钠盐　　　　　　谷氨酸
苦味　　　　　　　　　　鲜味　　　　　　　　　　酸味

## 2.12.2  苦味剂

具有苦味的物质一般含有硝基($NO_2$)、巯基(SH)、硫键(—S—)及多硫键(—S—

65

S—)等有机基团;一些中草药中的苦味是由于含有生物碱、萜类、苷类,如苦瓜、苦菜中含苦瓜苷,是 $\beta$-谷甾醇-$\beta$-D-葡萄糖苷和 5,25-豆甾二烯醇-3-葡萄糖苷的混合物。一些酮类化合物也具有苦味,如啤酒花中的葎草酮(Humulone,3,5,6-三羟基-4,6-二(3-甲基-2-丁烯基)-2-(3-甲基-1-氧代-丁基)2,4-环己二烯-1-酮)、橘皮中的黄烷酮等。

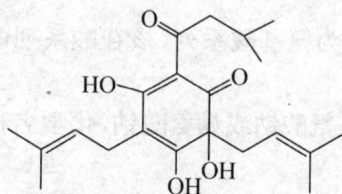

Humulone

苦味食物可通过其补气固肾、健脾燥湿的作用,达到平衡机体功能的目的。现代科学研究也证明,苦味蔬菜中含有丰富的具有消暑、退热、除烦、提神和健胃功能的生物碱、氨基酸、苦味素、维生素及矿物质。苦瓜、苦菜、莴笋、芹菜、蒲公英、莲子、百合等都是佳品,都可以调养生息、缓解疲劳,在夏季里使人焕发精神,安然渡过炎炎夏季。

### 2.12.3 辣味剂

辣味食品中多含有酰胺基(—CONHR)、羰基(—C═O)、异氰基(—NC)、硫氰基(—NCS)基团,如姜中含有姜酮,辣椒中含有辣椒素,大蒜和葱中含有大蒜素等。

### 2.12.4 甜味剂

甜味是人们喜爱的一种味道,婴儿一出生就表现出对甜味的偏好。我们现在吃的许多食品、饮料都含有甜味剂,食品中的"甜味"主要有以下三种来源。

(1)天然糖类。即蔗糖、果糖、麦芽糖等天然产品。天然糖类甜味纯正,没有安全问题,但对于高血糖或糖尿病病人有一定危害。

(2)糖醇类甜味剂,即由天然糖加工生产的山梨醇、木糖醇等。

(3)高强度甜味剂,如糖精钠。

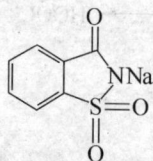 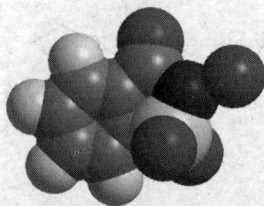

糖精钠

在食品饮料中常见的合成甜味剂是糖精钠,它的安全问题一直受到人们的争议。

糖精钠,分子式 $C_7H_4O_3NSNa \cdot 2H_2O$,相对分子质量为 241.19,ADI 为 $0\sim5mg/kg$ (FAO/WHO,1994),$LD_{50}=17.5g/kg$(小鼠,经口)。

糖精钠是人工合成甜味剂中最常见的一种,它对人体没有营养价值,只起到增加甜度、改善口感的作用。它以甲苯为原料,经过磺化、胺化、氧化、关环等过程制得。

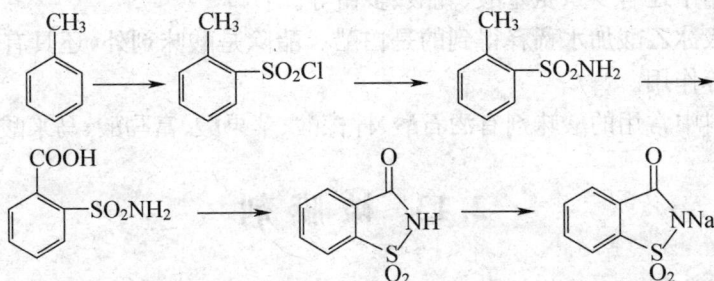

因其价格低廉,被一些唯利是图的企业在所生产的食品中超量、超范围使用,有的用量竟大大超过国家规定的标准。一些糖精钠被混以少量蔗糖,以蛋白糖的名义出售,蒙骗消费者。

消费者短期内大量使用糖精钠,会导致血小板减少性大出血,甚至会严重损害脑、心、肺、肾、肝等部位(小厂家所制食品中,糖精的使用泛滥,分析起来,利润的诱惑是许多厂商大量使用人工合成甜味剂的主要原因,人工合成甜味剂的价格都很低,2kg 左右糖精的甜度相当于 1t 蔗糖的甜度)。

综上所述,消费者对甜味剂的危害不可轻视。

## 2.12.5 咸味剂

咸味的产生主要是阳离子 $Na^+$,$K^+$,$Mg^{2+}$,而 $Cl^-$ 离子影响咸味的程度。化合物的相对原子质量越大,则苦味也逐渐加强。如 NaCl 是纯咸味,KCl,$MgCl_2$,$MgSO_4$ 的苦味越来越重。

患有高血压、肾病的人需要降低体内 $Na^+$ 的浓度,为了保持患者有一定的食欲,可以食用一些低钠盐。

其中苹果酸单钠盐是较为理想的低钠盐,在苹果酸单钠盐中,钠的含量为 14.7%,而食盐中钠的含量为 40%。苹果酸单钠盐除具有咸味外,没有苦涩的味道。

为了防止甲状腺疾病,在一些地区的食盐中还加入了 $KIO_3$。日常食用的咸味制品主要是酱、酱油、咸菜、酱豆腐、虾酱等,里面均含有 NaCl。

## 2.12.6 酸味剂

食醋是常用的酸味剂,它是以粮食为原料经过乙酸菌发酵制成的。其中乙酸的含量为 $3\%\sim5\%$。

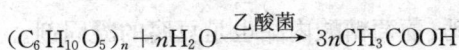

$$(C_6H_{10}O_5)_n+nH_2O \xrightarrow{\text{乙酸菌}} 3nCH_3COOH$$

一些老陈醋使用了红枣或炒熟的粮食进行调色,在酿制过程中有时加入少量乙醇,由于生成乙酸乙酯,使味道更加鲜美。

$$CH_3COOH + CH_3CH_2OH \longrightarrow CH_3COOCH_2CH_3 + H_2O$$

酿制的醋中还有少量氨基酸、乳酸、多糖等。

用食用级冰乙酸加水稀释得到的是白醋。醋除是酸味剂外,还具有防腐、杀菌、除去鱼腥味等作用。

日常饮料中常用的酸味剂有酒石酸、柠檬酸、苹果酸、富马酸、马来酸等。

## 2.13　被膜剂

被膜剂是涂抹于食品的外表,起保质、保鲜、上光、防止水分蒸发等作用的物质。水果表面涂一层薄膜,可以抑制水分蒸发,防止微生物侵入,并形成气调层,可延长水果的保鲜时间。有些糖果,如巧克力等,表面涂膜后,不仅外观光亮、美观,而且还可以防止粘连,保持质量稳定。

## 2.14　保水剂

保水剂是有助于保持食品中的水分而加入的物质,多指用于肉类和水产品加工中增强其水分的稳定性和具有较高持水性的磷酸盐类。磷酸盐在肉类制品中可保持肉的持水性,保持肉的营养成分及柔嫩性。用于鸡蛋外壳的清洗,防止鸡蛋因清洗而变质。

## 2.15　营养强化剂

营养强化剂是为增强营养成分而加入食品中的天然的或人工合成的,属于天然营养素范围的食品添加剂,通常包括氨基酸、维生素和无机盐、脂肪酸四类。上述四类营养成分,在不同的食品中,其分布和含量不同。同时,在食品烹调、加工、保存等过程中,营养素可能受到损失。为了使食品保持原有的营养成分,或者为了补充食品中所缺乏的营养素而向食品中添加一定量的食品营养强化剂,以提高其营养价值,这样的食品称为营养强化食品。

## 2.16　凝固剂

人们常说"卤水点豆腐",这里的卤水指的是氯化镁($MgCl_2$),它是制作豆腐的凝固剂。除此之外,硫酸钙、葡萄糖酸内酯也是豆腐的凝固剂。

过多地摄入氯化镁,有可能对血液造成一定的影响,即这些阳离子可能使血液中的一些蛋白质凝固,这对人体当然是不利的,所以食用卤水豆腐也要适量。

目前比较提倡用的豆腐凝固剂是葡萄糖酸内酯,它是无色晶体,熔点为 $150℃\sim152℃$(分解),在水中的溶解度为 $59g/100mL$,乙醇中为 $10g/L$,不溶于乙醚。其结构式为

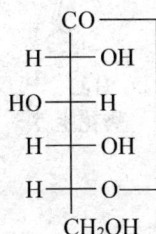

我国食品添加剂使用卫生标准(GB 2760—2007)规定该物质最大用量为 $3.0g/kg$;而且它在 1933 年作为无毒性食品添加剂获得美国药物管理局(FDA)的批准,其 $LD_{50}$ 为 $17800mg/kg$。

硫酸钙($CaSO_4$)也是常用的凝固剂。值得注意的是,有报道说,一些不法商贩利用医院骨科用过的废石膏作凝固剂,值得我们警惕。

# 2.17 食品香料

食品香料是能够用于调配食品香精,并使食品增香的物质。它不但能够增进食欲,有利于消化吸收,而且对增加食品的花色品种和提高食品质量具有很重要的作用。目前世界上所使用的食品香料品种近 2000 种。我国经批准使用的品种也在 1000 种左右。食品香料按其来源和制造方法等的不同,通常分为天然香料、天然等同香料和人造香料三类。

(1)天然香料:用纯粹物理方法从天然芳香植物或动物原料中分离得到的物质。通常认为它们安全性高,包括精油、酊剂、浸膏、净油等。

(2)天然等同香料:用合成方法得到与天然香料结构相同的物质。这类香料品种很多,占食品香料的大多数,对调配食品香精十分重要。

(3)人造香料:在供人类消费的天然产品中尚未在自然界发现的香味物质。

羧酸酯是常用的香料,如乙酸异戊酯是苹果香味;将甲酸异戊酯、癸二烯酸乙酯和羧酸按一定比例调配,可调出梨味的香料。其他有特色的合成香料有:

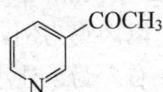
玉米香

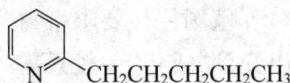
烤羊肉香

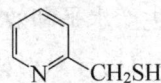
肉香

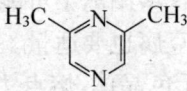
巧克力香

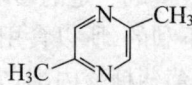
坚果香

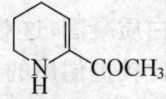
烤面包香

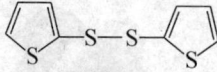
牛肉香

烤花生香

## 2.18 催熟剂（生长剂）

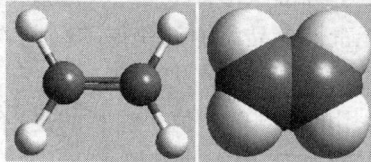

乙烯是一种化学结构简单的气态植物生长调节剂，在催熟剂中占有非常重要的地位。为了便于使用，人们将乙烯制成乙烯释放剂化合物，这些化合物在特定环境中逐步释放出乙烯气体，发挥其生物活性。目前，乙烯类调节剂主要有乙烯（Ethylene）、乙烯利（Ethephon）等。使用时通常采用喷洒、浸蘸、涂抹等方法。

近年来，由于经济利益的驱使，一些人超量违规滥用乙烯利等催熟剂，已造成严重的后果。

据有关报道，一些儿童食用草莓、桃子、西红柿出现性早熟现象，说明乙烯利等催熟剂对人类也有催熟现象。专家已多次呼吁，国家应制订相关政策，控制或禁用催熟剂，儿童也应不吃或少吃带有催熟剂的水果，以确保我国人口健康。

时下对各种水果畜禽的"催生术"应该引起人们的警惕。很多人也许已经注意到，近年来出现不少奇形怪状的草莓，尽管个大，但吃起来要么涩中带酸，要么味同嚼蜡。这是因为商贩为抢占市场赚取利润，采用膨大剂、增红剂和催熟剂等化学激素，把未成熟的水果加工后让其提前上市。猕猴桃、西瓜、草莓、樱桃等采用膨大剂"增肥"，可使水果细胞膨大。采用激素"催熟"的水果，不仅使原来的形状和味道有所改变，还有可能给食用者带来副作用。与"催熟"的水果相比，"早熟"畜禽更令人生畏。为了提高生产水平和效率，养殖场往往要求畜禽"速成"。以肉鸡为例，在人的"提拔"下，现在养殖场一只鸡从出壳到"成年"一般只需一个月左右。为了让小鸡快点长大，有些饲料含有激素已不是秘密，添加镇静剂则是为了减缓肉鸡的紧张情绪以加快长肥。这种肉鸡的心脏、肾脏因承受过多的脂肪压力而致病，于是抗生素等药物就会伴

70

随它们成长,并很有可能随之转移到食用者身上。而它们唯一的"报复"手段,很有可能是保留一种病毒来"回敬"人类。

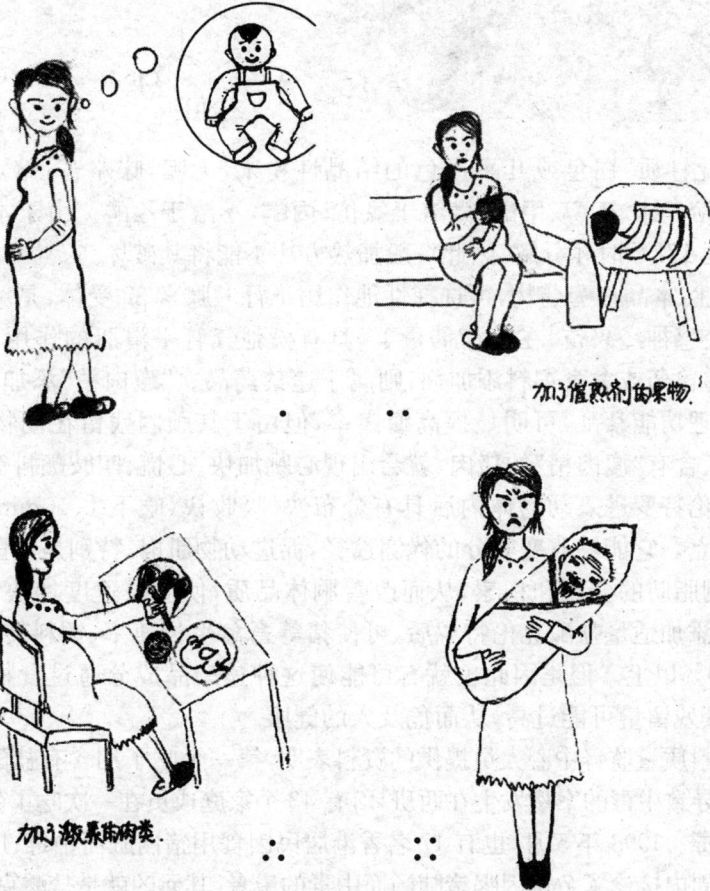

加了催熟剂的果物

加了激素的肉类

# 2.19　不准作为食品添加剂使用的化合物

为进一步打击在食品生产、流通、餐饮服务中违法添加非食用物质和滥用食品添加剂的行为,保障消费者健康,全国打击违法添加非食用物质和滥用食品添加剂专项整治领导小组自 2008 年以来陆续发布了五批《食品中可能违法添加的非食用物质和易滥用的食品添加剂名单》。下面的物质均包含在最近国家卫生部发布的被滥用食品添加剂及非法添加物名单中。

## 2.19.1　瘦肉精

瘦肉精为盐酸克伦特罗,又称氨哮素、克喘素,化学名称为羟甲叔丁肾上腺素。其化学式为 $C_{12}H_{18}Cl_2N_2O$,结构式为

$$\underset{\substack{\\Cl\quad\quad\quad Cl\\\\NH_2}}{C}{-}\overset{OH}{\underset{}{C}}{-}CH_2NHC(CH_3)_3 \cdot HCl$$

（1）理化性质：白色或几乎白色的结晶性粉末，无嗅，味略苦，熔点为 174℃～175.5℃，易溶于水、乙醇、甲醇，微溶于氯仿、丙酮，不溶于乙醚。由于本品化学性质稳定，加热到 172℃时才分解，因此一般加热方法不能将其破坏。

（2）毒性：本品作为药物，可选择性地作用于肾上腺素 β2 受体，是一种强效激动剂，可引起交感神经兴奋，在治疗剂量下，具有松弛气管平滑肌的作用，用于治疗哮喘；但若作为兽药或禽畜饲料添加剂，则属于违禁药品。"瘦肉精"添加到猪饲料中，造成猪的生理功能紊乱，可明显提高瘦肉率，但由于其顽固残留在动物内脏和肌肉中，人食用了含有"瘦肉精"的猪肉，就会出现心跳加快、心慌、四肢颤抖等症状。

盐酸克伦特罗进入动物体内后具有分布快、吸收快（吃下去 10min 便会中毒）、消除慢的特点。它能够改变养分的代谢途径，促进动物肌肉，特别是骨骼肌中蛋白质的合成，抑制脂肪的合成和积累，从而改善胴体品质，使生长速度加快，瘦肉相对增加。饲料中添加适量盐酸克伦特罗后，可使猪等畜禽生长速率、饲料转化率、胴体瘦肉率提高 10% 以上。但是因此也就有可能使这种违禁品成分通过食物链而进入人体，尤其是其残留量可能过高，从而危及人的健康。

国家饲料质量监督中心人员提供的资料表明，第一个吃了用含有盐酸克伦特罗饲养的动物而导致中毒的案例发生在西班牙，有 43 个家庭成员在一次吃了牛肝后发生了集体食物中毒。1998 年 5 月，也有 17 名香港居民因食用猪内脏而中毒；广东省某市人民医院在一周内接诊了 7 例因喝猪肺汤而中毒的患者，其元凶就是盐酸克伦特罗。

需要提醒的是，盐酸克伦特罗对有心率失常、高血压、青光眼、糖尿病和甲状腺机能亢进等疾病的患者危害较大。在不知道猪肉里有无瘦肉精的情况下，应少吃猪肝或暂时不吃猪肝，吃猪肉也要适量。否则，极有可能会加重病情，导致意外。

当然，有一点要澄清：不要误以为市场上见到的瘦肉都是盐酸克伦特罗喂出来的。其实，我国目前培育出的瘦肉型猪，靠的是引进优良品种、合理搭配饲料和科学的管理手段。所以，瘦肉型猪与用盐酸克伦特罗提高瘦肉率是两个概念，不可混为一谈。

### 2.19.2 溴酸钾

国家质检总局、国家标准化委员会联合发出通知,根据国家卫生部门对溴酸钾的安全性评估结果,溴酸钾不宜继续作为面粉的处理剂使用。自2005年7月1日起,在 GB 2760—2005《食品添加剂使用卫生标准》中取消溴酸钾作为面粉处理剂,食品生产加工企业在生产过程中不得使用溴酸钾生产食品。全国面包师分会副理事长汪国钧告诉记者,早在20世纪80年代—90年代,一些国家的试验就表明,溴酸钾有明显的致癌性,食用后对人的肾脏有损害。1992年,世界卫生组织确认溴酸钾为一种致癌物质,不宜加在面粉和面包中。而在80年代,溴酸钾以其廉价、效果明显而作为面粉改良剂在我国面包生产中迅速普及。

### 2.19.3 苏丹红

近几年发现,有些食品生产厂家将工业染料苏丹红作为食品添加剂用于辣椒酱等食品,严重威胁人民健康,国家已明令加以查处。2005年2月下旬,英国食品标准局发出全球食物安全警告,有近400种食品受到致癌工业染料"苏丹红-1"色素污染,必须回收。这是英国自疯牛病以来最大规模的食品回收行为。

苏丹红是指应用于诸如油彩、蜡、地板蜡等化工产品中的一种非生物合成着色剂,不溶于水,易溶于有机溶剂。"苏丹红-1"是"苏丹红"系列红色素中的一种,一般用于机油、汽车蜡和鞋油等工业产品。实验发现,"苏丹红-1"会导致鼠类患癌,它在人类肝细胞研究中也显现出可能致癌的特性。因此,我国和全球多数国家都禁止将其用于食品生产。

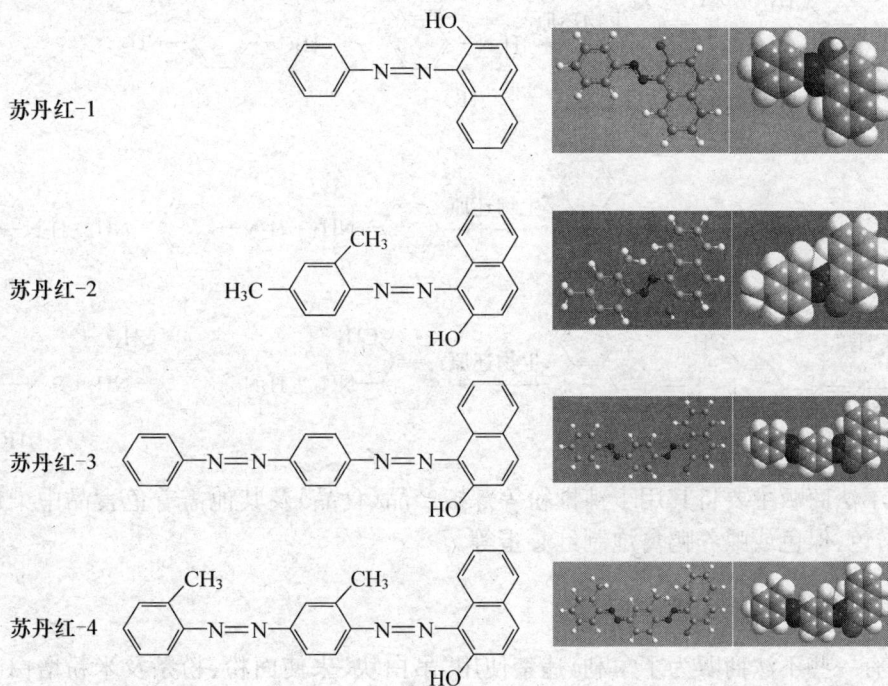

苏丹红-1

苏丹红-2

苏丹红-3

苏丹红-4

下图是我国查处回收的含有苏丹红-1的食品。

苏丹红-2、苏丹红-3、苏丹红-4也是不可作为食品添加剂使用的。苏丹红进入人体后,经生物还原产生苯胺类物质,它是能引起细胞变异的可疑物质。其中苏丹红-4降解后产生邻甲苯胺,属于禁用染料,食品中更不可使用。

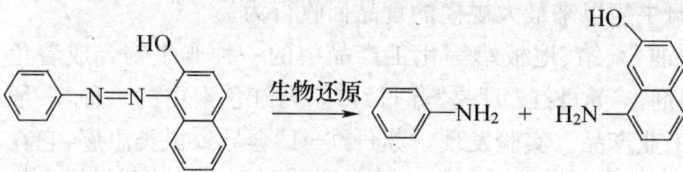

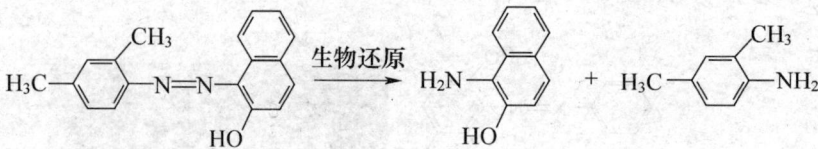

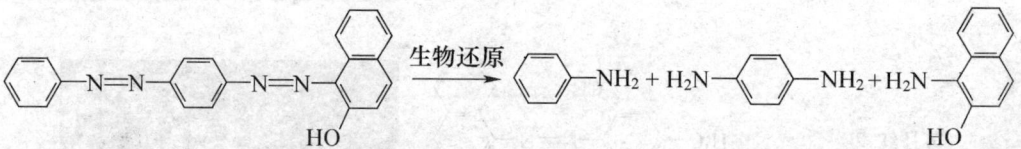

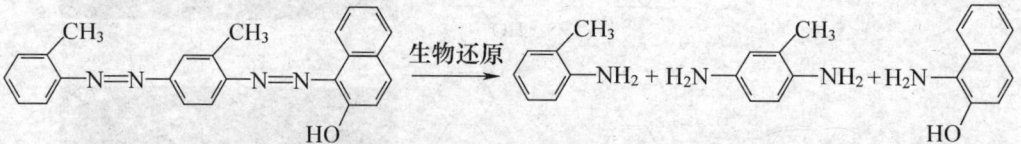

不法商贩主要将其用于辣椒粉等辣椒产品(食品)及其他需着色食品中染色、着色、增色、保色或喂养鸭禽炮制红心蛋等。

### 2.19.4 吊白块

有一些不法商贩为了牟利,违禁使用"吊白块"来使面粉、粉条及米粉增白。"吊

"白块"也称雕白粉,是染纺行业使用的还原剂,结构式为 $HOCH_2$—$SO_2Na$,它是连二亚硫酸钠与甲醛的加合物。

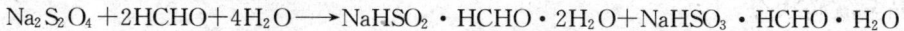

$$Na_2S_2O_4+2HCHO+4H_2O \longrightarrow NaHSO_2 \cdot HCHO \cdot 2H_2O+NaHSO_3 \cdot HCHO \cdot H_2O$$

其毒性主要来自于甲醛的毒性,因为受热时,释放出的甲醛易与体内多种化学结构的受体发生反应,如与氨基化合物可以发生缩合,与巯基化合物加成,使蛋白质变性。甲醛在体内还可还原为醇,故可表现出甲醇的毒理作用。甲醛对大白鼠经口服 $LD_{50}$ 为 500 mg/kg。对人体的肾肝、中枢神经、免疫功能、消化系统等均有损害,久食添加"吊白块"的米粉,还易造成癌变。发生"吊白块"面粉中毒后,要立即饮 300 mL 清水或牛奶,并到附近医院治疗。

由于吊白块对食品的漂白、防腐效果明显,价格低廉,因此被不法商贩在食品加工中长期使用。不法商贩主要将其用于面食、米粉、粉丝、粉条、豆腐皮、腐竹、荷粉、面粉、竹笋、银耳、牛百叶、海产品等食品中增白、增色、保鲜、增加口感、防腐,使食品外观颜色亮丽,延长食品保质时间和增加韧性。

### 2.19.5　三聚氰胺

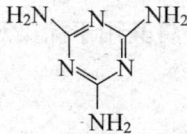

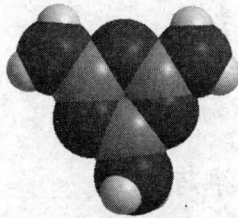

三聚氰胺(Melamine)化学式为 $C_3H_6N_6$,俗称密胺、蛋白精。其化学名称为 2,4,6-三氨基-1,3,5-三嗪,含氮量高达 66%,白色单斜晶体,几乎无味,微溶于水(3.1g/L 常温),可溶于甲醇、甲醛、乙酸、热乙二醇、甘油、吡啶等,不溶于丙酮、醚类,对身体有害,不可用于食品加工或食品添加物。国家质检总局通报全国婴幼儿奶粉三聚氰胺含量抽检结果,河北三鹿等多家产品中检出三聚氰胺。它是一种低毒性化工产品,婴幼儿大量摄入会引起泌尿系统疾患。不法生产厂家向牛奶和奶粉中加入三聚氰胺是因为很多食品都要按规定检测蛋白质含量,如果蛋白质含量不合格,说明牛奶兑水较多,奶粉中有太多不是"奶粉"的其他粉。因为蛋白质是含氮的,所以只要测出食品中的含氮量,就可以推算出其中的蛋白质含量。三聚氰胺分子里有六个氮,含氮量高达 66.64,是没有怪味、微溶于水的白色粉末。加入这种物质,不法厂家就可以更大量地往牛奶里兑水,而不怕蛋白质含量不合格了。

### 2.19.6　连二亚硫酸钠

连二亚硫酸钠俗称保险粉,是一种工业强漂白剂,主要用于印染还原剂和丝、毛织品及纸浆的漂白,其中含有的重金属有可能长期残留在人体内难以排除并致癌。不法商贩将其使用于浸泡食用菌、海带等食品,使食品在本色的基础上呈现鲜嫩光亮、晶莹欲滴状态。

### 2.19.7　硫酸

硫酸是一种具有强烈腐蚀性的化学制剂,不法商贩用于喷淋、浸泡荔枝等水果以保鲜着色。硫酸具有强烈的腐蚀性,可以灼伤人体的消化道,使消费者的黏膜受损,容易引发感冒、腹泻及强烈咳嗽等。

### 2.19.8　美术绿

美术绿又称铅铬绿,主要成分为铅铬绿,是一种工业染料。国家禁止在食品加工中添加和使用美术绿。不法商贩将其用于茶叶等食品加工中以添色、着色。

### 2.19.9　矿物油

国家禁止在食品加工中添加和使用,不法商贩主要将其用于大米、瓜子等食品中以"抛光"、增滑、润色。

### 2.19.10　丰乳精

国家禁止在食品中添加和使用,不法商贩主要将其用于涂染鸡肉等肉制品,使其肥大鲜嫩、诱眼。

### 2.19.11　避孕药

国家禁止在食品中添加和使用,不法养殖户给黄鳝等水产品喂避孕药,以使黄鳝等水产品节育变异,长得快、长得肥大、成色好。

### 2.19.12　硼砂

硼砂的工业化学名称为硼醋钠,它毒性较高,是一种有毒化工原料。国家禁止在食品加工中添加和使用硼砂。不法商贩将其用于面条、饺子皮、粽子、糕点、凉粉、凉皮、肉丸等肉制品、腐竹等食品中以增筋、增弹、改善口感。

### 2.19.13　乌洛托品

乌洛托品工业化学名称为六亚甲基四胺,又名促进剂 H,能分解出甲醛。国家禁止在食品加工中添加和使用乌洛托品。不法商贩将其用于腐竹、米线等食品中以防腐、防臭。

### 2.19.14　赤霉素

国家禁止在食品中添加和使用赤霉素,不法种植户在桃子、山楂、葡萄、草莓、西瓜、猕猴桃、荔枝和西红柿等水果、蔬菜上喷施使用,以达到膨大、催红、催熟、增产的目的。

### 2.19.15　塑化剂

塑化剂 DEHP 的化学名称为邻苯二甲酸二(2-乙基己基)酯,其化学结构为

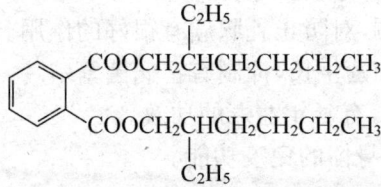

$$\text{COOCH}_2\text{CHCH}_2\text{CH}_2\text{CH}_2\text{CH}_3$$
$$\text{COOCH}_2\text{CHCH}_2\text{CH}_2\text{CH}_2\text{CH}_3$$

DEHP 是一种工业上常用的塑料增塑剂,添加后可使塑料微粒分子均匀散布,增加延展性、弹性及柔软度。常作为制作沙发、汽车座椅、橡胶管、化妆品及玩具的原料。最近在我国台湾发现一些厂家将之作为起云剂,非法添加到食品饮料中,严重威胁消费者的健康。塑化剂 DEHP 的作用类似于人工荷尔蒙,会损害男性生殖能力,并促使女性性早熟,长期大量摄取会导致肝癌。体内长期累积高剂量,可能会造成儿童性别错乱,包括生殖器变短小、性征不明显等。

# 2.20　加强自我保健意识,提高全民健康水平

最近,联合国发出警告:无知是健康的杀手,无备是生命的隐患。国际上认为人的寿命应是生长成熟期(20 岁～25 岁)的 5 倍～7 倍,即 100 岁～170 岁。国家统计局显示统计表明:1950 年,我国国民的平均寿命为 35 岁;1960 年为 57 岁;20 世纪末为 73 岁。目前,长寿的国家是日本,其女性平均为 87.6 岁,男性平均为 82.4 岁。我国高寿的城市是海南三亚市,100 岁以上的老人有 800 多人,仅一个南山小区就有 96 人。国际上的平均寿命为 70 岁。因此,提高我国国民的身心素质还有相当大的潜力。

国际上普遍认为,许多疾病与饮食有关。为了加强自我保健意识,提高全民健康水平,下面仅从饮食方面作简单介绍。

1. 六种好饮料

(1)绿茶:含有茶多酚,具有很好的抗癌作用;内含 F 元素,可使牙齿坚固、无菌无斑;内含茶甘宁,可以软化血管;补钾。

(2)红酒:含多元酚类(如白藜芦醇),具有抗自由基、延缓衰老的功能;防止高血脂、血黏度过高而引起的心脏骤停。红葡萄皮中含有的白藜芦醇,抗癌性能在数百种人类常食的植物中最好,可以防止正常细胞癌变,并能抑制癌细胞的扩散,是预防癌症的佳品。

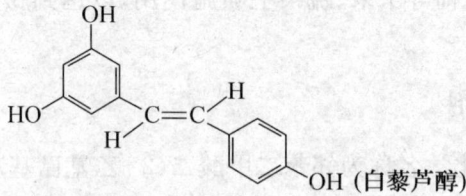
(白藜芦醇)

(3) 豆浆：内含异黄酮,对防止乳腺癌有很好的作用。

(4) 酸奶：促进有益细菌生长,抑制有害病菌繁殖。

(5) 骨头汤：内含朊胶,有延年益寿的功效。

(6) 蘑菇汤：可以提高身体的免疫功能。

2. 三类好饮食

(1) 谷类：① 老玉米,含有较高的卵磷脂,可提高免疫力;荞麦,内含较多的亚油酸,具有降血脂、降血压的功能,内含的纤维素可以清理肠胃,减少癌病的发生。② 薯类(红薯、土豆、山药、芋头),具有吸水、吸油、吸糖、消除毒性的功能。③ 燕麦,具有降低甘油三脂的功能。④ 小米,具有镇静安眠、健脾除湿的功能。⑤ 芝麻,含有较多的铁。

(2) 大豆：含有人体需要的优质蛋白,其中异黄酮对防止乳腺癌有很好的作用。

(3) 菜：① 胡萝卜,内含大量的维生素 A,可防治夜盲症;保护内黏膜,防止感冒;有去除雀斑、老人斑、美容的功效。② 南瓜,可以增加体内的胰岛素,防止糖尿病。③ 苦瓜,产生类胰岛素,防止糖尿病。④ 西红柿,经过加热处理的西红柿,内含西红柿素,具有抗生殖系统癌症的功能,所以西红柿炒鸡蛋是一道很好的营养菜。⑤ 大蒜,将大蒜切成片,在空气中放置 15min,产生的大蒜素是很好的光谱杀菌剂,对治疗肺癌有奇效。⑥ 黑木耳,内含小分子多糖,具有降低血黏度,使血栓溶解的功能。

3. 不宜多食的食品

(1) 松花蛋：内含铅,易造成老年痴呆。

(2) 臭豆腐：内含 $H_2S$,对身体有较大的毒化作用。

(3) 味精：每天不许超过 7g,超过 10g 对生殖系统有破坏作用。

(4) 烤羊肉串：含有致癌物质苯并芘。

(5) 油条：含有致癌物质亚硝胺、苯并芘和铝,易造成老年痴呆。

# 第3章 生活环境

## 3.1 空 气

### 3.1.1 空气污染

大气是由一定比例的氮气、氧气、二氧化碳、水蒸气和固体杂质微粒组成的混合物。就干燥空气而言,按体积计算,在标准状态下,氮气占78.08%,氧气占20.94%,氩气占0.93%,二氧化碳占0.03%,而其他气体的体积大约是0.02%。

随着现代工业和交通运输的发展,向空气中持续排放的物质数量越来越多,种类越来越复杂,引起空气成分发生急剧的变化。当空气正常成分之外的物质达到对人类健康、动植物生长以及气象气候产生危害的程度,我们就认为空气受到了污染。

(1)空气污染源主要有以下几个方面。

① 工业是空气污染的一个重要来源。工业排放到空气中的污染物种类繁多,有烟尘、二氧化碳、一氧化碳、硫的氧化物、氮的氧化物、小分子有机化合物等。

② 生活炉灶与采暖锅炉。城市中大量民用生活炉灶和采暖锅炉需要消耗大量煤炭,煤炭在燃烧过程中要释放大量的灰尘、二氧化硫、一氧化碳、二氧化碳等有害物质。

③ 交通运输。汽车、火车、飞机、轮船是当代的主要运输工具,它们烧煤或石油产生的废气也是重要的污染物。特别是城市中的汽车,量大而集中,排放的污染物能直接侵袭人的呼吸器官,对城市的空气污染很严重。

(2)硫氧化物。是硫的氧化物的总称,通常包括二氧化硫($SO_2$)、三氧化硫($SO_3$)、三氧化二硫($S_2O_3$)、一氧化硫($SO$)、七氧化二硫($S_2O_7$)和四氧化硫($SO_4$)。它们与水滴、粉尘并存于大气中,由于颗粒物中铁、锰等催化作用而形成硫酸雾,严重时会发生煤烟型烟雾事件,如伦敦烟雾事件,或造成酸性降雨。

(3)氮氧化物(Nitrogen Oxides)。包括多种化合物,如一氧化二氮($N_2O$)、一氧化氮($NO$)、二氧化氮($NO_2$)、三氧化二氮($N_2O_3$)、四氧化二氮($N_2O_4$)和五氧化二氮($N_2O_5$)等。除二氧化氮以外,其他氮氧化物均极不稳定,遇光、湿或热变为二氧化氮及一氧化氮,一氧化氮又变为二氧化氮。氮氧化物可刺激肺部,使人较难抵抗感冒等呼吸系统疾病,对儿童来说,氮氧化物可能会造成肺部发育受损。

一氧化氮和二氧化氮为主的氮氧化物是形成光化学烟雾的一个重要原因。汽车尾气中的氮氧化物与氮氢化合物经紫外线照射发生反应,形成的有毒烟雾被称为光化学烟雾。光化学烟雾具有特殊气味,刺激眼睛,伤害植物,并能使大气能见度降低。

## 3.1.2 酸雨

在温度为 25℃，一个大气压下，纯净的降水 pH 值大约是 5.65，呈弱酸性。但是，由于大气中含有天然的或人为的污染物，如 $NO_x$（$NO$，$NO_2$），$SO_2$ 等酸性气体，降水过程中将大气中的 $SO_2$ 和 $NO_x$ 以及其他杂质，通过化学反应生成亚硫酸、硫酸、硝酸等，因而使雨水酸化。雨水的 pH 值小于 5.6 即为酸雨。酸雨将成为 21 世纪最大的环境问题之一，正在危及人的生存，它与温室效应、臭氧层破坏一起被称为全球的三大环境危机。

空气中 $SO_2$，$NO$ 等酸性物质主要来自于煤的燃烧。从下面煤的结构示意图中可以看出，煤炭中含有 N 和 S 的有机化合物，燃烧后将转化成 $SO_2$ 和氮氧化物。

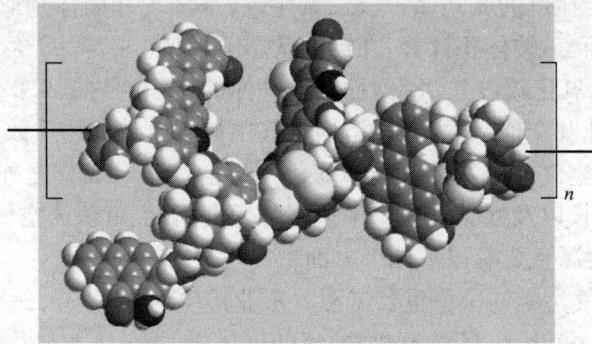

煤的结构示意图

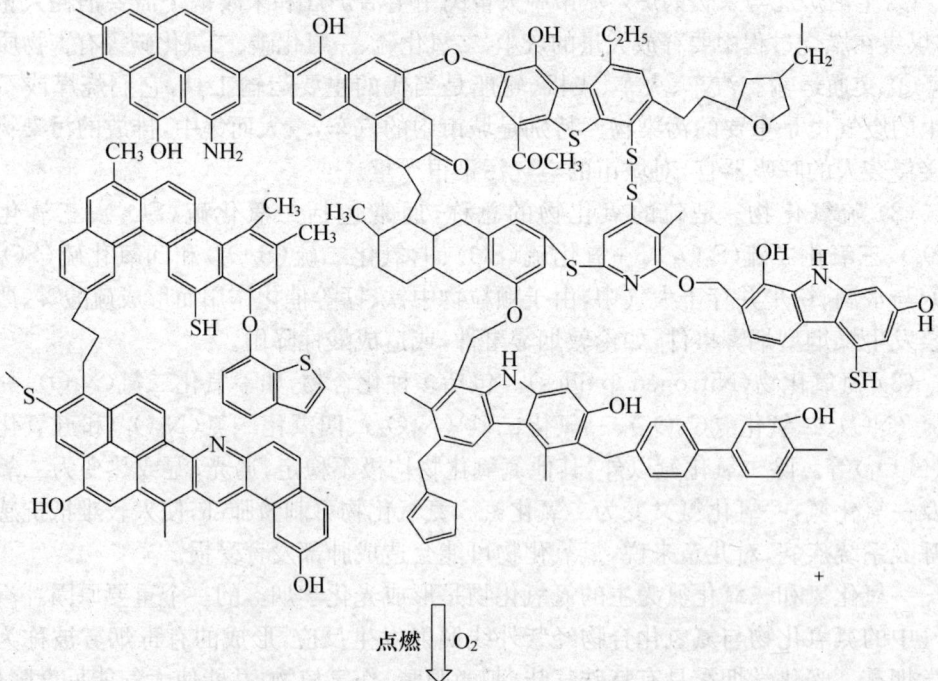

80

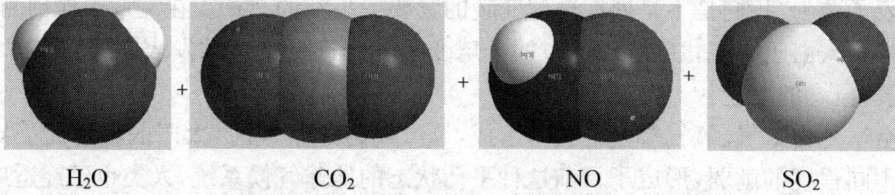

| $H_2O$ | $CO_2$ | $NO$ | $SO_2$ |

酸雨的主要影响是导致土壤中铝元素的活化。正常土壤中的铝元素大多以铝硅酸盐矿物和氢氧化铝的固体形式存在,活性溶解态铝(主要为一羟基铝和二羟基铝离子)的含量非常有限,一般不会对植物的根系造成伤害,但大量的酸雨渗入土壤,可使土壤明显酸化,造成交换态的钾、钙、镁等对植物有益的营养元素从土壤中交换流失掉,又使固态矿物中的铝溶解释放出来,进入土壤溶液,从而增加土壤中活性铝的含量。当土壤中钙含量减少和铝含量升高到一定极限时,溶解铝就会危害植物的地下营养器官(根毛),使植物生长受到抑制,进而使动植物抵御外来侵害的功能变得十分脆弱,极易枯萎死亡。许多植物表面上是因旱、涝、虫、病等因素致死,但究其根本原因是与酸化造成的铝中毒有关;正如人类感染了艾滋病毒一样,植物体本身丧失了对外来侵害的抵抗能力,森林植物的大面积死亡也就不可避免了。

减少和防止酸雨的形成有许多措施,主要应从消除污染源着手,尽量减少工业污染,综合治理废气、污水等,使大气污染减少到最低程度而达到消灭酸雨、创造出人类美好的生存环境的目的。

酸雨

### 3.1.3　温室效应

1975 年 8 月 8 日,美国著名的气候学家、地球化学家 Broecker 教授在《科学》杂志发表了题为"我们是不是处在全球变暖的紧要关头?"的文章。在文章中他预测,地球即将转入由于二氧化碳增加导致的全球变暖期。这篇文章的发表正式宣布了"全球变暖"概念的诞生。

空气是由氮气、氧气等多种气体组成,当太阳透过空气时,太阳的辐射能受到了空气不同程度的削弱,形成了目前这种平衡状态的地球气候系统,人类也已经适应了这种状态。但随着工业生产的发展及人类的种种活动,空气中某些成分发生了变化,打破了这种平衡的状态。例如:二氧化碳、甲烷、一氧化二氮、氟氯烃化合物等,这些气体对于来自太阳的短波辐射几乎是透明的,但对于从地面反射出的长波辐射则有强烈的吸收作用,使地表辐射的热量留在了大气层内,起到类似暖房的玻璃罩或塑料大棚的作用,提高了地表的温度,通常称为"温室效应"。这种温室效应使地球原来的生态环境发生了变化。

1. 二氧化碳

温室效应主要是由于现代社会过多燃烧煤炭、石油和天然气,这些燃料燃烧后放出大量的二氧化碳气体进入大气造成的。二氧化碳气体具有吸热和隔热的功能,它在大气中增多的结果是形成一种无形的玻璃罩,使太阳辐射到地球上的热量无法向外层空间发散,其结果是地球表面变热。因此,二氧化碳被称为温室气体。

温室效应会带来下列严重恶果:地球上的病虫害增加;两极冰山融化使海平面上升;气候反常,海洋风暴增多;土地干旱,沙漠化面积增大。科学家预测:如果地球表面温度的升高按现在的速度继续发展,到 2050 年全球温度将上升 2℃~4℃,南北极地冰山将大幅度融化,导致海平面大大上升,一些岛屿国家和沿海城市将淹没于海水中。

二氧化碳这种温室气体不只是改变气候,它还改变了植物的生理特性,并通过植物危害人类。

(1)果实营养降低。蔬菜、水果和粮食的产量越来越高,而食物的味道却越来越淡,这与大气中的二氧化碳的含量升高有关系。二氧化碳含量的升高可以加速植物的生长,提高农作物的产量。但在二氧化碳含量高的环境中生长的作物不但营养价值很低,而且还缺少铁、锌等重要的微量元素。由于二氧化碳的增加促进了光合作用,植物产生的碳水化合物往往多于它们的生长和代谢需要,这样,植物中碳水化合物的含量便超出了原来的水平,其他微量元素营养素的含量也就下降了。

(2)毒藤加速泛滥。毒藤是一种喜阴的植物,适应能力很强。现在,毒藤因二氧化碳含量上升而产生疯长的势态。毒藤的汁液中含有一种叫漆酚的化学物质,很多人对它过敏,其症状是起皮疹,奇痒无比。

2. 甲烷

全球增温潜势(Global Warming Potential,GWP)的分析显示,以单位分子数而言,甲烷的温室效应要比二氧化碳大 20 倍。

(1)海底甲烷冒出。由于北极地区的气候日渐暖化,其永久性冻结地带逐渐融化,导致沉积在海底的大量甲烷慢慢浮出水面。甲烷突然释放是过去全球迅速升温、气候发生变化的原因之一,它甚至可导致某些物种的大量灭绝。科学家们在西伯利亚大陆架几万平方千米的地方发现了几个甲烷密集地区,部分地区的甲烷浓度达到了正常值的100倍。科学家们正在努力研究对策来避免甲烷大爆发给地球人类带来的威胁。

(2) 水稻面积的增加。水稻在生长季需要大量的水,由于水阻断了土壤里氧气的来源,这些有机物腐烂产生的不是二氧化碳,而是沼气。沼气是一种强势的温室气体,会对全球变暖产生影响。据统计,亚洲每年种植的水稻面积为3.56亿英亩,在水稻生长过程中产生的大量沼气令科学家感到十分担忧。菲律宾国际水稻研究学会几年来一直在对种植水稻产生沼气这个课题进行研究。专家们认为,大米是亚洲人重要的主食之一,现在关键的问题是改良水稻的种植方法,而不是减少水稻的种植面积。

(3) 石油和煤的开采。作为能源,石油和煤的燃烧是产生二氧化碳这种温室气体的主要原因,但在开采和加工时,也会有大量的甲烷气体放出。

### 3.1.4 室内空气污染的来源

室内空气质量是关系到人们身心健康的重要问题之一,已引起国内外有关方面的高度关注。近年来,随着我国经济的发展,人们生活水平的日益提高,高档家具、时髦装修纷纷进入家庭和办公室,新兴建筑材料被广泛应用,香精、化妆品、防臭剂、杀虫剂、洗涤剂等也成了人们生活中必不可少的用品。这些因素都导致了室内空气中有害物质无论是品种还是数量都不断增加。那么,对于如何判断人们的生活工作环境是否安全和健康,国家环境监测中心和健康医疗中心根据多年来进行室内环境检测和治理的实践,归纳和总结了12种主要表现。

(1) 每天清晨起床时,感到憋闷、恶心甚至头晕目眩;

(2) 家里人经常容易患感冒;

(3) 虽然不吸烟,也很少接触吸烟环境,但是经常感到嗓子不舒服,有异物感,呼吸不畅;

(4) 家里小孩经常咳嗽,打喷嚏,免疫力下降,房子新装修后,孩子不愿意回家;

(5) 家人常有皮肤过敏现象,而且是群发的;

(6) 家人共有一种疾病,而且离开这个环境后,症状就有明显变化和好转;

(7) 新婚夫妇长时间不怀孕,查不出原因;

(8) 孕妇在正常怀孕情况下,发现胎儿畸型;

(9) 新搬家或者新装修后,室内植物不易成活,叶子容易发黄、枯萎,特别是一些生命力极强的植物也难以正常成长;

(10) 新搬家后,家养的宠物猫、狗甚至热带鱼莫名其妙地死去,而且邻居家也是;

（11）一上班就感觉喉咙疼，呼吸道发干，时间长了头晕，容易疲劳，下班后症状就消失，而且同楼其他工作人员也有这种感觉；

（12）新装修的家庭和写字楼的房间或者新买的家具有刺眼、刺鼻等刺激性气味，而且超过一年仍然气味不散。

以上这些现象都是由室内空气质量不合格造成的。人的一生 80% 以上的时间是在室内度过的，室内空气质量的好坏与我们的健康是密切相关的。如果有这些症状，请尽快采取措施，进行室内环境检测和治理，消除埋藏在身边的"定时炸弹"。

目前，家庭装修中主要的有害物质是苯、甲醛、氨气、多环芳烃、氯乙烯、苯酚、氡等有害物质。为了更好地认识它们的危害，让我们对它们的物化性质及污染的来源和途径作一番了解。

1. 苯的污染

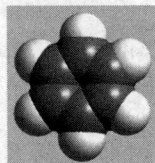

（1）苯的理化性质。苯是室内空气污染的主要来源。苯的英文名称是 Benzene，化学式是 $C_6H_6$，为无色具有特殊芳香气味的液体。它的相对分子质量为 78.12，密度为 $0.879g/cm^3$，熔点为 5.4℃，沸点为 80.1℃，蒸气密度为 2.70，蒸气压为 10kPa，爆炸界限为 1.2%～8.0%。不溶于水，溶于乙醇、乙醚等有机溶剂。易挥发，易燃，燃烧时发生亮而带烟的火焰。其蒸气与空气混合形成爆炸性混合物。是染料、塑料、合成橡胶、合成树脂、合成纤维、合成药物和农药的重要原料，也可用作动力燃料以及涂料、橡胶、胶水等的溶剂。

（2）毒性。苯及其同系物对人体的危害与其蒸气浓度和接触的时间有关。据毒理试验显示，空气中苯含量超过 $25×10^{-6}$ 对人体有影响，可能引起食欲不振、体重减轻、易倦、头晕、头痛、呕吐、失眠、黏膜出血、手足麻木、视力模糊；也可能引起血液变化，出现血小板减少，白血球减少或异常增多，或者引起红血球减少，出现贫血，严重的会引起白血病（血癌）。当空气中苯的浓度过高时，超过 $1000×10^{-6}$ 可能引起急性中毒；$2000×10^{-6}$ 以上短时间内可出现中毒症状，出现强麻醉症状等；$3000×10^{-6}$ 只能忍耐 30min～60min。

（3）居室中苯的来源。居室中的苯主要来自于建筑装修中使用的化工原料，如涂料、填料及各种有机溶剂等。大量的有机化合物经装修后挥发到室内，以下几种装饰材料中，苯含量较高。①油漆，苯、甲苯、二甲苯都是油漆中的溶剂；②各种胶黏剂，特别是溶剂型胶黏剂，使用的溶剂多数为甲苯，其中含有 30% 以上的苯；③防水材料，特别是一些用原粉加稀释配制成的防水涂料，操作 15h 后检测，室内空气中苯含量超过国家允许最高浓度的 14.7 倍，一些低档的假冒产品超标更高。

（4）减少苯的危害的方法。为了避免或减少苯污染,装修中应采用符合国家标准的污染小的装修材料,这是降低室内空气中苯含量的根本。如选用正规厂家生产的油漆、胶和涂料;选用无污染或污染较少的水性材料;特别要注意对胶黏剂的选择,因为目前建筑装饰行业各种规定中没有对使用胶黏剂的规定。此外,要监督装修公司的施工工艺。施工工艺不规范,会使室内空气中的苯含量大大提高,如有公司以油漆代替 107 胶封闭墙面。

2. 甲醛

甲醛是室内主要的一种毒害气体。新入住的住户除注意通风外,在室内放一些硫代硫酸钠、亚硫酸钠或硫酸铜与酒石酸的碱溶液,可以较快地去除游离甲醛。建议消费者在选购产品时要注意:①首先到重信誉的正规商店或专卖店选购大型企业生产的知名品牌的产品;②查看产品包装上的标识,正确的标识上应标明产品名称、产品标准号、生产企业名称、产地、商标、规格、等级、甲醛释放量限量标识等;③要购买表面平整、厚度均匀、颜色相近的产品,而且产品不能有潮湿或松散现象。

3. 氨气

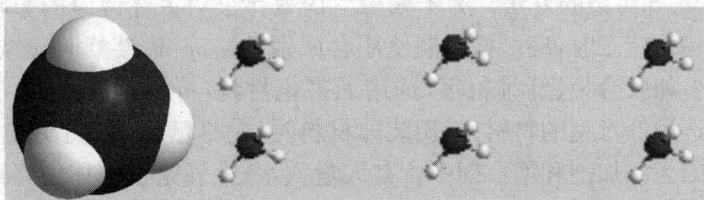

（1）理化性质。氨($NH_3$)为无色而有强烈刺激性气味的气体,其相对分子质量为 17.03,沸点为 $-33.5$℃,熔点为 $-773.8$ ℃;对空气相对密度为 0.5962,1L 气体在标准状况下,质量为 0.7708g,室温时在 6~7 大气压(1 大气压＝10kPa)下可以液化(临界温度为 132.4 ℃,临界压力为 112.2 大气压),也易被固化成雪状的固体,液态氨的相对密度(0℃时)为 0.638。氨极易溶于水、乙醇和乙醚,当 0℃时 1L 水中能溶解 907g 氨。

（2）氨对人体的健康影响。人对氨的嗅域为 0.5mg/m³～1.0mg/m³。氨对口、鼻黏膜及上呼吸道有很强的刺激作用,其症状根据氨的浓度、吸入时间以及个人感受性而有轻重。氨是一种碱性物质,它对接触的皮肤组织都有腐蚀和刺激作用。氨可以吸收皮肤组织中的水分,使组织蛋白质变性,并使组织脂肪皂化,破坏细胞膜结构。氨对上呼吸道有刺激和腐蚀作用,可麻痹呼吸道纤毛和损害黏膜上皮组织,使病原微生物易于侵入,减弱人体对疾病的抵抗力。浓度过高时,除腐蚀作用外,还可通过三叉神经末梢的反射作用而引起心脏停搏和呼吸停止。氨的溶解度极高,所以常被吸附在皮肤黏膜和眼睑膜上,从而产生刺激和炎症。氨通常以气体形式进入人体,进入肺泡的氨,少部分被二氧化碳所中和,余下被吸收至血液,少量的氨可随汗液、尿或呼吸排出体外。氨被吸入肺后容易通过肺泡进入血液,与血红蛋白结合,破坏运氧功能。短期内吸入大量氨后可出现流泪、咽痛、声音沙哑、咳嗽、痰带血丝、胸闷、呼吸困难,可伴有头晕、头痛、恶心、呕吐、乏力等症状,严重者可发生肺水肿,成人呼吸窘迫症,同时可能出现呼吸道刺激症状。

(3) 来源。室内氨气来源主要有三方面:①在建筑施工中为了加快混凝土凝固速度或冬季施工防冻,在混凝土中加入了高碱性混凝土膨胀剂和含尿素与氨水的混凝土防冻液等外加剂,这类含有大量氨的外加剂在墙体中随着温度、湿度等环境因素的变化而还原成氨气从墙体中缓慢释放出来,造成室内空气中氨的浓度大量增加,特别是夏季气温较高,氨从墙体中释放速度较快,造成室内空气中氨浓度严重超标。②室内空气中氨来自于木制板材,家具使用的加工木板材在加压成型过程中使用了大量胶黏剂,此胶黏剂主要是甲醛和尿素加工聚合而成的,它们在室温下易释放出气态甲醛和氨气,造成室内空气中氨的污染。③来自于室内装饰材料,如家具涂饰时使用的添加剂和增白剂,大部分都用氨水。氨水已成为建材市场中必不可少的商品,它们在室温下易释放出气态氨,造成室内空气中氨的污染。但是,这种污染释放期比较快,不会在空气中长期大量积存,对人体的危害相对较小。

(4) 减少氨气污染的方法。为了减少室内氨污染对人体健康的影响,应采取以下措施:冬季建筑施工时,应严格限制使用含尿素的防冻液;装修时应减少采用人工合成的板型材,如胶合板、纤维板等,选用无害化材料,特别是涂料,如油漆、墙面涂料、胶黏剂应选用低毒型的材料;使用装饰材料时,应尽量减少或不用含添加剂和增白剂的涂料,因为添加剂和增白剂中含有大量氨水;氨气是从墙体中释放出来的,室内主体墙的面积会影响室内氨的含量,居住者应根据房间的污染情况合理安排使用功能,如污染严重的房间尽量不要作卧室,或者尽量不要让儿童、病人、老人居住;消除室内空气污染,最有效的方法是通风换气。条件允许时,可多开窗通风,以尽量减少室内空气的污染程度。

4. 多环芳烃

多环芳烃(PHA)是指分子中含有 2 个或 2 个以上苯环的一类化合物。根据苯环的连接方式可分为联苯类、多苯代脂肪烃和稠环芳香烃三类。多环芳烃是一类惰性较强的碳氢化合物,由于这种较强的惰性使它们比较稳定,能广泛存在于环境中,特别是大气飘尘中,对环境和人体健康危害很大。

常见的多环芳烃包括萘、蒽、菲、芘、苯并[a]芘等,多环芳烃中 4~6 环的稠环化合物具有强烈的致癌作用。国际癌症研究中心(IARC)于 1976 年列出了 94 种对动物有致癌作用的化合物,其中 15 种为多环芳烃。苯并[a]芘是第一个被发现的强致癌物质,也是最强的一种致癌物质。多环芳烃可诱发肺癌、喉癌、口腔癌等多种癌症及心血管疾病。大量的流行病资料表明,接触沥青、煤焦油等富含多环芳烃的人群,易发生职业性皮癌、肺癌,且死亡率与苯并[a]芘的浓度呈正相关。我国室内苯并[a]芘的最高允许浓度为 0.0001mg/100m$^3$。

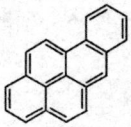 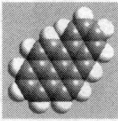 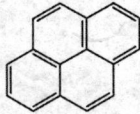 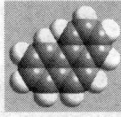 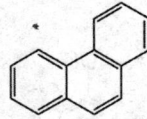 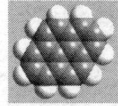

苯并芘　　　　　　　芘　　　　　　　　菲

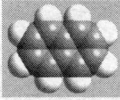 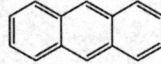 

萘　　　　　　　　　　　　　　　　　蒽

　　室内的苯并[a]芘的来源主要有：① 燃料的不完全燃烧及有机物热解过程中(厨房用具)。② 香烟烟雾。每 100 支香烟烟雾中含有苯并[a]芘 0.0002mg～0.0122mg。③ 食品在烟熏、烧烤等加工过程中。④ 晒在沥青路面上的粮食受到沥青中的苯并[a]芘的污染。⑤ 日用品,如卫生球,各种杀虫剂,某些塑料用品等,可能释放多环芳烃。

　　5. 氯乙烯

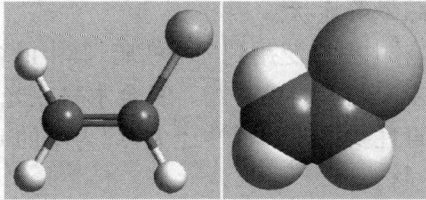

　　(1) 理化性质。氯乙烯的英文名称为 Vinyl Chloride。其结构式为 $CH_2=CHCl$,为无色易液化的气体。相对分子质量为 62.5,相对密度为 0.9195,熔点为 -160℃,沸点为 -14℃,蒸气密度为 2.15,爆炸界限为 4‰～22‰。它很难溶于水,易溶于乙醇、乙醚和丙酮,与空气形成爆炸性混合物。化学性质较活泼,易聚合成聚氯乙烯,也能与丁二烯、丙烯腈、乙酸、乙烯和丙烯酸甲酯等共聚。

　　(2) 毒性。对人体的危害有：当吸入氯乙烯,有眩晕、头痛、无力、恶心、胸闷、嗜睡、步态蹒跚等症状,严重时可能导致昏迷。当慢性中毒时,有头晕、失眠、多梦、记忆力减退、易怒、烦躁不安、手掌多汗、体温波动、四肢酸痛、多发神经炎等症状,还有可能引起食欲减退、恶心、呕吐、便秘或腹泻、肝脏肿大、趾骨末段骨质缺损等。

　　(3) 来源。氯乙烯单体主要来自于聚氯乙烯制品(如塑钢门窗、窗帘、装饰布)的光、热分解过程中。

　　(4) 防护。开窗通风,居室尽量不用聚氯乙烯制品(窗帘、装饰布等)。

　　6. 苯酚

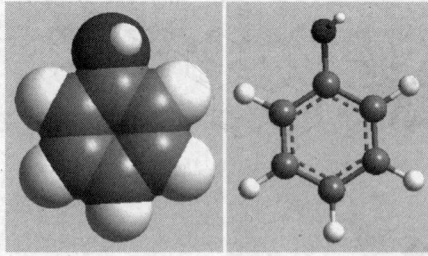

(1) 理化性质。苯酚又称石炭酸,英文名称是 Phenol。其结构式为 $C_6H_5OH$。它是一种在常温下具有特殊气味的无色结晶,有时暴露于空气中略微带粉红色,有特臭,是一种恶臭的物质,其相对分子质量是 94.11,相对密度为 1.071,熔点为 42.3℃,沸点为 182.1℃,它能溶于水,易溶于乙醇、乙醚、氯仿、甘油、二硫化碳等有机溶剂中。它与醛类物质可发生缩合反应生成酚醛树脂,经过 $HNO_3$ 硝化生成苦味酸。用二氧化碳进行羧基化可生成水杨酸,与三氯化铁生成一种紫色的络合物。

(2) 毒害。当人体吸入高浓度的酚蒸气时,可迅速发生头疼、眩晕、无力和虚脱,体温、脉搏和血压降低,呼吸衰竭。长期吸入低浓度的苯酚蒸气可引起呕吐、吞咽困难、唾液分泌增加、腹泻、眩晕等症状。

(3) 来源。在复合木材中要广泛用到酚醛树脂,其中的合成物单体主要是苯酚,另外,水泥缓凝剂也是由苯酚制成的聚合物。复合木材在光、热、水分的作用下就会释放出苯酚蒸气来,它的毒性要比苯的毒性还大,约为苯的 5 倍。因此,我们一定要慎用酚醛树脂做的复合木材。

(4) 防护。选用合格的装修材料,开窗通风。

7. 氡

(1) 理化性质。氡的化学性质稳定,不溶于水,易溶于煤油、汽油。在空气中以自由原子存在。氡的短寿命子体是带电的,易被吸附在空气中的尘埃上而成为放射性气溶胶。氡主要有电离辐射和非电离辐射两种形式:①电离辐射是指可引起物质发生电离的辐射,如宇宙中的射线;②非电离辐射是指不引起物质电离的辐射,如电磁波、微波和超声波等。

(2) 氡的污染。天然放射性核素是在地球起源时就存在于地壳之中的,经过天长日久的地质年代,已达到放射性平衡。天然存在的放射性系列有三个,即

铀系,母体是 $^{238}U$(半衰期为 $4.51 \times 10^9$ 年),系列中有 19 种核素;

锕系,母体是 $^{235}U$(半衰期为 $7.1 \times 10^8$ 年),系列中有 17 种核素;

钍系,母体是 $^{232}Th$(半衰期为 $1.21 \times 10^{10}$ 年),系列中有 13 种核素。

这些天然放射性系列具有如下共同特点:①母体具有极长半衰期;②各代母子体间都达成了放射性平衡;③每一系列中都含有放射性气体 Rn 核素,且系列的末端都是稳定的 Pb 元素。

自然界中来历不明的单独存在的核素约有 20 种,如存在于人体中的 $^{40}K$(半衰期

为 $1.26 \times 10^9$ 年），即是其一。特点是具有长的半衰期；另一个特点是强度极弱，只有凭借极端灵敏的检测技术才能发现它们。

岩石和土壤中的放射性核素的估计量（pci/g，皮居里/克）：

岩石：铀 1 ；钍 0.87 ；$^{40}$钾 0.0025 ；$^{87}$铷 2.15。

土壤：铀 0.33 ；钍 0.65 ；$^{40}$钾 0.0013 ；$^{87}$铷 0.42。

天然存在的三个系列铀系、锕系及钍系最后都会蜕变成氡。室内放射性污染主要来自：

① 地基、地层间隙及地质断裂带；

② 从土壤、岩石表面析出；

③ 燃煤、燃气过程中产生；

④ 地下水中析出；

⑤ 地下建筑、设施、黏土、砖、水泥、矿石、石料中；

⑥ 使用矿渣水泥和灰渣砖的建筑；

⑦ 使用不合格的板材、石材、水泥等建筑、装修材料。

（3）对人体健康的影响。天然核素对人体的危害有内照射和外照射之分。内照射是核以食物、水、大气为媒介摄入人体后自发衰变，放射出电离辐射。外照射是核素在衰变过程中，放射出电离辐射射线直接照射人体。氡本身虽是惰性气体，但其衰变的子体极易吸附在空气中的细微颗粒上被吸入人体。氡在体内停留的时间较短，例如，在高氡工作场所测试时，经过 0.5h 人体吸入的氡与呼出的氡达到平衡，体内含氡不再增加，且离开现场后，人体内氡气浓度可排出 90％，故在呼吸道内氡的剂量很小，危害会相对小些。然而氡的子体却不然，氡及其子体随呼吸进入人体后，氡子体会沉积在气管、支气管部位，部分深入到人体肺部。氡子体就在这些部位不断积累，并继续快速衰变产生很强的辐射。内照射是大支气管上皮细胞剂量的主要来源，大部分肺癌就在这个区段发生。氡子体在衰变过程中放射出能量高的粒子，产生电离和激发，杀死、杀伤人体细胞组织，被杀死的细胞可通过新陈代谢再生，但被杀伤的细胞就有可能发生变异，成为癌症。人类受电离辐射损伤致病，最早被记录的是高氡及子体照射下的矿工患肺癌。科学研究表明，其诱发肺癌的潜伏期大多都在 15 年以上，世界上有 1/5 的肺癌患者与氡有关。所以说，氡是导致人类肺癌的第二大"杀手"，是除吸烟以外引起肺癌的第二大因素。世界卫生组织把它列为使人致癌的 19 种物质之一。氡及其子体在衰变时还会同时放出穿透力极强的射线，对人体造成外照射。长期生活在辐射场的环境下，人的血液循环系统就有可能受到危害，如白细胞和血小板减少，严重的还会导致白血病。由于氡的危害是长期积累，且不易被察觉的，因此，必须引起高度重视。

金字塔内的千古之谜已被现代科学揭开。建筑金字塔的泥土、石块中的放射性元素经过千年衰变，释放出大量氡封闭在洞中，达到致命的浓度，使许多考察金字塔的科学家不幸遇难。

（4）减少室内氡污染的方法。室内氡的控制要针对其来源,从选址、设计、建材装修、材料选用、内部装修等方面入手。

① 选房址。居民住宅应避开土壤中铀、镭含量高的地区。

② 建材。不生产、不使用放射性超标的建材;砖、水泥制作中掺进的矿渣、煤渣、灰渣一定确保低放射性;石材不应取自富有区,不用磷石膏做墙板。

③ 有条件的室内可安装集过滤、净化除尘、活性炭吸附及负离子发生于一体的净化器,达到具有良好的除氡、提高空气质量的效果。

④ 购买合格的室内装修材料,销售石材应出示卫生防护管理部门发放的生产许可证和放射性卫生合格证及抽检报告等。

⑤ 加强室内通风。氡气是不可挥发的,加强通风可以临时降低室内氡浓度水平,但不能对氡气的来源变化产生作用,因此防止室内氡浓度过高的根本办法是加强建筑地址的放射性评价和建筑材料的卫生监督。

有人错误地认为,既然室内空气含有有毒气体,那么用空气清新剂既可以清除有毒气体,又使人感到淡淡的香气,可谓一举两得。其实不然,空气清新剂只能对人的嗅觉产生一定的作用,在短时间、小范围内解决空气的异味问题,但它并不会消除空气污染,空气清新剂的某些成分本身就是空气污染物。喷洒空气清新剂,其实是加剧了空气的污染,会对人体产生不良刺激。芳香剂对人的神经系统会产生危害,刺激小孩的呼吸道黏膜。如果室外的空气质量较好,开窗通风是清新空气的最好办法。

家庭装修已成为人们越来越关注的话题,为了您的健康,我们一定要有环保意识,学会一些环保知识,在把居室装修得高档舒适的同时,尽量降低装修材料的负面影响。只有健康的环境,才称得上是安全的家园。

我国每年有大量儿童因装修污染引起上呼吸道感染而致死亡,其中近1/2的5岁以下儿童的死因与室内空气污染有关。目前,表面上装潢越好、越漂亮的幼儿园,污染越大。医院传来的信息,斜视、弱视、近视的儿童越来越多,无不与环境装饰和室内空气污染有关。中国室内装饰协会的专家认为,室内污染对儿童健康伤害主要有五方面:①诱发儿童的血液性疾病。医学研究证明,环境污染已成为诱发白血病的主要原因。②增加儿童哮喘病发病率。③造成新生儿先天性异常。④引发新生儿心脏病。⑤使儿童的智力大大降低。

著名生物研究专家厉曙光的最新生物试验证明,新装修的居室内空气污染严重,会对生物特别是人的生存造成极大的伤害。他在一间装修不到一个月的普通家庭房间里,按照室内空气检测规范的要求,分别竖立了5根试验柱,并按照人在房间里站立时和躺下睡觉时呼吸的高度设立两个试验点,每个试验点放置40只试验用的果蝇。在正常条件下,果蝇的寿命雄性为50天以上,雌性为60天。可是,该试验在进行到25天时"住进"新房的果蝇开始大批死亡。最终结果发现,参加试验的800只果蝇平均寿命缩短1/2以上。

## 8. 可适当减少甲醛、苯类物质危害的植物

(1) 蝴蝶兰。其学名按希腊文的原意为"好像蝴蝶般的兰花",被誉为"洋兰王后"。它能吸收空气中的养分而生存,可以说是热带兰花中的一个大族。每枝开花七八朵,多的十二三朵,可连续观赏六七十天。蝴蝶兰似蝴蝶,它是一种很漂亮的洋兰,属于热带附生兰科的植物。

蝴蝶兰是在1750年发现的,迄今为止已发现70多个原生种,除欧洲外,大多数产于潮湿的亚洲地区,自然分布于阿隆姆、缅甸、泰国、印度洋各岛屿、菲律宾以至我国台湾。台湾的武森永一带及绿岛所产的蝴蝶兰最著名,但由于森林砍伐与采集过度,资源明显减少。我国云南、广州、广西作为商品栽培的蝴蝶兰多是人工杂交选育品种,逐步蔓延全国。蝴蝶兰在夏秋之间要注意保持温度,18℃为宜。

（2）变叶木。又名洒金榕，为大戟科变叶木属植物。变叶木叶形千变万化，叶色五彩缤纷，是观叶植物中叶色、叶形和叶斑变化最丰富的，也是最具形态美和色彩美的盆栽植物之一。变叶木原产于印度尼西亚的爪哇至澳大利亚。喜高温、湿润和阳光充足的环境，不耐寒。

变叶木的最适宜生长温度为20℃～30℃，3月—10月为21℃～30℃，10月至翌年3月为13℃～18℃。冬季温度不低于13℃，短期在10℃，叶色不鲜艳，出现暗淡，缺乏光泽。温度在4℃～5℃时，叶片会受冻害，造成大量落叶，甚至全株冻死。

变叶木喜湿怕干。生长期茎叶生长迅速，给予充足水分，并每天向叶面喷水。但冬季低温时盆土要保持稍干燥。如冬季半休眠状态，水分过多，会引起落叶，必须严格控制。

(3) 芦荟。它是一种多年生百合科多肉质草本植物,原产于非洲热带干旱地区,现今已遍布世界各地。我国最早在隋末唐初就有文字记载它的利用,至今已有千年的历史,一直被人们誉为"神奇的植物"。芦荟起源于热带地区,故生性"喜温畏寒",一般最适宜的生长温度在25℃～30℃,最低生长温度在10℃～12℃之间,故在我国北方栽培应注意保温防寒。芦荟耐高温及干旱,忌水分过大,否则易导致烂根。对土壤要求不严,耐贫瘠,生长中以疏松、肥沃的砂壤土栽植为佳。芦荟繁殖容易,无论采用扦插、分株还是种子繁殖等方法均易成活,栽培管理简单,除上述温湿度管理要求外,其他光照、施肥等均可照一般花卉的养植进行,盆栽宜于春秋之际换盆,以使植株健壮,并易于开花。芦荟在美容、保健、治病方面有其独特的作用。芦荟内服可治疗高血压、糖尿病等;外用对于口腔炎、中耳炎、神经痛等尤其是创伤有奇效。现代研究更表明,芦荟能刺激人体免疫系统,具有显著的防癌、抗癌作用,目前,以芦荟为原料的保健品层出不穷,含有芦荟的美容、化妆用品更是风靡世界,倍受人们的青睐。

(4) 龙血树。该树原产我国南部及亚洲热带地区,其他种类还有分布于非洲热带地区。其形态特征为常绿小灌木,高可达4m,皮灰色。叶无柄,密生于茎顶部,厚纸质,宽条形或倒披针形,长10cm～35cm,宽1cm～5cm,基部扩大抱茎,近基部较狭,中脉背面下部明显,呈肋状,顶生大型圆锥花序长达60cm,1朵～3朵簇生。花白色、芳香。浆果球形,黄色。同属多种和变种用于园林观赏。

习性:喜高温多湿,喜光,光照充足,叶片色彩艳丽。不耐寒,冬季适宜温度约15℃,最低温度5℃～10℃。温度过低,因根系吸水不足,叶尖及叶缘会出现黄褐色斑块;喜疏松、排水良好、含腐殖质丰富的土壤。

冬季要防寒,应保持8℃以上,盆土减少淋水,但经常淋湿地板增加湿度对保持叶片色彩、防止干尖有作用。本属植物叶姿优美,是各种室内布置的好选择,在入室前如能适当降低湿度,使之适应较干燥环境,入室后经常向叶面喷水,就可在室内长期观赏,不易干叶尖。有些经室内摆设受损的植株,如果损害不严重,只要搬回产场经过一段时间养护就可恢复,有些损毁严重的植株难以恢复,可用作种苗繁殖用。

  （5）孔雀竹芋。其为原产巴西的著名观叶植物，株高 30cm～60cm，叶长 20cm～30cm、宽约 10cm，其叶表具有密集的丝状斑纹从中心叶脉伸向叶缘，仿佛孔雀舒展的尾羽，因此而得名。其叶片有特殊的"睡眠运动"，即在夜间它的叶片从叶鞘延至叶片，均向上呈抱茎状地折叠起来，翌晨阳光照射后又重新展开。孔雀竹芋喜温暖湿润和半阴环境，不耐寒。生长适温为 18℃～25℃，超过 35℃ 对其生长不利；越冬虽处于半休眠状态，但室温不得低于 13℃～16℃，其他季节维持正常室温即可。它要求有较高的空气湿度，最好能达到 70％～80％；忌空气干燥、盆土发干，但也忌盆土内积水，否则极易造成植株烂根。在室内养护期间，经常用凉开水喷洒叶片效果不错。孔雀竹芋在夏、冬两季的管理，应小心谨慎。夏季应给予 50％ 的遮光，忌强光直射，否则很容易出现叶面灼伤；施肥可用沤透的稀薄饼肥液，生长季节每月一次；夏秋季节放在室内，要求有较高的空气湿度，可在盆底置一浅碟，放入适量的水后供蒸发保湿，最好在窗边放置，冬季则需温暖通风，停止施肥，减少浇水，以维持盆土湿润为度。

  （6）虎皮兰。又称虎尾兰、千岁兰，为百合科虎尾兰属多年生草本观叶植物。原产非洲、印度。多年生草本植物。根茎匍匐，无茎，叶簇生，常 1 片～8 片成束，线披针形，先端有一尖头，基部渐窄形成有凹槽的叶柄，叶两面叶缘镶有黄金色阔斑带。花白色，圆锥花序，有一股甜美淡雅的馨香。生长适温为 15℃～30℃，冬季不耐 3℃ 以下低温，它以短而厚实的地下根茎来适应干旱、缺水的环境，是一种极为坚忍不拔的植物。在极为恶劣的环境下亦能生长，喜好温暖环境。

  虎皮兰叶片坚挺直立，叶面有灰白和深绿相间的虎尾状横带斑纹，姿态刚毅，奇特有趣；它品种较多，株形和叶色变化较大，精美别致，为常见的家内盆栽观叶植物。适合布置装饰书房、客厅、办公室等场所，可供较长时间欣赏。

（7）合果芋。又名箭叶芋，为天南星科合果芋属植物。合果芋株态优美，叶形多变，色彩清雅，它与绿萝、蔓绿绒誉为天南星科的代表性室内观叶植物，也是目前欧美十分流行的室内吊盆装饰植物。合果芋由于繁殖容易，栽培简便，特别耐阴和装饰效果极佳，在世界各地应用十分广泛。目前，美国的艾格艾贸易公司、奥格尔斯比植物公司，以色列的本泽苗圃、亚格苗圃、阿格雷克斯科农业中心，荷兰的门·范文公司，德国的沃尔夫冈公司和澳大利亚的伯班克生物技术中心等企业，都采用组培技术繁殖合果芋。至今，合果芋在国际市场已成为较为热销的室内盆栽观叶植物之一。

合果芋原产中美、南美热带地区。喜高温多湿和半阴环境。不耐寒，怕干旱和强光暴晒。合果芋的生长适温为22℃～30℃，在15℃时生长较慢，10℃以下则茎叶停止生长。冬季温度在5℃以下叶片出现冻害。春季气温超过10℃时合果芋开始萌发新芽,随着温度的升高,茎叶生长速度逐步加快。

合果芋喜湿怕干。夏季生长旺盛期需充分浇水,保持盆土湿润,以利于茎叶快速生长。每天增加叶面喷水,保持较高的空气湿度,叶片生长健壮、充实,具有较好的观赏效果。水分不足或遭受干旱,叶片粗糙变小。

(8) 吊兰。原产地南非,属百合科。它适应性强,较耐旱、耐寒,性喜温暖湿润,适合在疏松肥沃、排水良好的土壤中生长。

吊兰不仅是居室内极佳的悬垂观叶植物,而且也是一种良好的室内空气净化花卉。吊兰具有极强的吸收有毒气体的功能,可以净化一氧化碳、二氧化碳、甲醛等气体。一般房间养 1 盆~2 盆吊兰,空气中有毒气体即可吸收殆尽,故吊兰又有"绿色净化器"的美称。

吊兰喜温暖湿润的气候,不耐寒,在 20℃~24℃时生长最快,30℃以上停止生长,叶片易发黄干尖,因此夏季应防暑降温,注意通风,冬季应入棚室栽培,越冬温度10℃为宜,不要低于5℃。夏季在室外栽培要注意遮阴,不使光线过强,否则极易发生日灼。冬季棚室内越冬时注意采光,防止光线不足叶色变淡。春秋生长旺季,浇水要充足,盆土应经常保持湿润,并经常用与室温相近的清水喷洒枝叶,以防干尖,但不能积水。新房装饰完工后,除自己种植吊兰以外,还可以多买几盆作为"甲醛吸收剂"。如果新买的家具内也有甲醛气味,建议将家具门完全打开,放一两盆吊兰在里面(注意光线,如果缺少光线植物就不能很好地生长)。建议在搬入新居后,在客厅、卧房、书房、餐厅、浴室内分别放置一盆吊兰,既能吸收有害的甲醛气体,又能起到美化居室的作用,可谓一举两得。

(9) 黛粉叶。属天南星科的观叶植物,因野外生长多年的黛粉叶具有粗大而直立的茎,且其汁液具有强烈刺激性,接触到皮肤会有剧烈痛痒之症状,不慎吃到还会使喉咙肿胀、不能说话,所以在原生地又有哑甘蔗之别称。黛粉叶喜好温暖的气候,生育最适温会依品种不同而异，但一般以 20℃～25℃为建议栽培温度，夏天不宜超过 27℃，冬天则需保持在 18℃以上为最佳。除高温外，多湿也是它喜爱的环境，夏天每天宜充分浇水一两次，冬季则可减少到两天一次，遇严寒期间则可停止浇水，只需土壤保持湿润即可，夏季不宜让日光直晒，需有 50％～75％的遮光，所以当做摆饰时应避开日光直射的窗口，如此才会有更长的观赏寿命。

黛粉叶几乎终年生长，发育非常快速，故每年均需修剪或换盆，如此才能保持株形美观。黛粉叶的叶色翠绿清新，斑点、斑纹多变化，且耐阴性强、栽培管理容易，可适用于各种场合作环境美化之摆设，深受大众喜爱，在世界上也是极为重要的室内观赏植物。

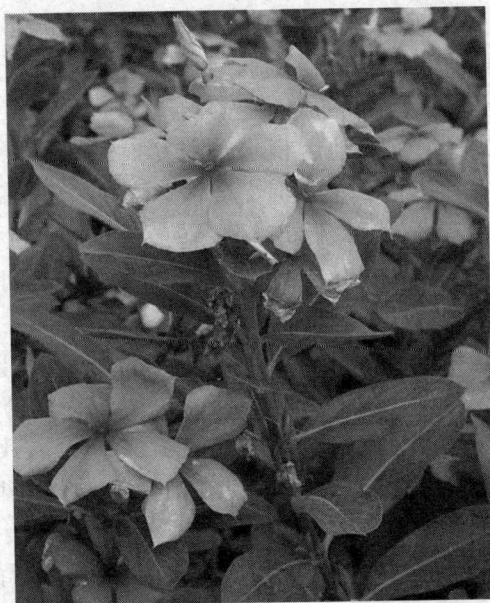

（10）长春花。又名五瓣梅，为夹竹桃科长春花属植物。长春花株形整齐，叶片苍翠具光泽，花瓣 5 枚平展，酷似梅花，花期又长，是我国江南园林中最常见的草本花卉。长春花忌湿怕涝，盆土浇水不宜过多，过湿影响生长发育。尤其室内过冬植株应严格控制浇水，以干燥为好，否则极易受冻。露地栽培，盛夏阵雨，注意及时排水，以免受涝造成整片死亡。长春花为喜光性植物，生长期必须有充足阳光。若长期生长在荫蔽处，叶片发黄落叶。

# 3.2  水

## 3.2.1  水的污染及防治

地球上的天然水约 $1.4 \times 10^{21}$ kg，并具有与地球几乎相同的年龄（约 46 亿年）。

在地球表面,海水约占 97%、冰川水约 2%,淡水小于 1%,而大气中水分很少。

水体中的主要化学污染物质有:①有害金属,如 As,Cd,Cr,Cu,Hg,Pb 等;②有害阴离子,如 $CN^-$,$F^-$ 等;③营养物质,如 $NH_4^+$,$PO_4^{3-}$ 等;④有机物,如酚、醛、农药、表面活性剂、多氯联苯、脂肪酸、有机卤化物等;⑤放射性物质,如 $^2H$、U 等核素。

早在 18 世纪,英国由于只注重工业发展而忽视了水资源保护,大量的工业废水废渣倾入江河,造成泰晤士河污染,已基本丧失了利用价值,从而制约了经济发展,同时也影响到人们的健康、生存。之后,经过百余年治理,投资 5 亿多英镑,直到 20 世纪 70 年代,泰晤士河水质才得以改善。

19 世纪初,德国莱茵河也发生严重污染。德国政府为此运用严格的法律和投入大量资金,致力于水资源保护,经过数十年不懈努力,在莱茵河流经的国家及欧盟共同合作治理下才使莱茵河碧水畅流,达到饮用水标准。

21 世纪伊始,位于多瑙河流域的几个巴尔干国家面临了一场劫难。1 月 30 日,罗马尼亚境内一处金矿污水沉淀池因积水暴涨发生漫坝,10 多万升含有大量氰化物、铜和铅等重金属的污水冲泄到多瑙河支流蒂萨河并顺流南下,迅速汇入多瑙河向下游扩散,造成河鱼大量死亡,河水不能饮用。匈牙利、南斯拉夫等国也因此深受其害,国民经济和人民生活都受到一定的影响,严重破坏了多瑙河流域的生态环境。这起水污染事件引发了国际诉讼。

近些年,水质恶化也困扰着美国人。几年前,纽约市民还以自来水质纯美而自豪,其他州的面包商甚至特地使用纽约市自来水以生产货真价实的纽约圈饼。7 年前,寄生虫侵入密尔沃基供水系统,造成 100 人死亡,40 万人致病后,水质问题备受关注,如今,纽约市民每天生活在饮水不净的威胁下。为此,美国前总统克林顿曾宣布了一项投资 23 亿美元的清洁水行动计划,治理美国已受污染 40% 的水域。

我国也曾发生过这样的事件。1994 年 7 月中旬,淮河上游的河南省境内突降暴雨,颍上水库水位急骤上涨,超过防洪警戒线,因此开闸泄洪将积蓄于上游一个冬春的 2 亿 $m^3$ 水放了下来。水经之处,河水泛浊,河面上泡沫密布,顿时鱼虾丧生。下游一些地方居民饮用了虽经自来水厂处理,但未能达到饮用标准的河水后,出现恶心、腹泻、呕吐等症状。经取样检验证实上游来水水质恶化,沿河各地自来水厂被迫停止供水达 54 天之久。由于水域严重污染,百万淮河民众饮水告急,不少地方花高价远途取水饮用,有些地方出现居民抢购矿泉水的场面。这就是震惊中外的"淮河水污染事件"。

2005 年 11 月 13 日,中国石油吉林石化公司双苯厂苯胺装置发生严重爆炸着火事故,致使苯、苯胺和硝基苯等有机物流入松花江,造成松花江发生重大水污染事件。此次大规模的省际水污染事故震动了全国,国际上也有强烈反应。

虽然人们已经认识到污染江河湖泊等天然水资源的恶果,并着手进行治理,但毕竟已经遭受了巨大损失,并将继续为此付出沉重的代价。水质污染主要由人类活动产生的污染物而造成,包括工业污染源、农业污染源和生活污染源三大部分。

工业废水为水域的重要污染源,具有量大、面广、成分复杂、毒性大、不易净化、难处理等特点。据1998年中国水资源公报的资料显示:这一年,全国废水排放总量共593亿t(不包括火电直流冷却水),其中工业废水排放量为409亿t,占69%。实际上,排污水量远远超过这个数,因为许多乡镇企业工业污水排放量难以统计。

农业污染源包括牲畜粪便、农药、化肥等。在农业污水中,一是有机质、植物营养物及病原微生物含量高,二是农药、化肥含量高。据有关资料显示,在1亿公顷耕地和220万公顷草原上,每年使用农药110.49万t。我国是世界上水土流失最严重的国家之一,每年表土流失量约50亿t,致使大量农药、化肥随表土流入江、河、湖、库,随之流失的氮、磷、钾营养元素,使2/3的湖泊受到不同程度富营养化污染的危害,造成藻类以及其他生物异常繁殖,引起水体透明度和溶解氧的变化,从而致使水质恶化。

生活污染源主要是城市生活中使用的各种洗涤剂和污水、垃圾、粪便等,多为无毒的无机盐类。生活污水中含氮、磷、硫多,致病细菌多。据调查统计,1998年,我国生活污水排放量为184亿t。

我国是一个水资源贫乏的国家,人均水资源仅为世界平均水平的1/4。同时,水资源在时间和地区分布上很不平衡,南方多北方少,北方大部分地区人均水资源更低。在北方干旱半干旱地区全年的降水量主要集中在7、8、9三个月,这使可利用的水尤其显得不足。

随着经济发展和城市化进程的加快,城市缺水问题尤为突出。当前相当部分城市水资源短缺,城市缺水范围不断扩大,缺水程度日趋严重,据统计,全国669个城市中,400个城市常年供水不足,其中有110个城市严重缺水,日缺水量达1600万m³,年缺水量60亿m³,由于缺水,每年影响工业产值2000多亿元。天津、大连、唐山和烟台等大中城市已受到水资源短缺的严重威胁。

我国每年约有1/3的工业废水和90%以上的生活污水未经处理就排入水域。全国在监测的1200多条河流中,目前850多条受到污染,90%以上的城市水域也遭到污染,致使许多河段鱼虾绝迹,符合国家一级和二级水质标准的河流仅占32.2%。污染正由浅层向深层发展,地下水和近海域海水也正在受到污染,我们能够饮用和使用的水正在不知不觉中减少。日趋加剧的水污染,已对人类的生存安全构成重大威胁,成为人类健康、经济和社会可持续发展的重大障碍。据世界权威机构调查,在发展中国家,各类疾病有8%是因为饮用了不卫生的水而传播的,每年因饮用不卫生水至少造成全球2000万人死亡。因此,水污染被称为"世界头号杀手"。

我国有82%的人饮用浅井和江河水,其中水质污染严重,细菌污染超过卫生标准的占75%,受到有机物严重污染的饮水人口约1.6亿。长期以来,人们一直认为自来水是安全卫生的。但是,因为水污染,如今的自来水已不能算是安全卫生的了。一项调查显示,在全世界自来水中,测出的化学污染物有2221种之多,其中有些确认为致癌物或促癌物。从自来水的饮用标准看,我国尚处于较低水平,自来水厂目前仅能采用沉淀、过滤、加氯消毒等方法,将江河水或地下水简单加工成可饮用水。自来水加氯可有效杀除病菌,同时也会产生较多的卤代烃化合物,这些含氯有机物的含量成倍增加,是引起人类患各种胃肠癌的最大根源。目前,城市污染的成分十分复杂,受污染的水域中除重金属外,还含有甚多农药、化肥、洗涤剂等有害残留物,即使是把自来水煮沸了,上述残留物仍驱之不去,而煮沸水中增加了有害物的浓度,降低了有益于人体健康的溶解氧的含量,而且也使亚硝酸盐与三氯甲烷等致癌物增加,因此,饮用开水的安全系数也是不高的。据最新资料透露,目前,我国主要大城市只有23%的居民饮水符合卫生标准,小城镇和农村饮水合格率更低。水污染防治当务之急,应确保饮用水合格,为此应加大水污染监控力度,设立供水水源地保护区。

人们已意识到不能以破坏生态环境来发展经济,这样的代价太大了。我国已提出社会经济可持续发展和保护人民的身体健康的战略,对整治水域污染采取了一系列强有力的措施。我们决不能再走先污染后治理的老路,为了人类的健康和生存,为了拥有洁净的水环境,保护水资源,当从现在做起。

长期以来,人们把用过一次的水称为"污水"、"下水",总把这种水与"污垢的"、"肮脏的"形象相联系,难以相信它还能再用。事实上,水在自然界中是唯一不可替代,也是唯一可以再生的资源。人类使用过的水,污染杂质只占0.1%左右,比海水的3.5%少得多。其余绝大部分是可再用的清水。污水经过适当再生处理,可以重复利用,实现水在自然界中的良性大循环。城市污水就近可得,易于收集,易于处理,数量巨大,稳定可靠,不受制于天,不受制于人。作为城市第二水源要比海水、雨水来得实际。开辟这种非传统水源,实现污水资源化,对保障城市安全供水具有重要的战略意义。

可以粗略估算一下污水回用能给城市增加的水量,城市供水量的80%变为城市污水排入管网中,收集起来再生处理后70%可以安全回用,二者合计起来,即城市供水量的1/2以上,可以变成再生水(中水),返回到城市水质要求较低的用户上,替换出等量自来水,相应增加了城市1/2的供水量。可见,对缺水城市来说,这种水源是一笔宝贵财富。这种潜力的开发非常值得。

### 3.2.2 饮用水的净化

水的净化在城市的自来水厂是比较简单的。一般就是沉淀、简单过滤、消毒。这几个步骤或者多重复几次，目的是去除大部分污染物，杀死病菌，简示如下。

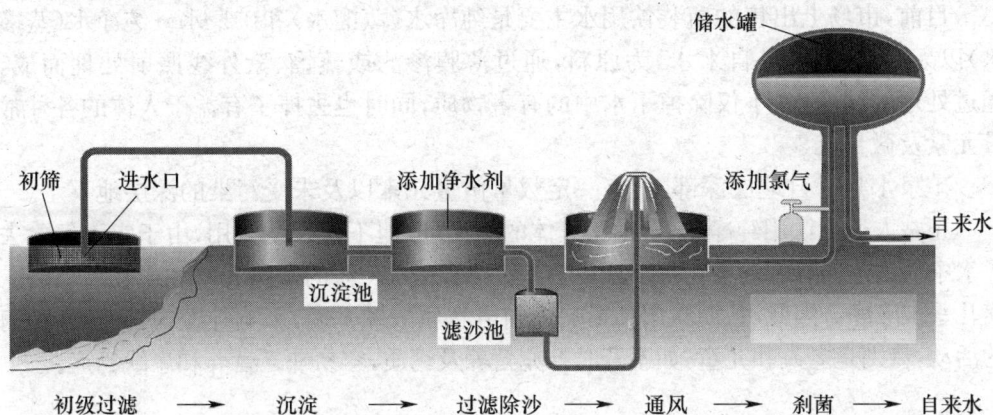

初级过滤 ⟶ 沉淀 ⟶ 过滤除沙 ⟶ 通风 ⟶ 刹菌 ⟶ 自来水

### 3.2.3 水的硬度

（1）水的硬度定义。水的硬度最初是指钙、镁离子使肥皂发生沉淀的能力。水的总硬度指水中钙、镁离子的总浓度，其中包括可溶性碳酸氢盐硬度（即通过加热能以碳酸盐形式沉淀下来的钙、镁离子，故又称暂时硬度）和非碳酸盐硬度（即加热后不能沉淀下来的那部分钙、镁离子，又称永久硬度）。

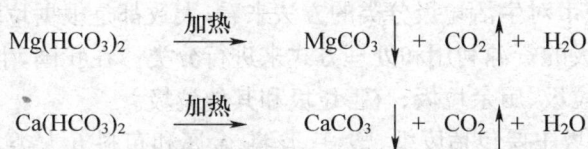

$$Mg(HCO_3)_2 \xrightarrow{\text{加热}} MgCO_3 \downarrow + CO_2 \uparrow + H_2O$$

$$Ca(HCO_3)_2 \xrightarrow{\text{加热}} CaCO_3 \downarrow + CO_2 \uparrow + H_2O$$

（2）水的硬度的表示方法。我国使用的硬度表示方法有两种，一种是将所测得的钙、镁折算成 CaO 的质量，即 1L 水中含有 CaO 的量（mg）表示，单位为 mg/L；另一种以硬度计：1 硬度单位表示，即 1L 水中含 10mgCaO。

（3）测试步骤。在一份水样中加入 pH 值为 10.0 的氨-氯化铵缓冲溶液和铬黑 T 指示剂，溶液呈红色；用 EDTA 标准溶液滴定时，EDTA 先与游离的 $Ca^{2+}$ 结合，再与 $Mg^{2+}$ 结合；在计量点时，EDTA 从 $MgIn^-$ 中夺取 $Mg^{2+}$，从而使指示剂游离出来，溶液的颜色由红变为纯蓝，即为终点。

当水样中 $Mg^{2+}$ 极少时，由于 $CaIn^-$ 比 $MgIn^-$ 的显色灵敏度要差很多，往往得不到敏锐的终点。为了提高终点变色的敏锐性，可在 EDTA 标准溶液中加入适量的 $Mg^{2+}$（在 EDTA 标定前加入，这样就不影响 EDTA 与被测离子之间的滴定定量关系），或在缓冲溶液中加入一定量的 Mg–EDTA 盐。

水的总硬度可由 EDTA 标准溶液的浓度 $c$ 和消耗体积 $V$(mL)来计算。以 CaO 计,单位为 mg/L。

### 3.2.4　瓶装饮用水

目前,市场上出售的瓶装饮用水主要是纯净水(蒸馏水)和矿泉水。纯净水(蒸馏水)以天然水(多半是自来水)为原料,通过薄膜渗滤或蒸馏、紫外线照射处理而成。经过处理的纯净水,不仅除掉了水中的有害物质,同时也去掉了有益于人体的各种常量元素及微量元素。

矿泉水是采自地层深部、含有一定数量微量元素以及未受污染的深层地下水。

正常人适当饮用纯净水,有助于人体的微循环,但不宜长期饮用,由于它不仅除去了水中的细菌、病毒、污染物等杂质,也除去了对人体有益的微量元素和矿物质,如钙、镁几乎被除净。因此,长期饮用会影响体内电解质酸碱平衡,影响神经、肌肉和多种酶的活动,特别是老人和儿童,如不及时补充营养及钙质,容易缺乏营养和患缺钙症。

# 3.3　生　活　垃　圾

### 3.3.1　生活垃圾的分类

垃圾回收作为一种产业得到了迅速发展,在许多发达国家,回收产业正在全国产业结构中占有越来越重要的位置。垃圾分类就是在源头将垃圾分类投放,并通过分类的清运和回收使之重新变成资源。

从国内外各城市对生活垃圾分类的方法来看,大致都是根据垃圾的成分构成、产生量,结合本地垃圾的资源利用和处理方式来进行分类。在我国,生活垃圾一般可分为四大类:可回收垃圾、厨余垃圾、有害垃圾和其他垃圾。

(1)可回收垃圾主要包括废纸、塑料、玻璃、金属和布料五大类。废纸:主要包括报纸、期刊、图书、各种包装纸、办公用纸、广告纸、纸盒等,但是要注意纸巾和厕所纸由于水溶性太强不可回收。塑料:主要包括各种塑料袋、塑料包装物、一次性塑料餐盒和餐具、牙刷、杯子、矿泉水瓶等。玻璃:主要包括各种玻璃瓶、碎玻璃片、镜子、灯泡、暖瓶等。金属物:主要包括易拉罐、罐头盒、牙膏皮等。布料:主要包括废弃衣服、桌布、洗脸巾、书包、鞋等。通过综合处理回收利用,可以减少污染,节省资源。如每回收 1t 废纸可造好纸 850kg,节省木材 300kg,比等量生产减少污染 74%;每回收 1t 塑料饮料瓶可获得 0.7t 二级原料;每回收 1t 废钢铁可炼好钢 0.9t,比用矿石冶炼节约成本 47%,减少空气污染 75%,减少 97% 的水污染和固体废物。

(2)厨余垃圾包括剩菜剩饭、骨头、菜根菜叶等食品类废物,经生物技术就地处理堆肥,1t 可生产 0.3t 有机肥料。

(3)有害垃圾包括废电池、废日光灯管、废水银温度计、过期药品等,这些垃圾需要特殊安全处理。

（4）其他垃圾包括砖瓦、陶瓷、渣土、卫生间废纸等难以回收的废弃物，采取卫生填埋可有效减少对地下水、地表水、土壤及空气的污染。

勤俭节约，废物利用，这是中华民族的传统美德。我们每个人既是垃圾的制造者，又是垃圾的受害者，但我们更应是垃圾公害的治理者，我们每个人都可以通过垃圾分类来战胜垃圾公害。垃圾，只有在混在一起的时候才是垃圾，一旦分类回收就都是宝贝。垃圾分类创造的是一个使资源循环利用的社会。

### 3.3.2 生活垃圾的处理

城市生活垃圾经分选、回收可再生利用物后，对分选出的可燃物进行焚烧；对分选的可腐有机垃圾进行发酵处理，处理后的有机垃圾可生产有机肥料；无机垃圾可用于填埋，铺路或用于改土。

（1）有机垃圾制肥工艺。城市有机垃圾处理后的出路是生产肥料，肥料的销路的畅通以及其使用范围的广泛使垃圾处理顺利进行，并且还会获得一定的经济效益。产品质量方面，肥料的销路及其使用范围除了堆肥的质量外，有机垃圾的加工也是非常重要的。处理后的有机垃圾通过二次筛分、生产粗堆肥或烘干后加工成细粉肥，该细粉肥可用于水田和旱地，各种作物均可施用。另外，还可生产有机—无机复合肥料，该肥料不但有明显的增产效果，而且还可以提高化肥的利用率。

（2）焚烧发电。这是近年来国际上开始发展的先进垃圾处理技术。该技术利用垃圾中有机物挥发分含量高的特点，首先将垃圾进行热解（或称汽化），挥发分释出后再进行气相燃烧。通过热解汽化焚烧，烟气中的粉尘、$NO_x$、$SO_x$、$HCl$ 等经除尘、水洗等处理，保证了尾气的达标排放。

（3）填埋。

### 3.3.3 生活垃圾的利用

垃圾是固体废物中的一种，是生产和生活活动中丢弃的固体和泥状物质。"废物"具有相对性，一种过程的废物，往往可以成为另一种过程的原料，所以垃圾也有"放错地点的原料"之称。

城市生活垃圾一般可分为居民生活垃圾和建筑垃圾两类。居民生活垃圾中有灰土、砖瓦、草木、织物、食品、纸类、塑料、玻璃、金属、废电池等。其中，灰土、草木、食品可堆肥；其他除砖瓦外，均可回收再利用。

随着城市规模的扩大和人们生活水平的提高，垃圾量越来越多。如 2001 年北京市年产垃圾量是 309 万 t，2002 年达 321 万 t，并以每年 4% 的速度递增。

目前，全国 2/3 的城市陷入垃圾的包围中，尤以北京为重。北京年产垃圾可以堆出两个半景山，并且以每年吞没 500 亩～1000 亩（1 亩＝666.6m²）土地的速度增长着。

我国现有耕地 20 亿亩，人均 1.68 亩，不到世界人均数的 1/2，我国人均粮食

370kg,远低于国际上公认的粮食过关线 500kg。在这种严峻的形势下,我们再不能掉以轻心。

现在对生活垃圾的处理方法主要是卫生填埋、堆肥、焚烧三种方式。填埋、堆肥占用大量土地,焚烧容易对大气造成污染。中国的垃圾处理落后发达国家几十年,再加上生活垃圾属于混合收集,导致垃圾中有机物含量高、水分高、热值低、成分复杂,出现了焚烧处理热值低、堆肥处理产品质量差、填埋处理污染大的问题。垃圾在堆放时,由于温度、湿度等原因,会腐烂、发酵,产生 $NH_3$、$SO_2$、沼气等有毒有害气体,发出恶臭,污染大气;污染地表水、土壤和地下水;滋生有害病菌及生物;破坏景观环境,严重影响环境卫生及人体健康。

塑料制品在土壤中 200 年都不会降解,废旧电池中含有重金属 Pb,Hg,Cd 等有毒有害物质,若将废旧电池混入生活垃圾一起填埋,渗出的重金属就会渗透土壤、污染地下水,进而进入鱼类、农作物中,破坏人类的生存环境,间接威胁人类健康。

生活垃圾中的纸、塑料、玻璃、织物、金属、动物骨头等是重要的再生资源,厨余垃圾可经过生化处理后制成有机肥。

垃圾的合理利用就在于垃圾的资源化、减量化、无害化,而垃圾的分类收集,是实现垃圾资源化的前提。在目前情况下,可将垃圾进行两次分类,流程为:

食物性垃圾—农业肥料垃圾

非食物性垃圾—工业原料

食物性垃圾(厨余垃圾),在城市生活垃圾中约占 40%,将其收集到厨余垃圾处理器,在微生物耗氧菌的作用下,食物性垃圾就会被分解,生成水、二氧化碳和少量氨气。剩余的物质可作为有机肥料。

非食物性垃圾,送到专业的城市垃圾资源化工厂,用人工或机械进行再分类,将金属、纸张、玻璃、塑料、橡胶分类后再利用。其中 1t 非塑料可以炼出 600kg~700kg 柴油;1t 废纸可以制造 850kg 再生纸,可节省木材 $3m^3$,少伐树 3 棵。碎玻璃、橡胶等都可以再生作为工业原料。

垃圾分类,变废为宝

### 3.3.4 防治核污染知识简介

1. 有关核辐射的基本知识

（1）天然本底辐射。指天然存在的电离辐射，主要包括宇宙射线和自然界放射性物质产生的辐射。

① 宇宙射线。它是从宇宙空间进入地球的高能粒子流（如质子、$\alpha$ 粒子和电子），以及它们与大气中的原子核（氮、氧等）相互碰撞而释放出的质子、中子、介子、重子等。宇宙射线的强度随海拔高度的增加而增大。因此，高原地区的人群受到的宇宙射线照射剂量比平原地区的人群高。在接近海平面的地面上，宇宙射线对人体的年平均照射剂量当量约为 0.3mSv。在飞机飞行的高度，宇宙射线的强度比地面高得多。

② 自然界放射性物质。主要是地壳中铀系、锕系和钍系，以及 $^{40}$K（钾）、$^{87}$Rb（铷）、$^3$H（氚）、$^{14}$C（碳）、氡等。自然界中的放射性核素一方面可对人员造成外照射；另一方面还可以随空气、水和食物进入人体造成内照射。

③ 正常的剂量。天然辐射源对成年人造成的年平均有效剂量约为 2.4 mSv，其中内照射（约 1.5 mSv）所致的有效剂量比外照射（约 0.9 mSv）的高。

（2）毫希（mSv）。它是辐射剂量的基本单位之一，是反映人体被各种射线或粒子照射后引起的生物效应强弱的辐射量度。其国际标准单位是希，记作 Sv。1kg 人体组织吸收 1J 为 1Sv。由于希是个非常大的单位，通常使用毫希（mSv），1mSv＝0.001Sv。对一般人来说，因环境本底辐射摄取的正常量为每年 1mSv～2 mSv。一次性遭受 4000mSv 会致人死亡。

（3）碘 131。碘是元素周期表中第 53 号元素，它是具有金属光泽的紫黑色结晶物质，易升华，是保证人体甲状腺正常工作的甲状腺素的重要成分。碘的同位素有多种，其中碘 127 为稳定同位素，其余的都有放射性，日本核污染的是放射碘 131，半衰期为 8 天左右。

碘 131 可产生一种 $\beta$ 射线，用它治疗甲状腺机能亢进（简称甲亢）的原理就是利用碘 131 被甲状腺组织摄取后，发出 $\beta$ 射线作用于甲状腺细胞，使细胞受到照射而破坏掉，使甲状腺激素合成量减少，从而达到控制甲亢的目的。

由于碘 131 是原子核发生裂变时的产物之一，核设施一旦发生事故，导致堆芯中的放射性物质向环境泄漏，碘因其自身的挥发性，就会较早地进入空气，通过大气运动得到扩散和稀释，这也就是为什么我国境内有可能检测到极微量的碘 131 的原因。

日本政府给受核辐射地区发放碘片是因为吃碘片可保护甲状腺，原理是碘进入人体后会聚集在甲状腺内，使得甲状腺里面的碘达到饱和，如此一来，可以阻断人体对放射性碘 131 的吸收。不过，单单靠吃海带、吃碘盐等含碘食品是难以达到饱和状态的，尤其是甲亢、对碘过敏的患者及孕妇更不能随意乱吃含碘食品。正常人每天吃 3g～5g 盐是健康的标准，长期大量吃盐会导致高血压、脑梗塞、心力衰竭等疾病。

碘盐的含碘量远远达不到碘片(以 KI 的形式存在)中的碘含量,根本起不到防辐射的作用,而碘片也必须在专人指导下服用,而且必须是确定核辐射到来的时候才吃,否则可能会导致碘中毒。

按照世界卫生组织的标准,一次摄入 100 mg 碘,才能够在一定程度上阻止碘131 被甲状腺吸收。现在市场上的碘盐,1kg 含 20mg～50mg 的碘(以 $KIO_3$ 的形式存在),也就是说,一次吃 2kg 的盐才能达到这样的量(这是不可能的)。因此,吃碘盐防辐射的作用微乎其微。

(4) 铯 137。天然存在的铯 133 是一种稳定同位素,呈银白色,质软,化学性质极为活泼,遇水发生爆炸。铯 137 是铯的同位素之一,是核弹、核武器试验和核反应堆内核裂变的副产品之一,它会释放 γ 射线。因为铯 137 的半衰期长达 30 年,人体摄入量小于 0.25Gy(戈瑞,是衡量由电离辐射导致的能量吸收剂量的物理量,它描述了单位质量物体吸收电离辐射能量的大小。1 Gy = 1 J/kg) 属于安全范围;超过此值会导致造血系统、神经系统损伤,非正常生育乃至绝育;人体摄入量超过 6Gy,能够致人死亡。铯在工程施工中被用于钢管焊接中的工业探伤,由于具有放射性,平时储存在铅容器内。铯 137 是一种重金属,与铀 235 同属于放射性物质中毒组。

铯 137 是医学上使用的 γ 辐射源,用于校对医治癌症的放射治疗设备,也可以用于校对用来监测放射治疗人员及病人所接受的辐射水平的辐射监测仪器。这些医疗设备和仪器需要定期校对,以确保它们的准确性。铯 137 还可用来杀死食物内的细菌和微生物,从而延长食物储存的时间,该方法有抑制发霉和保持新鲜的效果,经辐射处理的食物不会带放射性或残留有毒物质。铯 137 也用于探测焊接点和金属管道的裂缝等。

应尽量远离辐射源、尽量减短接触辐射源的时间和有足够的屏蔽。我们通常用铅来做屏蔽,如铅板或夹有铅的衣服。如果要进入一个有辐射源的地方,必须遵照安全程序,并不要进入未经许可的地区。

(5) 钚。在日本大地震中受损的福岛第一核电站厂区内土壤样本中检测出微量的半衰期极长、毒性较强的放射性核素钚 238、钚 239、钚 240,其中钚 239 半衰期就达到 2.41 万年。钚不仅是核反应堆的原料,更可以用来制造核武器。1940 年,格伦·西奥多·西博格和埃德温·麦克米伦首度在柏克莱加州大学实验室,以氘撞击铀 238 而合成钚元素。钚侵入人体后会潜伏在人体肺部、骨骼等组织细胞中,破坏细胞基因从而导致癌症。钚 239 和钚 241 都易于裂变,即它们的原子核可以在慢速热中子撞击下产生核分裂,释放出能量、γ 射线以及中子辐射,从而形成核连锁反应,并应用在核武器与核反应炉上。

2. 如何防治核辐射污染

(1) 体外照射的防护原则。尽可能缩短被照射时间;尽可能远离放射源;注意屏蔽,利用铅板、钢板或墙壁挡住或降低照射强度。

具体措施:当放射性物质释放到大气中形成烟尘通过时,要及时进入建筑物内,关闭门窗和通风系统,避开门窗等屏蔽差的部位隐蔽。

(2) 体内照射的防护原则。避免食入、减少吸收、增加排泄,避免在污染地区逗留。清除污染,减少人员体内污染机会。

具体措施:如果核事故释放出放射性碘,应在医生指导下尽早服用稳定性碘片。成年人推荐服用量为 100mg 碘,儿童和婴儿应酌量减少,但碘过敏或有甲状腺疾病史者要慎用。

(3) 操作指南。

① 进入空气被放射性物质污染严重的地区时,要对五官严防死守。例如,用手帕、毛巾、布料等捂住口鼻,以减少放射性物质的吸入。

② 穿戴帽子、头巾、眼镜、雨衣、手套和靴子等,有助于减少体表放射性污染。

③ 要特别注意,不要食用受到污染的水、食品等。

④ 如果事故严重,需要居民撤离污染区,应听从有关部门的命令,有组织、有秩序地撤离到安全地点。撤离出污染区的人员,应将受污染的衣服、鞋、帽等脱下存放,进行监测和处理。

⑤ 受到或可疑受到放射性污染的人员应清除污染,最好的方法是洗淋浴。

防"辐射"的标志

3. 日常生活中应注意的防辐射常识

除上述提到的反应堆核辐射污染外,由于宇宙射线和自然界放射性物质也产生辐射,因此也要进行必要的防护,以免造成伤害。

(1) 不要购买马路摊点上贩卖的玉器、珠宝、石枕、首饰等,因为这些物品大多数没有经过国家权威部门放射性物质检验,一旦放射性物质超标,会给使用者造成永久的伤害。

(2) 不要购买未经国家权威部门勘测及检测过的建房。

(3) 建房使用的沙石、水泥、砖石要经过国家权威部门放射性物质检验,合格方可使用。

(4) 入住新房注意通风换气,以降低放射气体氡的浓度。

(5) 要在专业人员指导下进入新发现的山洞、墓穴、坑道等,以防放射性气体氡对人体的伤害。

（6）尽量不用天然的大理石等进行室内装修（一定要用也要经过放射物质检验，合格方可使用）。

（7）放于室内的假山石、各种奇石等要进行放射性物质检验。

# 3.4 环 境 激 素

## 3.4.1 简介

环境激素（EEDs）这一概念，日本早在 1977 年就已提出。后来，有学者称之为"导致内分泌障碍的化学物质"、"外因型内分泌扰乱化学物质"。环境激素是环境中的激素类似物，它能通过与激素受体结合，干扰正常的生理代谢、内分泌、生殖机能，引起种种负面的生物学效应。

1987 年，美国哈佛大学的 Soto 研究组用一种人的乳癌细胞——MCF，进行在雌激素作用下的细胞繁殖实验，一天，MCF - 7 细胞却在还未加入雌激素的情况下，突然出现非正常繁殖，干扰了最初的研究计划。是什么物质在起着雌激素的作用呢？在排除了各种可能性之后，研究人员发现它是由所用的聚苯乙烯的容器壁内溶出物质引起的，最后证实了能促进 MCF - 7 细胞繁殖的物质是壬酚。与此同时，人们也逐渐认识到环境中有可能存在着类激素作用的化学物质，并且正在威胁着野生动物及人类健康。在英国，一些河流的污水排放处出现了雌雄两性的泥鳅鱼和雌性化鲑鱼，这种变异被证实是由污水中的合成洗涤剂分解后产生的烷基酚引起的。

美国佛罗里达州 Apopka 湖上栖息的鳄鱼，由于受到位于湖边的生产农药开乐散——1,1-双（对氯苯基）-2,2,2-三氯乙醇和 1,1-二氯-2,2-双（对氯苯基）乙烯工厂泄漏事故污染水域的影响，呈现阴茎短小和激素分泌异常。

由于大量使用有机锡作为船底防污染涂料，美国五大湖周边的鸟类以及世界多处海域的海兽类出现生殖异常；从美国的西海岸到日本沿海以及东南亚一带的雌蜗牛，诱导出类似的阴茎样构造。

## 3.4.2 环境中的环境激素

### 1. 壬酚和烷基酚

壬酚是 Soto 等人最早发现的环境激素，由于它是塑料加工中使用的抗氧化剂，故使用塑料材料处理过的牛奶、饮料或其袋装食品中都能检出壬酚。有人测定了水中壬酚的浓度，发现 1L 自来水中含有 3ng；离子交换水含 13ng；储存在塑料容器中的超纯净水高达 180ng。烷基酚类与环氧乙烷反应后，生成烷基酚聚乙氧基化合物（APE），它也是一类非离子表面活性剂，在工业上作为洗涤剂和分散剂，大量使用于纤维工业、造纸业、化妆品及农药工业中，APE 的结构式为

$O(CH_2CH_2O)_n$—$CH_2CH_2OH$

$CH_2CH_2CH_2CH_2CH_2CH_2CH_2CH_3$

$O(CH_2CH_2O)_n$—$CH_2CH_2OH$ $\xrightarrow{\text{酶}}$ OH

$CH_2CH_2CH_2CH_2CH_2CH_2CH_2CH_3$ $\quad$ $CH_2CH_2CH_2CH_2CH_2CH_2CH_2CH_3$

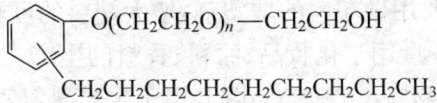

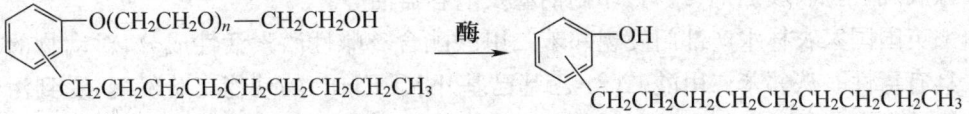

APE 类物质本身不是环境激素,但当进入污水处理系统时,容易在厌气微生物作用下断链成游离的烷基酚,英国几条河流的污水出口处的河床底泥和鱼类脂肪中均蓄积有这类有机化学物质。烷基酚对人类的影响虽仍未确定,但只要河水中有足够浓度,就会出现雌性化的鱼类。

在结构上与烷基酚类似的抗氧化剂中,有许多用作食品保鲜剂,但现在已经确认其中的 BHA(丁基-4-羟基苯甲醚)也具有雌激素样作用。

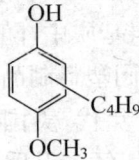

OH

$C_4H_9$

$OCH_3$

## 2. 双酚—A

HO—⟨ ⟩—C(CH_3)(CH_3)—⟨ ⟩—OH

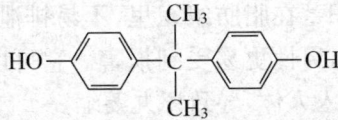

1993 年,V. rishnan 等人发现双酚-A 也具有雌激素样作用。双酚-A 是制备聚碳酸酯及环氧树脂的主要原料,这类树脂广泛用于制造机械仪表、医疗器械、电信器材等;环氧树脂也大量用做胶黏剂和涂料,这种涂料通常在食品罐头内层,以防止金属与食品或饮料中的酸、盐接触而腐蚀,但是这类涂料的树脂中常常含有因聚合不完全残留的双酚-A,或因加热加压后析出游离的双酚-A 而污染食品。

### 3. 邻苯二甲酸酯类

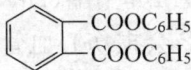

$COOC_6H_5$
$COOC_6H_5$

邻苯二甲酸二苯酯

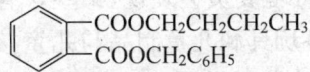

$COOCH_2CH_2CH_3$
$COOCH_2C_6H_5$

邻苯二甲酸苄基丁酯

邻苯二甲酸酯类又称酞酸酯类,是大约 30 种化合物的总称,一般为无色油状黏稠液体,难溶于水,易溶于有机溶剂,常温下不易挥发,成本较低,品种多、产量大。我国常用的品种有:邻苯二甲酸二辛酯(DOP)、邻苯二甲酸二异辛酯(DIOP)、邻苯二甲酸二丁酯(DBP)、邻苯二甲酸丁苄酯(BBP)、邻苯二甲酸二壬酯(DNP)等。

邻苯二甲酸酯类主要用做塑料的增塑剂,增大塑料的可塑性和强度,用量占增塑剂总用量的 80% 左右;少量用于化妆品、涂料、香料的生产。我国邻苯二甲酸二辛酯用量为增塑剂总用量的 43%,其中 90% 以上用于生产聚氯乙烯(PVC),其他用于生产橡胶、润滑剂、胶黏剂、涂料、印刷油墨及电容器油等。

英国国家农林水产部门发现邻苯二甲酸酯含有雌性激素活性成分,对动物的睾丸具有毒性。从邻苯二甲酸二(2-乙基己基)酯(DEHP)的动物实验发现,受到污染的雌性大白鼠出现性周期延长和血清中雌性激素浓度减小等现象。对妊娠大白鼠饲料投放 DEHP 以后发现,胎鼠死亡率上升,并出现畸形胎鼠。对雄性大白鼠投放 DEHP 以后,年轻雄性大白鼠出现输精管萎缩和前列腺质量减小的症状。对大白鼠和小白鼠增加 DEHP 的投放量后发现,其体内肝脏癌细胞增殖。我国武汉东湖的部分鱼类因长期遭受污染,已开始出现雄鱼雌化的变异现象。以往只在发育成熟的雌鱼体内才有的卵黄蛋白原,如今在一些雄鱼体内也开始发现。据初步分析,主要原因是湖水中含有两大污染物——邻苯二甲酸酯和烷基酚类化合物。

邻苯二甲酸酯由于未聚合到塑料基质中,随着使用时间的推移,可转移到环境中去,造成对水体等的污染。由于人体同塑料制品的接触,邻苯二甲酸酯可直接进入人体造成不同程度的危害。20 世纪 80 年代,美国国家环境卫生科学研究所毒性试验组用聚氯乙烯袋储存的血浆在 4℃ 保存一天后,血浆中 DEHP 含量为 $(50\sim70)\times10^{-6}$,病人输入这种血浆后可引起呼吸困难,肺原性休克,甚至引起死亡。邻苯二甲酸酯一旦进入人体,很快便积蓄在脂肪组织里,不易排泄出去。已经证明,邻苯二甲酸酯能损害人类的生殖系统,男性更易受到损害。它可以透过皮肤和以气体形式经呼吸道及通过受污染食物进入人体,导致睾丸萎缩。

目前,被确认为是环境激素的邻苯二甲酸酯有:邻苯二甲酸二乙酯(DEP)、邻苯二甲酸二丙酯(DPrP)、邻苯二甲酸二丁酯(DBP)、邻苯二甲酸二戊酯(DPP)、邻苯二甲酸二己酯(DHP)、邻苯二甲酸二环己酯(DCHP)、邻苯二甲酸二(2-乙基己基)酯(DEHP)、邻苯二甲酸丁基苄基酯(BBP)。

邻苯二甲酸酯污染的途径有以下几种。

(1) 塑料玩具。PVC 分子结构稳定、柔软,常被用来制作玩具。欧盟毒理、生物毒理和环境委员会发现,某些含有 DEHP 和邻苯二甲酸二异壬酯(DINP)增塑剂的软 PVC 玩具和儿童制品与儿童接触会造成危害,DEHP 会损伤心血管,DINP 对肝脏和肾脏有副作用。世界主要发达国家都对此采取了相应的措施如:瑞典政府从 1999 年 8 月 1 日起禁止销售软塑料玩具;欧盟于 1999 年 12 月 7 日做出决定,3 岁以下儿童使用的与口接触的玩具以及其他儿童用品中 PVC 材料所含 6 种邻苯二甲酸酯物质总量不得超过 0.1%;奥地利和丹麦已经分别从 2001 年的 1 月和 4 月起禁止销售软塑料玩具;2001 年 6 月 5 日,欧盟又重申禁止销售邻苯二甲酸酯含量超过 0.1% 的 PVC 玩具。

我国是世界玩具出口第一大国，上述禁令将直接影响我国对欧、美的玩具出口。

（2）塑料袋。塑料袋输液具有玻璃瓶输液不可比拟的许多优势。但是有专家认为：用 PVC 软袋输液，由于增塑剂的挥发和溶出，可能导致输液澄清度下降，有害健康。为此，我国药监局于 2000 年 11 月在《关于〈医疗机构制剂许可证〉换证补充规定和验收标准说明的通知》中明确指出：药品生产企业和医疗制剂室新上或改造输液生产项目时，应该考虑不宜采用 PVC 袋子灌装输液。目前，国内外都加紧了邻苯二甲酸酯代用品的研究，如采用柠檬酸酯、苯二甲酸直链醇酯、己二酸直链醇酯、聚酯等低毒增塑剂生产医用制品。

（3）农用薄膜。自 20 世纪 70 年代从国外引进农膜覆盖技术以来，其发展速度之快、应用作物种类之多、推广面积之大、社会经济效益之好，是我国乃至世界农业科技推广史上所罕见的。但由于局部使用量大、部分使用方法不当等原因，其所产生的环境问题也日趋严重。农用氯化维尼龙塑料大棚布的增塑剂有邻苯二甲酸酯，经过日晒雨淋，邻苯二甲酸酯从塑料中溶化出来，进入土壤，被植物吸收。塑料大棚在给人们带来便利的同时，也给人们带来环境激素的毒性威胁。仅仅少用或不用农药化肥，并不能完全避免环境激素对蔬菜水果的污染。

（4）塑料餐具和食品包装。各种塑料餐盒、塑料袋以及铝箔袋的食品容器一般含有邻苯二甲酸酯，由于其具有脂溶性，容易污染高脂肪的食品，如奶酪、黄油、巧克力、炸土豆等。为了避免邻苯二甲酸酯污染，应该不使用聚苯乙烯、聚氯乙烯、聚碳酸酯材料作为食品容器；不使用泡沫塑料容器泡方便面；不使用聚氯乙烯塑料容器在微波炉中加热。正确的做法是把食品移到耐热玻璃器皿或陶瓷器皿中进行加热。选用包装材料时，应选用相对比较安全的聚乙烯制品。

（5）化妆品。美容产品包括香水、除臭剂、发胶和指甲油等，其中 72% 含有邻苯二甲酸酯。

（6）涂料。许多装修材料的涂料可以逐渐放出邻苯二甲酸酯。我国卫生部 2001 年 255 号文件规定，室内用涂料所用配料不得含有高毒性物质、致癌物质、致畸物质和致突变物质。邻苯二甲酸酯即在被禁止使用的物质之列，但有些企业为降低挥发性有机化合物含量，竟还在使用邻苯二甲酸酯类原料。

（7）有机树脂废物。在我国 1998 年 7 月 1 日实施的《国家危险废物名录》中已经把可能含有邻苯二甲酸酯类的有机树脂废物列为危险废物。危险废物的管理应该按照《中华人民共和国固体废物污染环境防治法》中有关危险废物的管理条款执行。

4. 多氯联苯（PCB）

它有着许多优越的理化性能，曾一度被大量用作冷却油、热载体、转动油、润滑油、变压器等中的绝缘油、涂料的制造等。但用过丢弃后由于它的难分解性，而使大气、水质和土壤受到污染，再通过与之接触的食品进入动物体内。由于它同样不被机体分解和排泄，以致在蓄积的过程中，经过生物浓缩可达到原始浓度的 1000 倍以上。

1969 年,日本一家工厂在用 PCB 做热载体加热制造食用米糠油时,由于 PCB 泄漏至油脂中造成重大公害事件,出现了大量"卡勒米油毒症"患者。当成人摄入 0.5g 以上时即出现多种症状,尤其影响胎儿,致使新生儿成为色素沉着异常的"黑孩子"。由于已经证实 PCB 异构体中至少有 5 种呈雌激素样作用,加之它的毒性,现已成为世界各国禁止或只能在严格控制下才能使用的产品。

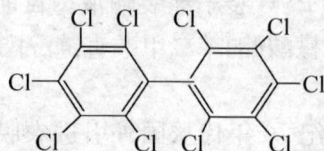

5. 杀虫剂

具有雌激素样作用的杀虫剂中,除前述的 DDT 等外,还有狄试剂、毒杀芬、硫丹和苯基苯酚等。前两种杀虫剂虽然在 20 世纪 70 年代已有许多国家停止生产,但由于它们对脂肪的高亲和性而蓄积在动物体内,已经影响了野生动物的繁殖。

毒杀芬曾一度污染北美的大气环境,并且在北极和斯堪的那维亚等没有用过农药的地方也出现了毒杀芬。

雄鼠食用混有硫丹的饲料后,即出现睾丸萎缩以及血液中的睾丸激素和生殖刺激激素浓度降低的现象。

苯基苯酚是一种广泛使用的室内杀虫剂,也是大量使用的室内涂料的成分,它的3 种异构体虽然均呈雌激素样作用,但对位体最强,邻位则较弱或很小。

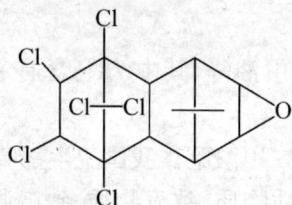
狄氏剂

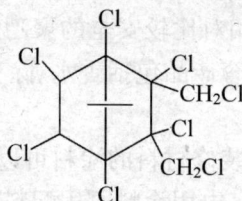
毒杀芬

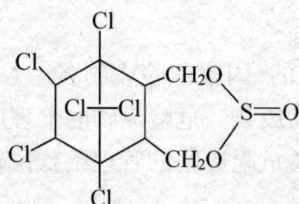
硫丹

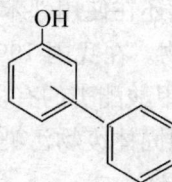
苯基苯酚

6. 真菌雌激素

自然界中某些植物和菌类也能产生雌激素,用含有真菌雌激素的玉米做饲料,母猪可因过量雌激素的刺激而断奶,产生"霉变玉米综合症"。

# 3.5 二噁英

## 3.5.1 理化性质

二噁英,英文名字 Dioxin。二噁英是一个总称,它描述了一类数百种在环境中高度稳定的、非挥发性的、亲脂的、很难生物降解的有机氯化物。国际癌症研究中心1997年2月14日宣布,毒性最大的二噁英——2,3,7,8-TCDD,已被确认为是一种致癌物。

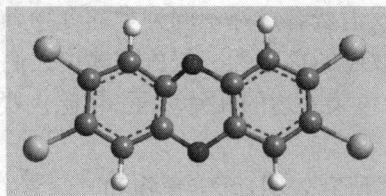

二噁英包括多氯二苯并二氧六环(PCDD)和多氯二苯并呋喃(PCDF)这两类化合物。PCDD 和 PCDF 分别由 75 和 135 个同族体构成,它们的化学结构相似,常简写为 PCDD/Fs。由于 Cl 原子取代数目不同而使它们各有 8 个同系物,每个同系物随分子中 Cl 原子的不同取代位置和数目,能产生 209 种异构体。结构式为

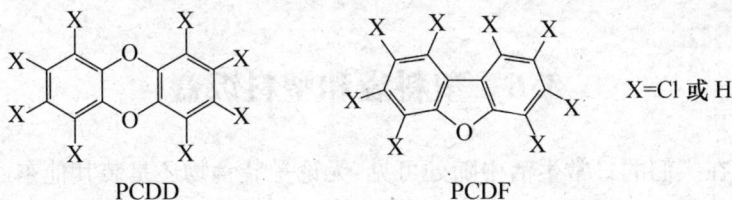

X=Cl 或 H

PCDD          PCDF

## 3.5.2 毒性

二噁英是一种有毒的多氯三环芳香化合物,其致癌毒性比已知的致癌物质黄曲霉素高 10 倍,比苯并芘、多氯联苯和亚硝胺高 3 倍～5 倍。动物实验表明,小鼠的 $LD_{50}$ 值为 $1\mu g/kg$,猴子为 $70\mu g/kg$。此外,它还具有环境雌激素效应,可以扰乱激素水平的调节,造成生殖机能失常,使男性雌性化。二噁英的毒性作用及机理由于生物性别的不同而存在差异。在雄性体内是由细胞核外的某种物质引起的,在雌性体内是由细胞核内的物质引起的。它还具有一系列与氯代芳烃类似的中毒症状,如免疫系统受损,胸腺萎缩,以及致畸、致突变等。虽然二噁英微量摄入人体不会立即引起病变,但是一旦摄入不易排出,如肝脏中的二噁英随着胆汁排到十二指肠后,又被小肠吸收而进入人体,形成肝肠循环,如果长期食用含二噁英的食品,这种有毒成分会蓄积下来,逐渐增多,最终对人体造成危害。

### 3.5.3 来源

二噁英是在焚化垃圾、化学品和杀虫制剂、纸浆和纸的漂白过程中产生的。由于它耐高温,在环境中很稳定,特别容易造成污染。

### 3.5.4 建议

(1) 不要只吃同种类食物。二噁英与脂肪有极强的亲和力,微量摄入人体虽不会立即引起病变,但在脂肪层和脏器中蓄积至一定数量,会导致其沉积的组织损伤或出现癌变。美国联邦环保管理署在最近发布的一项名为《杀虫剂与食物,你和你的家庭需要什么》的报告中,建议消费者选择不同种类的食物,而不要只吃同种类食物,以减少吃进过量单一杀虫剂致癌的危险性。报告还建议人们应用流动自来水仔细擦洗新鲜水果和蔬菜,丢弃绿叶蔬菜外边的几片叶子,切除肉类的脂肪,不要吃禽肉及鱼的皮等。

(2) 多吃凉拌的蔬菜。研究表明,纤维食物和叶绿素在人体内可吸收二噁英,并同粪便一起排出,因而多吃凉拌的绿色蔬菜可消除体内长期积累的剧毒,其中最有效的食物首推米糠,其次是菠菜和萝卜叶。实验显示,在老鼠的食物中加入 10% 的纤维食物,可使二噁英的排出量增加 1.57 倍,肝脏内二噁英的积存量减少 84%;如果加上 20% 含有大量叶绿素的小球藻,二噁英的排出量则增加 3.43 倍,肝脏内的积存量减少 41%。

## 3.6 塑料袋和塑料饭盒

塑料袋在人们的日常生活中随处可见,无论是装食物还是装其他东西,人们最先想到的可能就是用塑料袋。然而你有没有想到过塑料袋对人体有危害呢?

目前,人们经常使用的塑料袋主要有聚乙烯、聚丙烯、聚氯乙烯三种。只有聚乙烯和聚丙烯制成塑料袋可用于食品包装,聚氯乙烯制成的不能用来装食品。聚氯乙烯见火就着,离火就熄,而聚乙烯和聚丙烯则燃烧呈黄色火焰,离火还能继续燃烧。但即使塑料袋是由无毒的聚乙烯或聚丙烯制成的,也应该谨慎使用,特别是不要装含油、含酒精类食品及温度超过 60℃ 的食品,否则塑料袋中的铅就会融入食品中,有色塑料袋就更不能装这些食品了。塑料制品种类繁多,形式多样。同种塑料可以制成许多不同形式的制品,同种形式的制品又可以用几种不同的塑料来生产。加之塑料使用一段时间后,因老化、磨损等原因不能继续使用,而有些塑料制品本来就是一次性使用的,为此,塑料的回收利用是塑料应用中一个既重要又实际的问题,也是对环境的一种保护。

目前,市场上一些出售食品的商贩使用非食品级塑料袋,甚至用回收塑料制成的劣质塑料袋(旧塑料雨伞、塑料鞋、塑料布、一次性塑料手套等再生加工而成)包装入口的食品,值得我们警惕。这种塑料袋一旦与食品接触,特别是接触过油食品(如油炸、炒菜、酱制品、糕点等),塑料内的增塑剂,如苯甲酸酯类(一种环境激素),铅、汞、砷有毒金属和有毒的塑料单体,如氯乙烯等就要溶进食品中,长期食用这种塑料袋包装的饭菜,会严重伤害人体的生理功能,甚至使人致癌。

另外,市场上用回收塑料袋包装蔬菜、水果很普遍,虽然会给购买者带来方便,但又会造成二次污染。由于其质量轻薄,废弃后极易飘飞,有的形成树挂,有的散落在旅游区、水面上、铁道旁,影响市容;它的生产条件简陋,以手工作坊制作居多,不但加工过程卫生条件难以保障,甚至有些选用再生料制作,上面沾染了许多细菌,用于食品类包装,危害性是显而易见的,即使不用作食品类包装,因其渗透性,不卫生隐患依然存在;混在土壤中影响农作物吸收养分和水分,导致农作物减产;抛弃在陆地上或水体中被动物当作食物吞入,会导致动物死亡;进入生活垃圾中将其填埋会占用土地,很长时间不降解。混有塑料的生活废料也不适合积肥。

国内许多城镇已禁止使用塑料袋作为包装材料,提倡人们使用菜篮子。让我们每个人从我做起,保护我们人类共有的环境。

不仅如此,塑料袋受热、老化或燃烧还会分解出二噁英。它是已知的毒性最大的一类芳香族有机化合物,容易在生物体内积累。二噁英的毒性相当于氰化钾的1000倍以上,称之为"地球上毒性最强的毒物"。即使在很微量的情况下,也可引起皮肤痤疮、头痛、失聪、忧郁、失眠等症状,长期摄取便可引起癌、畸形等顽疾。接触二噁英可以引起严重的生殖和发育问题,特别是其具有环境雌激素效应,可能造成男性雌性化。

了解了塑料袋的危害之后,我们再去商店买东西特别是食物的时候,可以自带编织袋或用纸袋。对于非食物类东西,也应尽量少用塑料袋。如果有废弃的塑料袋,千万不要乱扔。塑料袋是可以回收的,它可以用来制造再生塑料。所以为了您和他人的健康和美好的环境,请慎用塑料袋。

一次性餐具成本低廉,拿来就用,用过就扔,的确给人们的生活和旅游业带来极大的方便。调查表明,如今,我国每年大约消费100亿个一次性饭盒。与此同时,反对使用一次性饭盒的呼声也越来越高。城区各处"白色污染"有目共睹,旅游景点、铁路沿线,一次性饭盒随处丢弃。卫生环卫部门对此深恶痛绝。一次性塑料饭盒是环境恶化的元凶之一,是危害人身体健康的隐患。目前使用的一次性塑料饭盒,在65℃以上的高温中就能产生"二噁英",殊不知,人们在吃一顿热盒饭,冲泡一次方便面的同时,也吸收了"二噁英"。使用聚苯乙烯发泡塑料饭盒除对环境造成污染外,还影响人的健康。发泡塑料饭盒是由线状聚苯乙烯制成,它可溶于丙酮、氯仿、苯中,也可溶于食物油脂中。将刚炒好的菜直接倒入塑料盒中,一部分聚苯乙烯就会溶于食用油中,人吃下这样的菜后,就会将聚苯乙烯带入体内。由于聚苯乙烯是脂溶性的,它会进入人体的脂肪中使正常的生理功能受到影响。聚苯乙烯在体内分裂成苯乙烯小分子,还会伤及人的神经系统。

食堂不要用塑料袋盛饭菜

# 3.7 洗涤剂

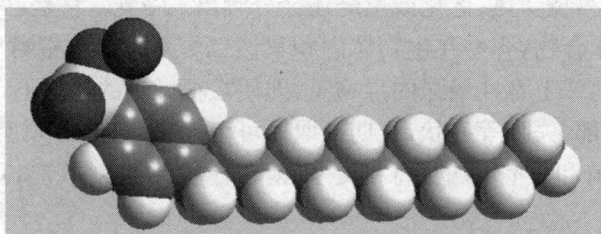

十二烷基苯磺酸钠

## 3.7.1 组成成分

合成洗衣粉是粉状(或颗粒状)洗涤剂,它由表面活性剂、助洗剂和辅助剂组成。表面活性剂是洗衣粉中的主要清洁成分,其种类很多,如烷基苯磺酸钠、脂肪醇硫酸钠、脂肪酸聚氧乙烯醚、环氧乙烷与环氧丙烷的共聚物等。表面活性剂可直接用作洗涤剂,但是洗涤去污效果不十分理想,而且成本较高。因此,配制洗衣粉时还要加入一些助洗剂。常见的洗衣粉助洗剂是三聚磷酸钠,分子式为 $Na_5P_3O_{10} \cdot 6H_2O$,三聚磷酸钠阴离子具有较强的螯合能力,能与在碱中不溶解的多价金属离子络合,形成可溶性的复合离子(如可将水中钙、镁离子螯合,使它们不致被沉积到织物上去,大大提高了洗涤剂表面活性剂的洗涤效能)。三聚磷酸钠还对微细的无机离子或脂肪微滴具有分散、乳化的作用,可以提高污垢的悬浮能力,防止污垢沉积到织物上,从而提高了洗涤剂的洗净作用。由于三聚磷酸钠含 6 个结晶水,不易吸收空气中的水分,可使洗衣粉保持良好的流动性与颗粒度,使成品干爽,便于包装。

116

### 3.7.2 毒性

日用化学洗涤剂正在逐步成为人们生活的必需品,不论是在公共场所、豪华饭店,还是在每个家庭、大众小吃摊,人们都可以看到化学洗涤剂的踪迹。化学洗涤剂的洗污能力主要来自表面活性剂。因为表面活性剂可以降低表面张力,渗入到连水都无法渗入的纤维空隙中,把藏在纤维空隙中的污垢挤出来。同时,表面活性剂也可渗入人体,沾在皮肤上的洗涤剂大约有 0.5% 渗入血液,皮肤上若有伤口则渗透力提高 10 倍以上。进入人体内的化学洗涤剂毒素可使血液中钙离子浓度下降,血液酸化,人容易疲倦。这些毒素还使肝脏的排毒功能降低,使原本该排出体外的毒素淤积在体内,积少成多,导致人们免疫力下降,肝细胞病变加剧,容易诱发癌症。化学洗涤剂侵入人体与其他化学物质结合后,毒性会增加数倍,尤其具有很强的诱发癌特性。据有关报道,人工实验培养的胃癌细胞,在注入化学洗涤剂基本物质十二烷基磺酸钠(LAS)后,其生长速度会加快。LAS 的血溶性也很强,容易引起血红蛋白的变化,造成贫血症。

洗衣粉中往往还加入一些荧光剂,荧光剂本身完全没有清洁功能,其作用只是利用光学因素,让衣服看起来较白而已。在衣服的洗涤过程中,荧光剂会粘在衣服上,且不易漂洗干净。粘在衣服上的荧光剂直接接触皮肤,会刺激皮肤,产生红肿、过敏等现象。如果长期接触,会造成皮肤病变甚至皮肤癌。因此,贴身内衣应尽量不用洗衣粉,婴儿的衣服不要用合成洗涤剂,以避免对皮肤的伤害。

### 3.7.3 对环境的影响

洗衣粉中的三聚磷酸钠,随水排出后,会很快转变为正磷酸盐。磷酸盐是植物生长所必需的,它会使水中的藻类大量繁殖。在适宜的光照、温度、pH 值和具备充分营养物质的条件下,天然水中藻类进行光合作用,合成本身的原生质,使有机物积蓄,促进细菌生物繁殖,使水体耗氧量大大增加。生长在光照较差的水层深处的藻类大量耗氧,沉于水底的死亡藻类促使大量厌氧菌繁殖。最后,将导致水底有机物的消耗速度超过其生长速度,使水中含氧量下降,鱼类缺氧、中毒或死亡,水质恶化,使水体处于一个腐化污染的状态。这就是富营养化。我们经常见到的"水华"、赤潮就是富营养的具体表现,可见洗衣粉对环境的危害之大。另外,水中含磷量过高会有损人类的健康,磷中毒会引起昏迷、惊厥,甚至肝、肾、心变性致死。

国外洗涤行业的限磷、禁磷工作已进行了 20 多年。我国也于 1999 年 1 月 1 日起在太湖流域全面实施禁磷措施。1999 年以来,深圳、大连、厦门等城市也禁止含磷洗涤剂上市销售。这标志着我国治理富磷污染已进入一个新阶段。

人类生活的都市化是不可避免的,都市生活对洗涤剂的依赖也是不可避免的。所以,改善洗涤剂,使用不危害人体、不破坏生存环境、无毒无公害的洗涤剂就成为当务之急,在全世界高呼"环保"、"拯救地球"的呼声中,许多国家把希望寄托在海洋中。

从取之不尽、用之不竭的海水中提炼天然洗涤剂是全人类迫不及待的愿望。远在3000多年前,中东死海附近的居民就懂得用海水净身;在第一次世界大战前夕,德国就在研究从海水中提炼洗涤剂;20世纪80年代,在日本的西药房里也可以买到医用海水洗涤剂,这种洗涤剂已接近无毒无公害的标准。在我国也曾有用鸡蛋清洗头发,用皂角泡水洗衣服等做法的记载,这说明在天然资源中开发洗涤剂是前途宽广的。

营养过剩

### 3.7.4 改进的方法

使用无磷洗衣粉,以减少水的富营养化。用洗衣粉洗衣物时,一定要把洗衣粉漂洗干净。不使用有荧光剂的洗衣粉。婴儿的衣物和贴身衣物不要使用洗衣粉。

# 第4章 生活中的高分子材料

## 4.1 天然纤维

### 4.1.1 天然纤维的分类

天然纤维大量用于纺织的有棉、麻、毛、丝四种。棉和麻是植物纤维,毛和丝是动物纤维。石棉存在于地壳的岩层中,称矿物纤维,是重要的建筑材料。

1. 植物纤维

主要组成物质是纤维素,可从植物的果实、茎、叶等处获得。纤维素是 D-葡萄糖以 $\beta$-1,4-糖苷键组成的大分子多糖,相对分子质量为 $50000\sim2500000$。纤维素是世界上最丰富的天然有机物之一,棉花的纤维素含量接近 100%,是天然的最纯纤维素来源。

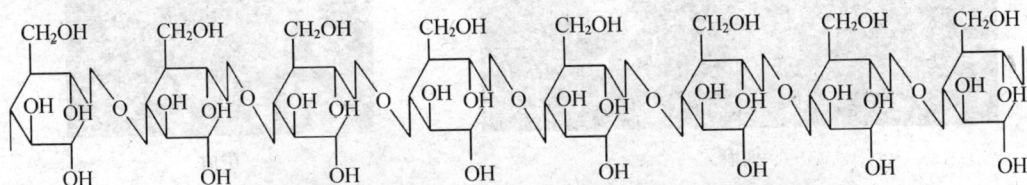

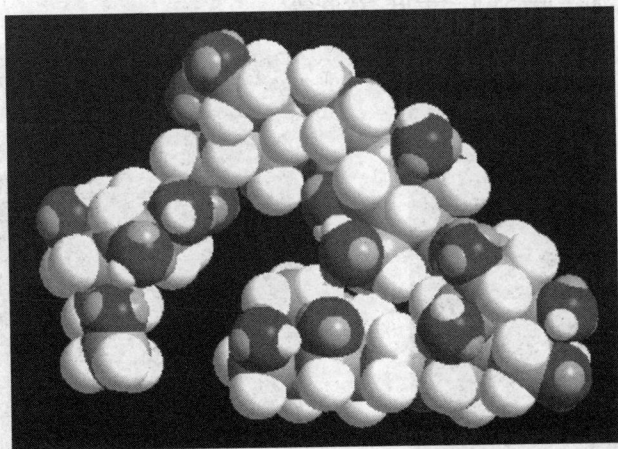

根据在植物上成长的部位不同,纤维素可分为种子纤维、叶纤维和茎纤维。

（1）种子纤维,如棉、木棉等。

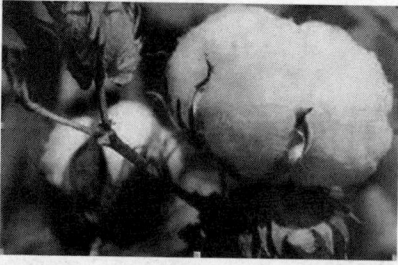
棉花

木棉

（2）叶纤维，如剑麻、蕉麻等。

剑麻

蕉麻

（3）茎纤维，如苎麻、亚麻、大麻、黄麻等。

苎麻

亚麻

大麻

黄麻

## 2. 动物纤维

动物纤维的主要组成物质是蛋白质,分为毛和腺分泌物两类。

(1) 毛发类,如绵羊毛、山羊毛、骆驼毛、兔毛、牦牛毛等。

山羊

骆驼

兔

牦牛

（2）腺分泌物，如桑蚕丝、柞蚕丝等。

桑蚕

柞蚕

### 3. 矿物纤维

矿物纤维的主要成分是无机物，如石棉纤维。

石棉纤维

## 4.1.2  常见天然纤维服装面料的特性

（1）棉布，各类棉纺织品的总称。它多用来制作时装、休闲装、内衣和衬衫。其优点是轻松保暖，柔和贴身，吸湿性、透气性甚佳。缺点则是易缩、易皱，外观上不太挺括、美观，在穿着时需要时常熨烫。

（2）麻布，以大麻、亚麻、苎麻、黄麻、剑麻、蕉麻等各种麻类植物纤维制成的一种布料。一般被用来制作休闲装、工作装，目前多以其制作普通的夏装。其优点是强度极高，吸湿、导热、透气性甚佳。缺点则是穿着不甚舒适，外观较为粗糙。

（3）丝绸，由蛋白纤维组成，它与人体有极好的生物相容性，表面光滑，特有的柔顺质感。蚕丝蛋白纤维富集了许多胺基等亲水性基团，又由于其多孔性，在正常气温下，它可以帮助皮肤保有一定的水分，不会使皮肤过于干燥。在夏季穿着，又可将人体排出的汗水及热量迅速散发，使人感到凉爽无比。蚕丝蛋白中的色氨酸、酪氨酸能吸收紫外线，因此丝绸具有较好的抗紫外线功能。

（4）毛料，又称呢绒，它是对用各类毛、绒织成的织物的泛称。它通常适用于制作礼服、西装、大衣等正规、高档的服装。其缺点主要是洗涤较为困难，穿着时需要时常熨烫。不适于制作夏装和内衣。

### 4.1.3　天然纤维面料的整理剂

棉、丝、毛等天然纤维，具有吸湿性好、穿着舒适等特点，一直是人们消费的主要纤维品种。但是，天然纤维洗涤后易缩水、产生皱褶，无法满足人们对服装面料美观舒适、保养方便等要求。

甲醛是纺织品常用的整理剂，通过缩合作用，甲醛分子把两分子纤维连接起来，从而达到防缩水、防皱的目的，常用于以纤维素纤维为主的织物和以蛋白质为主的蚕丝织物的防缩防皱。由于含甲醛的纺织品做成服装后，在人们穿着过程中会逐渐释放出游离甲醛，通过人体呼吸及皮肤接触对呼吸道黏膜和皮肤产生强烈刺激，易引发呼吸道炎症和皮肤炎。另外，在生产过程中，为了保持印花、染色的耐久性或为了改善手感，也需要在助剂中添加甲醛。目前，用甲醛做印染助剂比较多的是纯棉纺织品，因为纯棉纺织品比较容易皱，使用含甲醛的助剂能提高棉布的硬挺度。对于丝织品其作用原理同海产品。因此，在成衣上，微量的甲醛是不可避免的：一是来自整理剂中的游离甲醛，二是整理剂分解。如衣物与汗接触，甲醛就会被释放出来。随着人们环保意识的加强，国际上对纺织品中的甲醛进行了严格的限制。纺织品和服装中的甲醛问题已受到世界各国的普遍重视，现在，日本、美国、欧洲各国以及有关国际组织的标准都对甲醛含量做出了明确的限制和规定。我国也相继在有关纺织品和服装产品标准中制定了控制甲醛含量的指标，已批准发布的强制性国家标准 GB 18401—2001《纺织品甲醛含量的限定》中，其指标与国际接轨，即婴幼儿纺织品甲醛含量不得超过 20mg/kg，接触皮肤的服装甲醛含量不得超过 75mg/kg，不接触皮肤的服装甲醛含量不得超过 300mg/kg。我国已加入 WTO，纺织品服装出口关税及配额将不再是贸易歧视和限制出口的障碍，取而代之的将是产品质量的环保指标等"绿色贸易壁垒"，有害物质——甲醛，就是其中之一，它将成为国际贸易中主要的非关税贸易壁垒。对于我国出口纺织品服装企业和出口经营单位来说，要从各方面引起足够的重视，并了解相关进口国的技术法规和要求,应及早采取相应的措施,以防不必要的损失,保持我国出口纺织品服装的良好势头。

甲醛与织物的作用原理是(如防皱剂、防缩水剂等),甲醛与棉花上的羟基或蛋白质中的氨基及羟基形成缩醛。

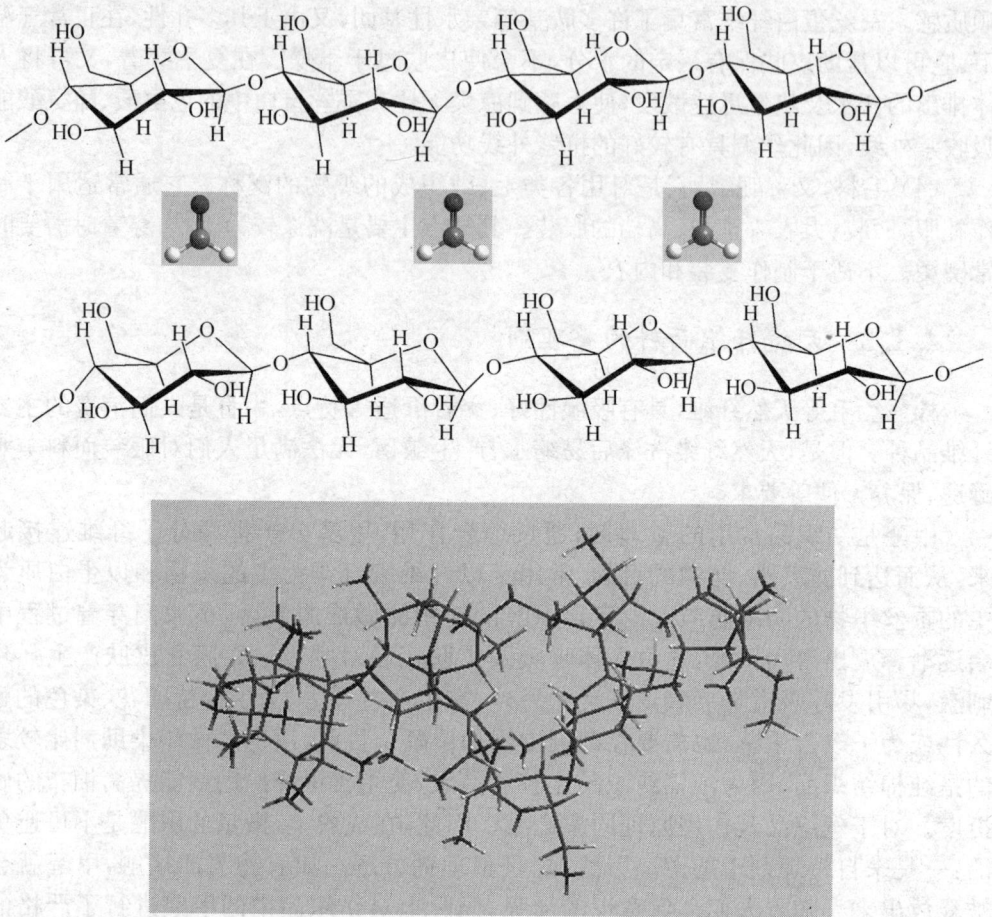

甲醛与衣物中的葡萄糖单元形成网状结构使衣物挺直,甲醛慢慢释放后,衣物逐渐变得松懈,开始起褶。

# 4.2  合成橡胶材料

橡胶分为天然橡胶和合成橡胶。天然橡胶主要来源于橡胶树流出乳白色的汁液,经凝聚、洗涤、成型、干燥制成。

由于天然橡胶的产量远远不能满足社会的需要,合成橡胶已成为橡胶产品的主流。采用不同的原料(单体)可以合成出不同种类的合成橡胶。

天然橡胶树

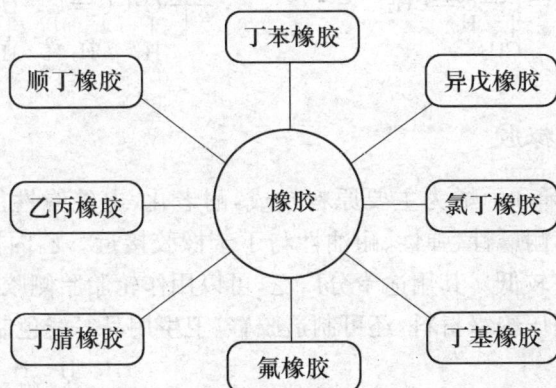

## 4.2.1 丁苯橡胶

丁苯橡胶(SBR)是丁二烯和苯乙烯经共聚合制得的橡胶,是产量最大的通用合成橡胶。主要用于水泥、胶黏剂、口香糖以及某些织物包覆与模塑制品及机械制品。

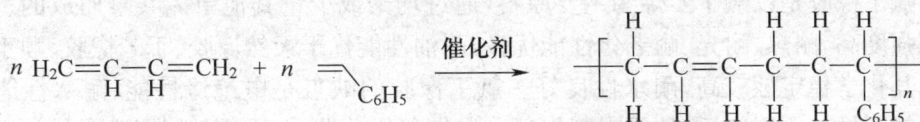

## 4.2.2 顺丁橡胶

顺丁橡胶是丁二烯经溶液聚合制得的,它具有特别优异的耐寒性、耐磨性和弹性,还具有较好的耐老化性能。顺丁橡胶绝大部分用于生产轮胎,少部分用于制造耐寒制品、缓冲材料以及胶带、胶鞋等。顺丁橡胶的缺点是抗撕裂性能较差,抗湿滑性能也不是很好。

$$n\ H_2C=C-C=CH_2 \xrightarrow{\text{催化剂}} \left[\begin{array}{c}C-C=C-C\end{array}\right]_n$$

### 4.2.3  异戊橡胶

异戊橡胶是聚异戊二烯橡胶的简称,采用溶液聚合法生产。异戊橡胶与天然橡胶一样,具有良好的弹性和耐磨性、优良的耐热性和较好的化学稳定性。异戊橡胶生胶(未加工前)强度明显低于天然橡胶,但质量均一性、加工性能等优于天然橡胶。异戊橡胶可以代替天然橡胶制造载重轮胎和越野轮胎,还可以用于生产各种橡胶制品。

$$n\ H_2C=C-C=CH_2 \xrightarrow{\text{催化剂}} \left[\begin{array}{c}C-C=C-C\end{array}\right]_n$$
$$\qquad\quad CH_3 \qquad\qquad\qquad\qquad CH_3$$

### 4.2.4  乙丙橡胶

乙丙橡胶以乙烯和丙烯为主要原料合成,耐老化、电绝缘性能和耐臭氧性能突出。化学稳定性好,耐磨性、弹性、耐油性与丁苯橡胶接近。乙丙橡胶可大量充油和填充炭黑,制品价格较低。其用途十分广泛,可以用作轮胎胎侧胶条和内胎,电线、电缆包皮及高压、超高压绝缘材料,还可制造胶鞋、卫生用品等浅色制品。

$$n\ H_2C=CH_2 + n\ \diagup\!\!\!\!\diagup CH_3 \xrightarrow{\text{催化剂}} \left[\begin{array}{c}C-C-C-C\end{array}\right]_n$$

### 4.2.5  氯丁橡胶

氯丁橡胶是以氯丁二烯为主要原料,通过均聚或少量其他单体共聚而成的。其抗张强度高,耐热、耐光、耐老化性能优良,耐油性能优于天然橡胶、丁苯橡胶、顺丁橡胶。其化学稳定性较高,耐水性良好。氯丁橡胶的缺点是电绝缘性能、耐寒性能较差。氯丁橡胶用途广泛,如用来制作运输皮带和传动带,电线、电缆的包皮材料,制造耐油胶管、垫圈以及耐化学腐蚀的设备衬里等。

$$n\ H_2C=C-C=CH_2 \xrightarrow{\text{催化剂}} \left[\begin{array}{c}C-C=C-C\end{array}\right]_n$$
$$\qquad\quad Cl \qquad\qquad\qquad\qquad Cl$$

126

### 4.2.6 丁腈橡胶

丁腈橡胶是由丁二烯和丙烯腈经乳液聚合而得的共聚物，代号 NBR。丁腈橡胶的丙烯腈含量一般在 $15\%\sim50\%$，丁腈橡胶主要用于制作耐油制品，如耐油管、胶带、橡胶隔膜和各类耐油模压制品，如 O 形圈、油封、皮碗、膜片、活门、波纹管等，也用于制作胶板和耐磨零件。

### 4.2.7 丁基橡胶

丁基橡胶由异丁烯和少量异戊二烯合成。制成品不易漏气，一般用来制造各种轮胎的内胎、无内胎轮胎的气密层、各种密封垫圈，在化学工业中作盛放腐蚀性液体容器的衬里、管道和输送带，农业上用作防水材料。

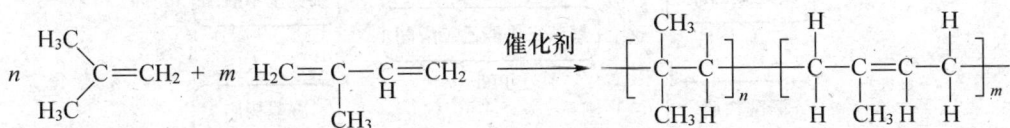

### 4.2.8 氟橡胶

氟橡胶是指主链或侧链的碳原子上含有氟原子的一种合成高分子弹性体，这种橡胶具有一般橡胶无可比拟的特殊优点，具有许多优异的性能，广泛用于石化、化工、汽车、机械、轻工等行业中，要求苛刻的关键性部位上。氟橡胶有优异的耐高温性能，可在 $250\,^{\circ}\mathrm{C}$ 下长期使用，在 $300\,^{\circ}\mathrm{C}$ 下短期使用，耐老化、耐候性能优异；具有极优越的耐化学腐蚀性能，对有机液体、酸、碱、油脂等化品的稳定性均优于其他橡胶；对热水、高温蒸气有优良的稳定作用；与火接触能燃烧，但离开火焰后就自动熄火，属于自熄型橡胶，还具有极佳的耐真空性能。氟橡胶 23，为氟乙烯和三氟氯乙烯共聚物。

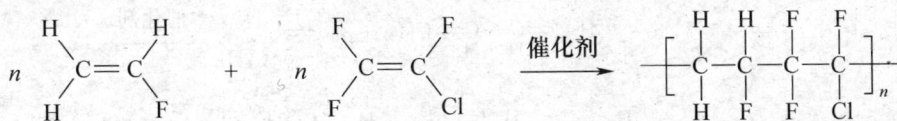

以上聚合物经过再加工，如硫化交联等，可制成实用的具有各种性能的橡胶材料。

# 4.3　合成塑料材料

塑料的主要成分是合成树脂。树脂这一名词最初是由动植物分泌出的脂质而得名,如松香、虫胶等,目前,树脂是指尚未与各种添加剂混合的高聚物。有的塑料中树脂占塑料总质量的 40%以上。各种合成塑料如下所示。

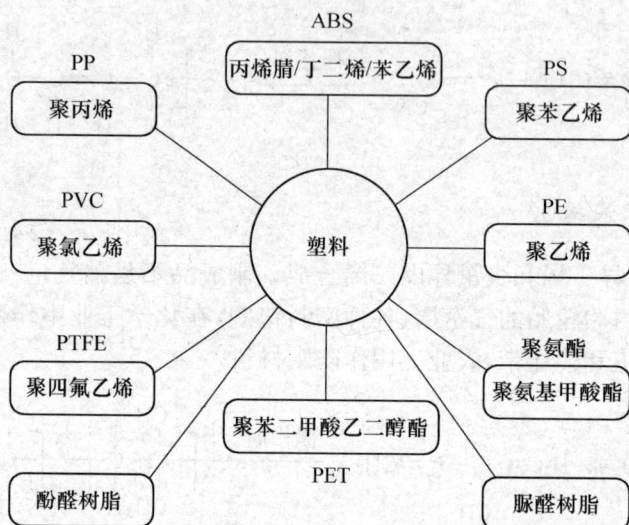

## 4.3.1　ABS

ABS(Acrylonitrile Butadiene Styrene)是丙烯腈-丁二烯-苯乙烯共聚物,其中 A 代表丙烯腈,B 代表丁二烯,S 代表苯乙烯,是目前产量最大、应用最广泛的聚合物,具有韧、硬、刚相均衡的优良力学性能。ABS 树脂的最大应用领域是汽车、电子电器和建材。汽车仪表板、车身外板、内装饰板、方向盘、隔音板、门锁、保险杠、通风管等很多部件均由 ABS 制作。在电器方面则广泛应用于电冰箱、电视机、洗衣机、空调器、计算机、复印机等电子电器中。建材方面,ABS 管材、ABS 卫生洁具、ABS 装饰板广泛应用于建材工业。此外 ABS 还广泛应用于包装、家具、体育和娱乐用品、机械和仪表工业中。

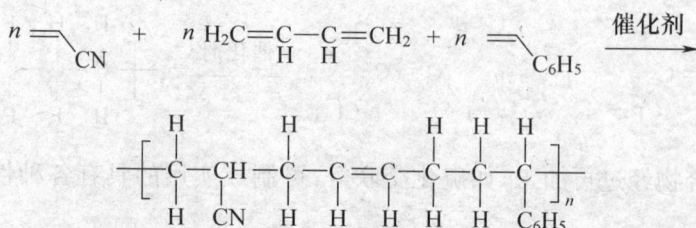

128

### 4.3.2　聚苯乙烯

PS类塑料是一种比较古老的塑料,与其他塑料相比,它具有良好的透明性(透光率为88%～92%),表面光泽、容易染色,且硬度高、刚性好,此外,还有良好的耐水性、耐化学腐蚀性和加工流动性能。其主要缺点是性脆、冲击强度低、易出现应力开裂、耐热性差等。PS的主要用途如下。

电子电器:可用于制造电视机、录音机以及各种电器仪表零件、壳体、高频电容器等。

建筑方面:用于公用建筑透明部件、光学仪器和透明模型的生产,如灯罩、仪器罩壳、包装容器等。

日常用品:梳子、盒子、牙刷柄、圆珠笔杆、学习用具、儿童玩具等。

其他方面:可用于发泡制作防震、隔音、保温、夹芯结构材料,电冰箱、火车、船、飞机等也用它们来作为隔热、隔音材料,还可用来做救生圈。

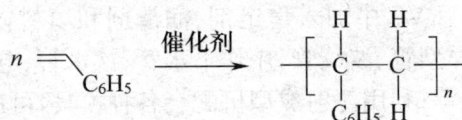

$$n \diagup\!\!\!\diagdown_{C_6H_5} \xrightarrow{\text{催化剂}} \begin{bmatrix} H & H \\ | & | \\ -C-C- \\ | & | \\ C_6H_5 & H \end{bmatrix}_n$$

### 4.3.3　聚丙烯

PP是一种高密度、无侧链、高结晶的线型聚合物,具有易染色、耐湿性佳、耐冲击性优良的特点。常见制品有盆、桶、家具、薄膜、编织袋、瓶盖、汽车保险杠等。由于毒性小,可用于食品包装材料。

$$n \diagup\!\!\!\diagdown_{CH_3} \xrightarrow{\text{催化剂}} \begin{bmatrix} H & H \\ | & | \\ -C-C- \\ | & | \\ CH_3 & H \end{bmatrix}_n$$

### 4.3.4　聚乙烯

PE具有优良的耐低温性能(最低使用温度可达$-70℃～-100℃$),化学稳定性好,能耐大多数酸碱的侵蚀(不耐具有氧化性质的酸),吸水性小,电绝缘性能优良;但其对于环境应力(化学与机械作用)是很敏感的,耐热老化性差。PE的性质因品种而异,主要取决于分子结构和密度。国内LDPE主要消费领域是薄膜(包括农膜),占总消费量的75%～80%,其他应用于注塑及电线电缆等领域。在薄膜消费领域中,包装膜所占比例最大,在70%左右;农膜约为30%。包装薄膜是最大的应用领域,主要有扭结包装膜、收缩包装膜、缠绕包装膜、贴体包装膜、充气包装膜、高阻透性膜(阻气、阻光等)、高耐热性膜、选择渗透膜、保鲜膜、抗菌膜等。由于毒性小,可用于食品包装材料。

$$n \text{ H}_2\text{C} = \text{CH}_2 \xrightarrow{\text{催化剂}} \left[ \begin{array}{cc} \text{H} & \text{H} \\ | & | \\ \text{C} & \text{C} \\ | & | \\ \text{H} & \text{H} \end{array} \right]_n$$

### 4.3.5 聚氯乙烯

PVC 是一种非结晶性材料,在实际使用中经常加入稳定剂、润滑剂、辅助加工剂、色料、抗冲击剂及其他添加剂。PVC 具有不易燃性、高强度、耐气候变化性以及优良的几何稳定性;对氧化剂、还原剂和强酸都有很强的抵抗力;收缩率相当低,一般为 $0.2\% \sim 0.6\%$。

PVC 的流动性相当差,其工艺范围很窄。特别是大相对分子质量的 PVC 更难于加工(这种材料通常要加入润滑剂来改善流动特性)。

PVC 塑料膜可加工成包装袋、雨衣、桌布、窗帘、充气玩具等。透明薄膜可用于温室、塑料大棚及地膜。PVC 中加入稳定剂、润滑剂和填料,经混炼后,用挤出机可挤出各种口径的硬管、异型管、波纹管,用作下水管、饮水管、电线套管或楼梯扶手;可以挤成软管、电缆、电线等;利用注射成型机配合各种模具,可制成塑料凉鞋、鞋底、拖鞋、汽车配件等,还可以制作塑料钢窗。

$$n \text{ H}_2\text{C} = \text{CHCl} \xrightarrow{\text{催化剂}} \left[ \begin{array}{cc} \text{H} & \text{H} \\ | & | \\ \text{C} & \text{C} \\ | & | \\ \text{H} & \text{Cl} \end{array} \right]_n$$

### 4.3.6 聚氨酯

聚氨酯(Polyurethane)是聚氨基甲酸酯的简称,它是一种新兴的有机高分子材料,被誉为"第五大塑料",因其卓越的性能而被广泛应用于国民经济众多领域,如轻工、化工、电子、纺织、医疗、建筑、建材、汽车、国防、航天、航空等。

日常生活中的应用是:沙发、床垫、座椅扶手;电器绝缘漆、电线电缆护套、冰箱热水器等保温层、洗衣机电子器件防水灌封胶;密封胶、胶黏剂、屋顶防水保温层、冷库保温、内外墙涂料、地板漆、合成木材、跑道、防水堵漏剂、塑胶地板;鞋内外底、人造革、合成革涂层等。聚氨酯是由二异氰酸酯和多元醇聚醚合成的,其结构为

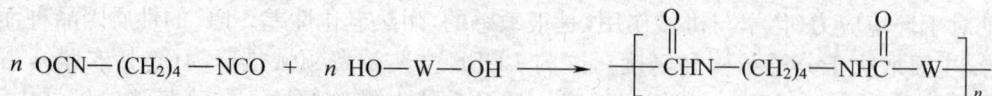

$$n \text{ OCN} - (\text{CH}_2)_4 - \text{NCO} + n \text{ HO} - \text{W} - \text{OH} \longrightarrow \left[ \begin{array}{c} \text{O} \\ \| \\ \text{CHN} - (\text{CH}_2)_4 - \text{NHC} - \text{W} \end{array} \right]_n$$

### 4.3.7 聚酯

PET 是对苯二甲酸与乙二醇(Polyethylene Terephthalate)的缩聚物,俗称涤纶。PET 分子结构高度对称,具有很好的光学性能和耐候性,PET 瓶具有强度大、

透明性好、无毒、防渗透、质量轻、生产效率高等特点,因而得到了广泛的应用。PBT与 PET 分子链结构相似,大部分性质也相同,只是分子主链由两个亚甲基变成了四个,所以分子更加柔顺,加工性能更加优良。

PET 片材广泛用于各类食品、药品、无毒无菌的包装材料;纺织品、精密仪器、电器元件的高档包装材料;录音带、录像带、电影胶片、计算机软盘、金属镀膜及感光胶片等的基材;电气绝缘材料、电容器膜、柔性印制电路板及薄膜开关等电子领域和机械领域;可用于啤酒瓶、食用油瓶、调味品瓶、药品瓶、化妆品瓶等;可用于汽车配件,如配电盘罩、发火线圈、各种阀门、排气零件、分电器盖、计量仪器罩壳、小型电动机罩壳等,也可利用 PET 优良的涂装性、表面光泽及刚性,制造汽车的外装零件。PET和 PBT 的合成如下。

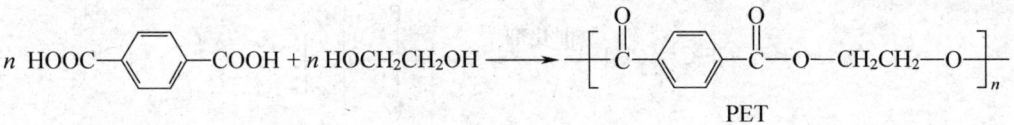

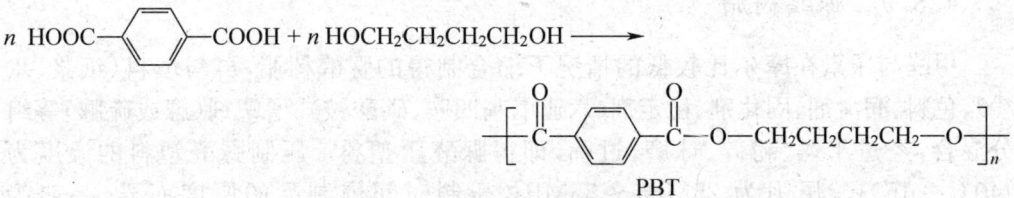

$$n\ HOOC{-}{\bigcirc}{-}COOH + n\ HOCH_2CH_2OH \longrightarrow {\Big[}\overset{O}{\overset{\|}{C}}{-}{\bigcirc}{-}\overset{O}{\overset{\|}{C}}{-}O{-}CH_2CH_2O{\Big]}_n$$

PET

$$n\ HOOC{-}{\bigcirc}{-}COOH + n\ HOCH_2CH_2CH_2CH_2OH \longrightarrow$$

$${\Big[}\overset{O}{\overset{\|}{C}}{-}{\bigcirc}{-}\overset{O}{\overset{\|}{C}}{-}O{-}CH_2CH_2CH_2CH_2{-}O{\Big]}_n$$

PBT

### 4.3.8  聚四氟乙烯

PTFE 是由四氟乙烯单体聚合而成的聚合物,其化学结构与 PE 相似,只是 PE中的全部氢原子都被氟原子所取代。由于 C—F 键键能高,性能稳定,因而其耐化学腐蚀性极佳,能够承受除了熔融的碱金属以及高于 300℃的 NaOH 之外的所有强碱、强酸(包括王水)、强氧化剂、还原剂和各种有机溶剂的作用。

PTFE 独特的性能使其在化工、石油、纺织、食品、造纸、医学、电子和机械等工业和海洋作业领域都有着广泛的应用。它以其卓越的耐腐蚀性能,业已成为石油、化工、纺织等行业的主要耐腐蚀材料。

PTFE 材料具有的耐腐蚀、耐老化、低摩擦系数及不粘性、耐温范围广、弹性好的特性,使其非常适合应用于制造耐腐蚀要求高、使用温度高于 100℃的密封件,如机器、热交换器、高压容器、大直径容器、阀门、泵的槽形法兰的密封件、玻璃反应锅、平面法兰、大直径法兰的密封件,轴、活塞杆、阀门杆、蜗轮泵、拉杆的密封件等。

PTFE 材料固有的低损耗与小介电常数使其可制成漆包线,以用于微型电机、热电偶、控制装置等;PTFE 薄膜是制造电容器、无线电绝缘衬垫、绝缘电缆、电动机及变压器的理想绝缘材料,也是航空航天等工业电子部件不可缺少的材料之一。

利用氟塑料薄膜对氧气透过性大，而对水蒸气的透过性小的这种选择透过性，可制造氧气传感器；利用氟塑料在高温、高压下发生极向电荷偏离现象的特性，可制造麦克风、扬声器、机器人上的零件等；利用其低折射率的特性，可制造光导纤维。

PTFE 材料是纯惰性的，具有非常强的生物适应性，不会引起机体的排斥，对人体无生理副作用，可用任何方法消毒，且具有多微孔结构，从而可用于多种康复解决方案，包括用于软组织再生的人造血管和补片以及用于血管、心脏、普通外科和整形外科的手术缝合。

随着材料应用技术的不断发展，PTFE 材料的三大缺点：冷流性、难焊接性、难熔融加工性正在逐渐被克服，从而使它在光学、电子、医学、石油化工输油防渗等多种领域的应用前景更加广阔。

$$n\ F_2C{=\!=}CF_2l \xrightarrow{\text{催化剂}} \left[\begin{array}{cc} {\overset{\displaystyle F}{\underset{\displaystyle F}{C}}} & {\overset{\displaystyle F}{\underset{\displaystyle F}{C}}} \end{array}\right]_n$$

### 4.3.9　脲醛树脂

甲醛与尿素在摩尔比较低的情况下缩合制得的脲醛树脂，再与填料（纸浆、木粉）、色料、润滑剂、固化剂、稳定剂（六亚甲基四胺、碳酸铵）、增塑剂（脲或硫脲）等组分混合，经过干燥、粉碎、球磨、过筛，即得脲醛压塑粉。压制脲醛塑料的温度为 140℃～150℃、压力为 25MPa～35MPa，压制时间依制品的厚度而异，一般为 10min～60min。塑料制品主要是电气照明设备和电话零件等。

脲醛树脂一般为水溶性树脂，较易固化，固化后的树脂无毒、无色、耐光性好，长期使用不变色，热成型时也不变色，可加入各种着色剂以制备各种色泽鲜艳的制品。脲醛树脂坚硬，耐刮伤，耐弱酸弱碱及油脂等介质，价格便宜，具有一定的韧性，但它易吸水，因而耐水性和电性能较差，耐热性也不高。可用于耐水性和介电性能要求不高的制品，如机器手柄、仪表外壳、旋钮、日用品、装饰品、麻将牌、马桶盖，也可用于部分餐具的制造。

### 4.3.10　酚醛树脂

酚醛树脂是由苯酚和甲醛在催化剂条件下缩聚，经中和、水洗而制成的树脂，其中以苯酚和甲醛树脂为最重要，也是世界上最早由人工合成的，至今仍很重要的高分子材料。酚醛树脂具有良好的耐酸性能、力学性能、耐热性能，广泛应用于防腐蚀工程、胶黏剂、阻燃材料、高绝缘材料、砂轮片制造等。

# 4.4　合成纤维材料

合成纤维工业是 20 世纪 40 年代初开始发展起来的，最早实现工业化生产是聚酰胺纤维(锦纶),随后腈纶、涤纶等陆续投入工业生产。根据化学组成,合成纤维可分为聚酯纤维、聚酰胺纤维、聚丙烯腈纤维、聚氨基甲酸酯纤维、聚氯乙烯纤维、聚丙烯纤维、聚乙烯醇纤维等。它们习惯被称为涤纶、锦纶(或尼龙)、腈纶、氨纶、氯纶、丙纶、维纶等。

合成纤维因具有强度高、耐磨、质轻、保暖、电绝缘性好及不怕霉蛀等特点,在国民经济的各个领域得到了广泛的应用。合成纤维在民用上,可以与天然纤维或人造纤维混纺、交织。用它做衣料比棉、毛和人造纤维都结实耐穿;用它做被服、冬装,又轻又暖。合成纤维的耐磨性优异,有某些天然纤维的特色,如腈纶与羊毛相似,俗称人造羊毛;维纶的吸水性能与棉花相似;锦纶经特种加工,制品与蚕丝相似等。在工业上,合成纤维常用作轮胎帘子线、渔网、绳索、运输带、工业用织物(帆布、滤布等)、隔音、隔热、电气绝缘材料等。在医学上,合成纤维常用作医疗用布、外科缝合线、止血棉、人造器官等。在国防建设上,合成纤维可用于制作降落伞、军服、军被,一些特种合成纤维还用于原子能工业的特殊防护材料,飞机、火箭等结构材料。合成纤维的主要品种如下。

聚对苯二甲酸乙二酯

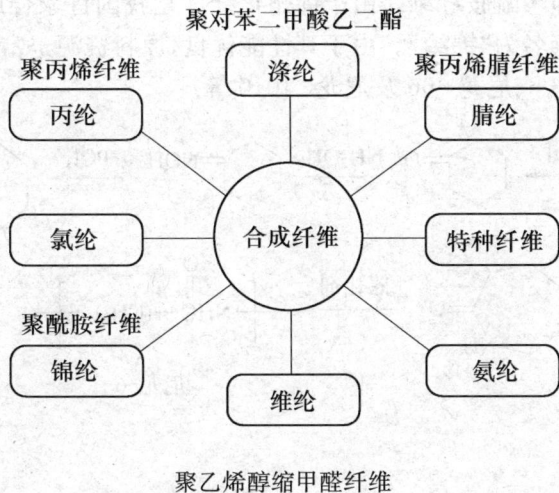

聚乙烯醇缩甲醛纤维

### 4.4.1　涤纶

涤纶是对苯二甲酸二甲酯(DMT)和乙二醇(EG)为原料经酯交换缩聚反应而制得的高聚物——聚对苯二甲酸乙二醇酯(PET),经纺丝和后处理制成的纤维。

涤纶具有强度高、弹性接近羊毛,耐热性、吸水性、耐磨性、耐光性好,耐腐蚀等特点,可耐漂白剂、氧化剂、烃类、酮类、石油产品及酸,热碱可使其分解;染色性较差,透气性差。PBT(对苯二甲酸二甲酯(DMT)和1,4-丁二醇)的合成如下。

$$H_3COOC-\!\!\!\!\bigcirc\!\!\!\!-COOCH_3 + HOCH_2CH_2CH_2CH_2OH \xrightarrow{\text{催化剂}}$$

$$\left[\!\!\begin{array}{c}O\\\|\\C\end{array}\!\!-\!\!\bigcirc\!\!-\!\!\begin{array}{c}O\\\|\\C\end{array}\!\!OCH_2CH_2CH_2CH_2O\right]_n$$

PBT

### 4.4.2 锦纶

锦纶的化学名称为聚酰胺,俗称尼龙(Nylon),英文名称 Polyamide(简称 PA),是分子主链上含有重复酰胺基团—[NHCO]—的热塑性树脂的总称,包括脂肪族 PA,脂肪—芳香族 PA 和芳香族 PA。其中,脂肪族 PA 品种多、产量大,应用广泛,其命名由合成单体具体的碳原子数而定。尼龙是美国杰出的科学家卡罗瑟斯(Carothers)及其领导下的一个科研小组研制出来的。尼龙的出现使纺织品的面貌焕然一新,它的合成是合成纤维工业的重大突破,同时也是高分子化学的一个重要里程碑。锦纶是合成纤维 Nylon 的中文名称,翻译名称又叫"耐纶"、"尼龙",学名为 Polyamide Fibre,即聚酰胺纤维。由于锦州化纤厂是我国首家合成 Polyamide Fibre 的工厂,因此把它定名为"锦纶"。由于其性能优良,原料资源丰富,一直被广泛使用。常见的品种有尼龙-6、尼龙-66 及尼龙-1010 等。

$$\bigcirc \xrightarrow{[O]} \bigcirc\!\!=\!\!O \xrightarrow{NH_2OH} \bigcirc\!\!=\!\!NOH \xrightarrow{PCl_3} \overset{\displaystyle\bigcirc}{\underset{NH}{\bigcirc}}$$

$$n\,\overset{\displaystyle\bigcirc}{\underset{NH}{\bigcirc}} \xrightarrow{\text{催化剂}} \left[\!\!-NHC-(CH_2)_5-\!\!\right]_n$$
$$\qquad\qquad\qquad\qquad\qquad\overset{O}{\underset{}{\|}}$$

尼龙-6

$$\begin{array}{l}CH_2CH_2COOH\\|\\CH_2CH_2COOH\end{array} + \begin{array}{l}CH_2CH_2CH_2NH_2\\|\\CH_2CH_2CH_2NH_2\end{array} \xrightarrow{\text{催化剂}} \left[\!\!-(CH_2)_6-NHC-(CH_2)_5-\!\!\right]_n$$
$$\qquad\qquad\qquad\qquad\qquad\qquad\qquad\qquad\qquad\qquad\qquad\qquad\overset{O}{\underset{}{\|}}$$

尼龙-66

### 4.4.3 腈纶

腈纶是聚丙烯腈纤维在我国的商品名。腈纶具有优良的性能,由于其性质接近羊毛,故有"合成羊毛"之称。腈纶的耐光性是所有合成纤维中最好的,露天曝晒一年,强度仅下降 20%;腈纶耐酸、氧化剂和一般有机溶剂,但不耐碱。腈纶的制成品

134

蓬松性、保暖性好,手感柔软,有良好的耐候性和防霉、防蛀性能。其保暖性比羊毛高15%左右。腈纶可与羊毛混纺,产品大多民用,如生产毛线、毛毯、针织运动服、蓬布、窗帘、人造毛皮、长毛绒等。

### 4.4.4 氨纶

氨纶学名聚氨基甲酸酯纤维,也称为聚氨酯弹性纤维,国际统称 Spandex,是世界上已知最富弹性的合成纤维,其拉伸长度高达 500%~800%,具有优良的耐疲劳性和极高的弹性回复率,弹力持久不变,任何合成纤维都无法与之相提并论。它耐化学药品、耐油、耐汗水、不霉变。

氨纶唯一的不足是耐氯性稍差,使用次氯酸钠型漂白剂洗涤氨纶织物容易造成氨纶溶蚀断裂,从而降低衣物弹性。

氨纶织物用途广、品种多。目前根据氨纶在织物中的拉长倍数主要分为紧身型、舒适型和宽松型。

紧身型的氨纶织物弹性极高,能紧密配合人体每一个动作,伸缩自如,又不产生束缚感,主要用于制作体操服、游泳衣、溜冰衣、高尔夫球衣等各种体育运动服,氨纶已经成为运动类服装的标准成分;舒适型织物多用在女性紧身衣、健美服、内衣、胸罩、裤袜、高弹袜等方面,氨纶使织物与身体密切接触,发挥巧妙的修饰和承托作用,美化人体曲线,却又完全没有压迫感,甚得女同胞青睐;宽松型的氨纶织物可用于休闲装等。氨纶丝大大增加了服装褶皱的复原力,使服装久穿而不变形。

氨纶不仅用于纺织领域,目前已发展到日用装修材料、生物医疗等应用领域,可用作家具、汽车座椅外囊装饰面料,各种装饰花边;用于外科弹性绷带、运动护膝、人工器官材料及各种辅助器材设备等。

### 4.4.5 氯纶

氯纶是聚氯乙烯纤维,1913 年开始生产,但发展速度较慢。其原料丰富,生产流程短,是合成纤维中生产成本最低,世界上最早的合成纤维之一,具有耐水性、耐化学性、耐腐蚀性及不燃性等许多优点,因此在服装上,尤其在室内装饰应用上取得了很大的成功。其主要特点是不易燃烧,离开火焰后会马上熄灭不再续燃。是良好的不燃窗帘和地毯的材料,也是良好的静电绝缘材料。

氯纶织物的缺点在于软化点非常低,通常温度在 60℃~70℃时便开始软化,产生收缩,故洗涤、熨烫时应加倍小心。

### 4.4.6 丙纶

丙纶为聚丙烯纤维,它是由丙烯做原料经聚合、熔体纺丝制得的纤维。丙纶于1957 年正式开始工业化生产,是合成纤维中的后起之秀。由于具有生产工艺简单、产品价廉、强度高、相对密度低等优点,丙纶发展得很快,目前已是合成纤维的第四大品种,是常见化学纤维中最轻的纤维。

丙纶的品种有长丝(包括未变形长丝和膨体变形长丝)、短纤维、鬃丝、膜裂纤维、中空纤维、异形纤维、各种复合纤维和无纺织布等。主要用途是制作地毯、装饰布、家具布、各种绳索、包装材料和工业用布,如滤布、袋布等。可与多种纤维混纺制成不同类型的混纺织物,经过针织加工后可以制成衬衣、外衣、运动衣、袜子等。由丙纶中空纤维制成的絮被,质轻、保暖,弹性良好。

### 4.4.7　维纶

维纶是聚乙烯醇缩醛纤维,也称维尼纶。单体是性能稳定的乙酸乙烯酯。其性能接近棉花,有"合成棉花"之称,是现有合成纤维中吸湿性最大的品种。生产维纶的原料易得,制造成本低廉,纤维强度良好,除用于衣料外,还有多种工业用途。但因其生产工艺流程较长,纤维综合性能不如涤纶、锦纶和腈纶,年产量较小,居合成纤维品种的第五位。

维纶吸湿率为 4.5%~5%,接近于棉花(8%),其纺织布穿着舒适。维纶在一般有机酸、醇、酯及石油灯溶剂中不溶解,不易霉蛀。

维纶缺点是耐热水性不够好,弹性较差,染色性较差。

维纶主要用于制作外衣、棉毛衫裤、运动衫等针织物,还可用于帆布、渔网、外科手术缝线、自行车轮胎帘子线、过滤材料等。

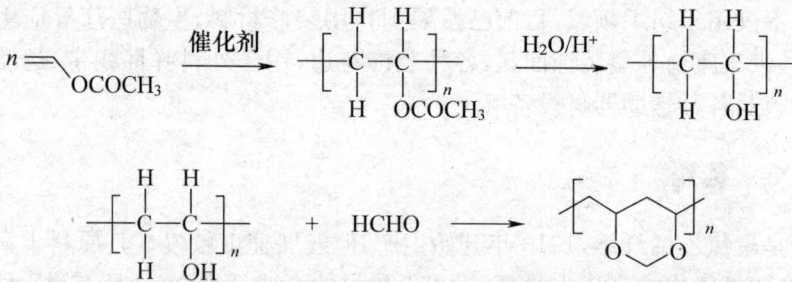

# 4.5 合成黏胶材料

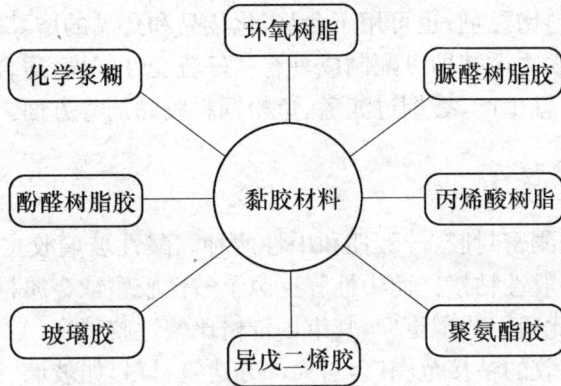

## 4.5.1 环氧树脂

环氧树脂是指分子中含有两个或两个以上环氧基团的有机高分子化合物,其分子结构是以分子链中含有活泼的环氧基团为特征,由于分子结构中含有活泼的环氧基团,它们可与多种类型的固化剂发生交联反应而形成不溶、不熔的具有三向网状结构的高聚物。

## 4.5.2 脲醛树脂胶

尿素与37%甲醛水溶液在酸或碱的催化下可缩聚得到线型脲醛低聚物,工业上以碱作催化剂,95℃左右反应,甲醛/尿素的摩尔比为1.5~2.0。

脲醛树脂于1844年由Tollens首次合成,目前,由于脲醛树脂胶黏剂制造简单、使用方便、成本低廉、性能良好,已成为我国人造板生产的主要胶种,占人造板用胶量90%以上。

## 4.5.3 酚醛树脂胶

酚醛树脂胶是由酚类(苯酚、甲酚及间苯二酚等)与醛类(甲醛及糠醛等)在碱性或酸性等介质中,加热缩聚形成的有一定黏性的液体树脂。酚醛树脂胶具有胶合强度高、耐水性强、耐热性好、化学稳定性高及不受菌虫侵蚀等优点。缺点是颜色较深和胶层较脆。由于酚醛树脂具有上述特点,因此,此胶适用于制造室内外使用的各种人造板及胶合强度极高的各类木材制品。

## 4.5.4 化学浆糊

化学浆糊由羧甲基纤维素(CMC)与适量的水调制而成,透明度好。羧甲基纤维素由一氯乙酸与纤维素在碱存在下作用制得,无味、无臭、无毒性的白色粉末。普通产品醚化度为 0.5~0.8,水溶液具有较高黏性,温度变化不会导致凝胶,对热和光十分稳定。主要用做药片粉料的黏料,纸张、木材粘接,印染用胶浆,陶瓷制品生产中的粉料胶接,内墙涂料增黏剂;也可用于食品、化妆品和药品的增黏剂;还用做瓦楞纸箱胶黏剂,只需边加水边搅拌即可配制成具有良好流变性的糊,适合连续生产的随机涂膜;此外,还用于布鞋生产、香烟过滤嘴、鱼粉饲料胶黏剂等方面。

### 4.5.5 玻璃胶

玻璃胶学名硅酮密封胶,分酸性和中性两种。酸性玻璃胶主要用于玻璃和其他建筑材料之间的一般性粘接。而中性胶克服了酸性胶腐蚀金属材料和与碱性材料发生反应的特点,因此适用范围更广,其市场价格比酸性胶稍高。

酸性硅酮玻璃胶的粘接范围广,对大部分建筑材料,如玻璃、铝材、不含油质的木材等具有优异的粘接性。中性硅酮玻璃胶可以用于粘接陶瓷洁具、大理石等。

### 4.5.6 丙烯酸树脂胶

丙烯酸树脂胶是以丙烯酸树脂为基体的胶黏剂的总称。由于丙烯酸树脂衍生物种类很多,还有许多能与之共聚的不饱和化合物,因此能制成多种功能的胶黏剂。它分热塑性和热固性两大类。热塑性类型的主要组成是聚甲基丙烯酸酯线型结构聚合物;热固性类型又分为第一代、第二代和第三代丙烯酸树脂胶黏剂,$\alpha$-氰基丙烯酸酯胶黏剂),丙烯酸双酯胶黏剂(厌氧胶)等。

### 4.5.7 聚氨酯胶

聚氨酯胶黏剂( Polyurethane Adhesive)是指在分子链中含有氨基甲酸酯基团(—NHCOO—)或异氰酸酯基(—NCO)的胶黏剂。其具有胶膜坚韧、耐冲击、挠曲性好、剥离强度高的优点,有很好的耐超低温性、耐油和耐磨性等。作为一种环保型胶黏剂,已进入工业、农业、交通、医学、国防和日常生活各个领域,在国民经济中发挥越来越大的作用。广泛用于汽车、木材、制鞋、软包装、书籍装订、油墨、建筑等领域。

### 4.5.8 聚乙烯醇胶

聚乙烯醇缩丁醛(PVB)是由聚乙烯醇和丁醛在酸的催化作用下,缩合反应而成的合成树脂。无毒、无嗅,具有极高的透明性,良好的绝缘性、成模性和抗冲击性,耐紫外线,耐水,耐油,耐老化,耐低温,性能优良。与酚醛树脂、环氧树脂、硝化纤维、天然树脂等有很好的相容性,可以改善这些树脂的性能。对玻璃、金属、木材、陶瓷、皮革、纤维等材料有良好的粘接性能,在国防和国民经济各个领域都有广泛的应用。

# 4.6 特殊功能的高分子材料

## 4.6.1 有机玻璃

（1）有机玻璃的化学结构。有机玻璃是一种通俗的名称，这种高分子透明材料的化学名称叫聚甲基丙烯酸酯类，如用于隐形眼镜的材料聚 $\alpha$-甲基丙烯酸-2-羟乙酯和用于人工牙齿的聚 $\alpha$-甲基丙烯酸甲酯。

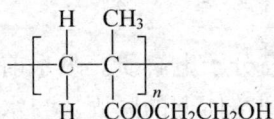

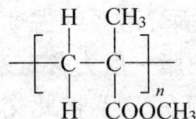

$$\left[\begin{array}{c} H \\ | \\ -C- \\ | \\ H \end{array} \begin{array}{c} CH_3 \\ | \\ -C- \\ | \\ COOCH_2CH_2OH \end{array}\right]_n \qquad \left[\begin{array}{c} H \\ | \\ -C- \\ | \\ H \end{array} \begin{array}{c} CH_3 \\ | \\ -C- \\ | \\ COOCH_3 \end{array}\right]_n$$

聚 $\alpha$-甲基丙烯酸-2-羟乙酯　　　　　　　聚 $\alpha$-甲基丙烯酸甲酯

1927 年，德国罗姆－哈斯公司的化学家在两块玻璃板之间将丙烯酸酯加热，丙烯酸酯发生聚合反应，生成了黏性的橡胶状夹层，可用做防破碎的安全玻璃。当他们用同样的方法使甲基丙烯酸甲酯聚合时，得到了透明度既好，其他性能也良好的有机玻璃板，它就是聚甲基丙烯酸甲酯。1931 年，罗姆-哈斯公司建厂生产聚甲基丙烯酸甲酯，首先在飞机工业得到应用，取代了赛璐珞塑料，用做飞机座舱罩和挡风玻璃。如果在生产有机玻璃时加入各种染色剂，就可以聚合成为彩色有机玻璃；如果加入荧光剂（如硫化锌），就可聚合成荧光有机玻璃；如果加入人造珍珠粉（如碱式碳酸铅），则可制得珠光有机玻璃。

（2）有机玻璃的特性。有机玻璃是目前最优良的高分子透明材料，透光率达到92%，比玻璃的透光度高；有机玻璃的强度比较高，抗拉伸和抗冲击的能力比普通玻璃高 7 倍～18 倍；有机玻璃的密度为 1.18kg/dm³，同样大小的材料，其质量只有普通玻璃的1/2，金属铝（属于轻金属）的43%。

（3）有机玻璃的用途。有机玻璃具有以上优良性能，使它的用途极为广泛。除了在飞机上用做座舱盖、风挡和弦窗外，也用做吉普车的风挡和车窗、大型建筑的天窗（可以防破碎）、电视和雷达的屏幕、仪器和设备的防护罩、电信仪表的外壳、望远镜和照相机上的光学镜片。

用有机玻璃制造的日用品琳琅满目，如用珠光有机玻璃制成的钮扣，各种玩具、灯具也都因为有了彩色有机玻璃的装饰作用，而显得格外美观。

有机玻璃在医学上还有一个绝妙的用处，就是制造人工角膜、隐形眼镜和人工牙齿。

## 4.6.2 吸水树脂

（1）高吸水树脂（Super Absorbent Polymer，SAP）的结构。高吸水树脂是一种

新型功能高分子材料,它具有吸收比自身重几百到几千倍水的高吸水功能,并且保水性能优良,一旦吸水膨胀成为水凝胶,即使加压也很难把水分离出来。因此,它在个人卫生用品、工农业生产、土木建筑等领域都有广泛用途。高吸水树脂是一类含有亲水基团和交联结构的大分子,最早由 Fanta 等采用淀粉接枝聚丙烯腈再经皂化制得。按原料划分,有淀粉系(接枝物、羧甲基化等)、纤维素系(羧甲基化、接枝物等)、合成聚合物系(聚丙烯酸系、聚乙烯醇系、聚氧乙烯系等)几大类。其中聚丙烯酸系高吸水树脂与淀粉系及纤维素系相比,具有生产成本低、工艺简单、生产效率高、吸水能力强、产品保质期长等一系列优点,成为当前该领域的研究热点。目前,世界高吸水树脂生产中,聚丙烯酸系约占 80%。

高吸水树脂一般为含有亲水基团和交联结构的高分子电解质。吸水前,高分子链相互靠拢缠在一起,彼此交联成网状结构,从而达到整体上的紧固。与水接触时,水分子通过毛细作用及扩散作用渗透到树脂中,链上的电离基团在水中电离。链上同离子之间的静电斥力使高分子链伸展溶胀。由于电中性要求,反离子不能迁移到树脂外部,树脂内外部溶液间的离子浓度差形成反渗透压。水在反渗透压的作用下进一步进入树脂中,形成水凝胶。

(2) 高吸水树脂的应用。

① 尿不湿。高吸水性树脂是制造婴儿尿布的绝好材料,它是由淀粉和丙烯酸盐做主要原料制成的。"尿不湿"的突出特点是吸水和蓄水量大得惊人。吸收生理盐水是自身质量的 40 倍~60 倍,纯净水是自身质量的 100 倍~500 倍。所以小孩尿尿不必担心尿湿裤子,流出的尿会被它全部"喝"光,因此俗称"尿不湿"。同时也是前列腺患者和老年人的保护神。

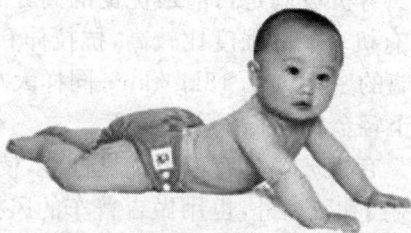

尿不湿

但尿不湿透气性能差,散热性能也不够理想,建议在夜间使用。

② 土壤保水剂。土壤保水剂主要成分为聚丙烯酸盐和聚丙烯酰胺共聚体。其内部含有大量结构特异的强吸水性基团,能迅速吸收比自身重数百倍的脱离子水,数十倍近百倍的含盐水分。它创造了能快速吸收、储存、缓慢释放水分与养分的"小水库",并有效降低灌溉水(雨水)和肥力的深层渗漏,提高水肥利用率,从而增强土壤的保水性,并控制土壤水分的蒸发,以满足植物的生长需要,促进植物根系的生长发育,同时改善土壤结构、增加土壤活性、减少土壤板结等。

由于高吸水树脂的亲水性及优良的防雾性和抗结露性能,所以又可作为新的包装材料。利用高吸水聚合物独特性能制成的包装薄膜可有效保持食品鲜度。

在化妆品中加入少量的高吸水聚合物,还可使其乳液黏度增大,是一种理想的增稠剂。

随着科学技术的发展,环境保护已越来越受到人们的关注。如果将高吸水聚合物装入到一个可溶于污水的袋中,并将此袋浸入污水中,当袋子被溶解后,高吸水聚合物就可迅速地吸收液体而使污水固体化。

### 4.6.3　离子交换树脂

(1) 分类。离子交换树脂是具有网状结构、带有官能团(有交换离子的活性基团)、不溶性的高分子化合物。可分为强酸型、弱酸型、强碱型、弱碱型、螯合型、两性型、氧化还原型等;按骨架可分为苯乙烯系、丙烯酸系、乙烯吡啶系等。

(2) 强酸性阳离子树脂。这类树脂一般含有大量的强酸性磺酸基($-SO_3H$)基团,容易在溶液中离解出 $H^+$,故呈强酸性。树脂离解后,本体所含的负电基团,如 $SO_3^-$,能吸附结合溶液中的其他阳离子。这两个反应使树脂中的 $H^+$ 与溶液中的阳离子互相交换。强酸性树脂的离解能力很强,在酸性或碱性溶液中均能离解和产生离子交换作用。

(3) 弱酸性阳离子树脂。这类树脂含弱酸性基团,如羧基($-COOH$),能在水中离解出 $H^+$ 而呈酸性。树脂离解后余下的负电基团,如($R-COO-$)($R$ 为碳氢基团),能与溶液中的其他阳离子吸附结合,从而产生阳离子交换作用。这种树脂的酸性(即离解性)较弱,在低 pH 值下难以离解和进行离子交换,只能在碱性、中性或微酸性溶液中(如 pH=5~14)起作用。这类树脂亦是用酸进行再生(比强酸性树脂较易再生)。

(4) 强碱性阴离子树脂。这类树脂含有强碱性基团,如季胺基(亦称四级胺基)($-NR_3OH$)($R$ 为碳氢基团),能在水中离解出 $OH^-$ 而呈强碱性。这种树脂的正电基团能与溶液中的阴离子吸附结合,从而产生阴离子交换作用。这种树脂的离解性很强,在不同 pH 值下都能正常工作。它用强碱(如 NaOH)进行再生。

(5) 弱碱性阴离子树脂。这类树脂含有弱碱性基团,如伯胺基(亦称一级胺基)($-NH_2$)、仲胺基(二级胺基)($-NHR$)或叔胺基(三级胺基)($-NR_2$),它们在水中能离解出 $OH^-$ 而呈弱碱性。这种树脂的正电基团能与溶液中的阴离子吸附结合,从而产生阴离子交换作用,在多数情况下是将溶液中的整个其他酸分子吸附。它只能在中性或酸性条件(如 pH=1~9)下工作。它可用 $Na_2CO_3$、$NH_4OH$ 进行再生。

(6) 应用领域。

① 水处理。该领域离子交换树脂的需求量很大,约占离子交换树脂产量的 90%,用于水中的各种阴阳离子的去除。目前,离子交换树脂的最大消耗量是用在火力发电厂的纯水处理上,其次是原子能、半导体、电子工业等。

② 食品工业。离子交换树脂可用于制糖、味精、酒的精制、生物制品等工业装置上。例如：高果糖浆的制造是由玉米中萃出淀粉后，再经水解反应，产生葡萄糖与果糖，而后经离子交换处理，可以生成高果糖浆。离子交换树脂在食品工业中的消耗量仅次于水处理。

③ 制药行业。制药工业离子交换树脂对发展新一代的抗菌素及对原有抗菌素的质量改良具有重要作用。链霉素的开发成功即是突出的例子。近年还在中药提成等方面有所研究。

④ 合成化学和石油化学工业。在有机合成中，常用酸和碱做催化剂进行酯化、水解、酯交换、水合等反应。用离子交换树脂代替无机酸、碱，同样可进行上述反应，且优点更多。如树脂可反复使用，产品容易分离，反应器不会被腐蚀，不污染环境，反应容易控制等。

甲基叔丁基醚(MTBE)的制备，就是用大孔型离子交换树脂做催化剂，由异丁烯与甲醇反应而成，代替了原有的可对环境造成严重污染的四乙基铅。

⑤ 环境保护。离子交换树脂已应用在许多非常受关注的环境保护问题上。目前，许多水溶液或非水溶液中含有有毒离子或非离子物质，这些可用树脂进行回收使用。如去除电镀废液中的金属离子，回收电影制片废液里的有用物质等。

⑥ 湿法冶金及其他。离子交换树脂可以从贫铀矿里分离、浓缩、提纯铀及提取稀土元素和贵金属。

### 4.6.4　导电高分子材料

导电性高分子材料有聚乙炔、聚苯、聚吡咯、聚噻吩、聚吡啶、聚苯硫醚等。

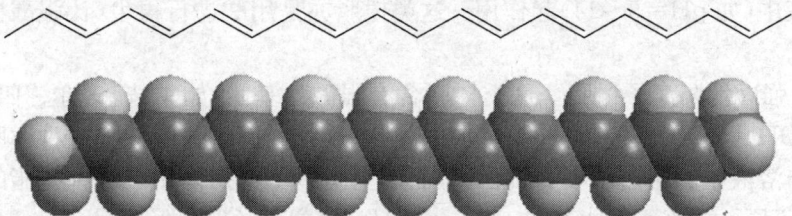

聚乙炔

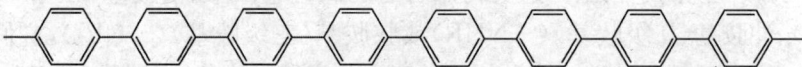

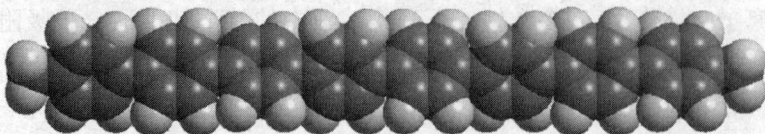

聚苯

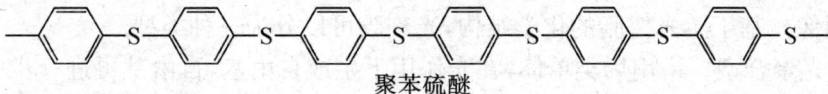
聚苯硫醚

## 4.6.5 聚乳酸

单个的乳酸分子中有一个羟基和一个羧基,多个乳酸分子在一起,—OH 与其他分子的—COOH 脱水缩合,—COOH 与其他分子的—OH 脱水缩合,就这样,它们手拉手形成了聚合物,称为聚乳酸,也称聚丙交酯,属于聚酯家族。聚乳酸是以乳酸为主要原料聚合得到的聚合物,原料来源充分而且可以再生。其生产过程无污染,产品可以生物降解,实现在自然界中的循环,因此是理想的绿色高分子材料。

聚乳酸由可再生的植物资源(如玉米)所提出的淀粉原料制成。淀粉原料经由发酵过程制成乳酸,再通过化学合成转换成聚乳酸。其具有良好的生物可降解性,使用后能被自然界中的微生物完全降解,最终生成二氧化碳和水,不污染环境,这对保护环境非常有利,是公认的环境友好型材料。

聚乳酸可用于加工从工业到民用的各种塑料制品、包装食品、快餐饭盒、无纺布、工业及民用布。进而加工成农用织物、保健织物、抹布、卫生用品、室外防紫外线织物、帐篷布、地垫面等。

聚乳酸在医药领域应用也非常广泛,如可生产一次性输液用具、免拆型手术缝合线等。低分子聚乳酸可用于制造药物缓释包装剂等。

在真空下使用溶剂经脱水缩聚制备聚乳酸,日本在这方面做了大量的研究,但最终没有成功实现产业化。使乳酸生成环状二聚体丙交酯,再开环缩聚成聚乳酸,这一技术较为成熟,美国 NatureWorks 公司生产聚乳酸的工艺即如此。中国的海正与中科院共同研制的聚乳酸生产技术也与此相似,主要过程是原料经微生物发酵制得乳酸后,再经过精制、脱水低聚、高温裂解,最后聚合成聚乳酸。

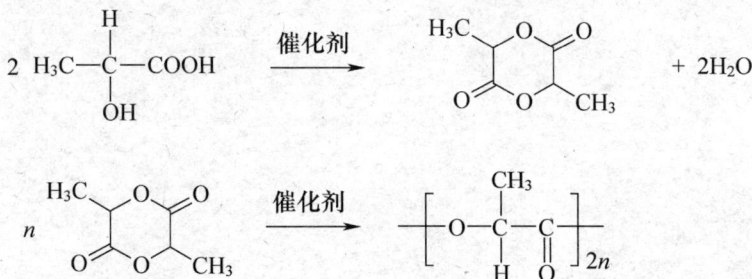

## 4.6.6 光刻胶

光刻胶多是由感光树脂、增感剂和溶剂三种主要成分组成的对光敏感的混合液体。感光树脂经光照后,在曝光区能很快发生光固化反应,使得这种材料的物理性能,特别是溶解性、亲和性等发生明显变化。经适当的溶剂处理,溶去可溶性部分,得到所需图像。基于感光树脂的化学结构,光刻胶可以分为三种类型。

(1) 光聚合型。采用烯类单体,在光作用下生成自由基,自由基再进一步引发单体聚合,最后生成聚合物,形成图像。

(2) 光分解型。采用含有叠氮醌类化合物的材料,经光照后,会发生光分解反应,由油溶性变为水溶性,形成图像。

(3) 光交联型。采用聚乙烯醇月桂酸酯等作为光敏材料,在光的作用下,其分子中的双键被打开,并使链与链之间发生交联,形成一种不溶性的网状结构而起到抗蚀作用,形成图像。光刻胶可用于发光二极管、太阳能电池、生物芯片和光电子器件的制作。

# 第5章 生活中的化学小常识

## 5.1 发霉的甘蔗和玉米秆不能吃

2004年2月17日,河北省邢台市宁晋县发生5人因食用霉变甘蔗引起食物中毒事件,其中1名10岁儿童死亡。霉变甘蔗含有神经毒素3-硝基丙酸,在体内经分解,变成毒性极大的硝基乙烷。霉变甘蔗瓤部颜色呈浅棕色,有酒糟味或酸霉味。中毒后临床症状以中枢神经系统损伤为主,进食甘蔗2h~8h后发病,病人最初症状为呕吐、头晕、头疼、视力障碍,进而出现眼球偏侧凝视、复视、阵发性抽搐,四肢强直、屈曲、内旋,手呈鸡爪状,大小便失禁,严重者出现昏迷、呼吸衰竭甚至死亡。病死率及出现后遗症概率高达50%左右。同样,霉变玉米秆也不能食用。

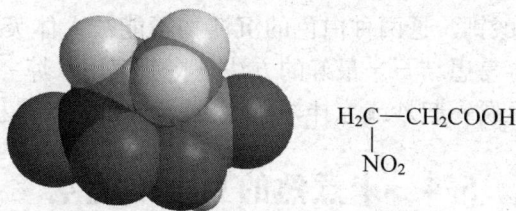

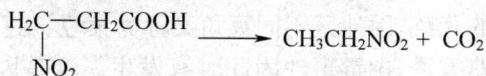

$$H_2C\text{—}CH_2COOH$$
$$|$$
$$NO_2$$

$$H_2C\text{—}CH_2COOH \longrightarrow CH_3CH_2NO_2 + CO_2$$
$$|$$
$$NO_2$$

一旦发生食用霉变甘蔗中毒,应迅速洗胃或灌肠,尽快把中毒者体内的毒物排出。洗胃可用生理盐水或1∶2000高锰酸钾液、0.5%活性炭混悬液,并尽快送医院处理。

## 5.2　杨柳树叶子的妙用

春天的杨柳树芽叶富含水杨酸,是消炎止痛的良方。若在野外牙痛,嚼一些杨柳树叶,可使症状明显缓解。人们熟知的阿司匹林主要是以水杨酸为主要原料。由于酚羟基对胃有刺激作用,所以人们将之制成乙酰基水杨酸。

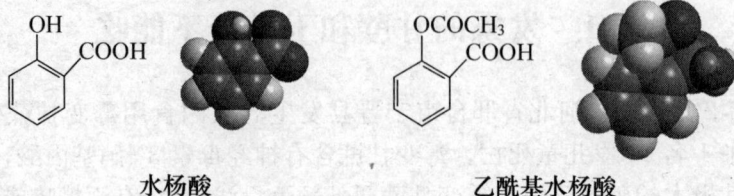

水杨酸　　　　　　　　　　　　乙酰基水杨酸

## 5.3　菠菜和豆腐是否可以同吃

豆腐中含有氯化镁、硫酸钙这两种物质,而菠菜中则含有草酸,两种食物遇到一起可生成草酸镁和草酸钙。这两种白色的沉淀物不能被人体吸收,不仅影响人体吸收钙质,而且还使人容易患结石。最好的方法是将菠菜用水焯一下,去除菠菜中的大部分草酸成分,再和豆腐一起炒或凉拌,既味美且营养价值又高。

## 5.4　未煮熟的豆角不能吃

豆角是人们爱吃的蔬菜,因地区不同豆角又称为菜豆、扁豆、弯子等。近年来,由于人们在烹调时未煮熟煮透,中毒事件因此时有发生。这是因为豆角中皂苷和红细胞凝集素具有凝血作用,如水焯后做凉拌菜、炒食,就不能彻底破坏其含毒成分。一般炖食者很少发生中毒。

## 5.5　发芽发青的土豆不能吃

土豆中含有一种生物碱,叫龙葵素。质量好的土豆每100g中只含龙葵素10mg,而变青、发芽、腐烂的土豆中,龙葵素可增加500mg或更多。正常土豆中龙葵素的含量较少,当土豆发芽后,皮肉变绿,龙葵素含量增高。

土豆应储存在低温、通风、无直射阳光的地方,以防其生芽变绿。生芽过多或皮肉大部分变黑、变绿时不得食用。发芽很少的土豆,应彻底挖去芽和芽眼周围的肉,因龙葵素溶于水,可侵入水中泡半小时左右。利用龙葵素具有弱碱性的特点,在烧土豆时加入适量米醋,利用醋的酸性作用来分解龙葵素,可起解毒作用。吃土豆时若口中有发麻的感觉,则表明该土豆中还含有较多的龙葵素,应立即停止食用,以防中毒。

如果吃进 300mg~400mg 或更多的龙葵素,则症状就会加重,表现为体温升高和反复呕吐而致失水、瞳孔放大、怕光、耳鸣、抽搐、呼吸困难、血压下降,极少数人可因呼吸麻痹而死亡。

## 5.6 少用一次性木筷

每个人都有在外就餐时使用一次性筷子的经历,还有很多人在外就餐时只愿意使用一次性筷子,认为这样比较卫生、安全,实际上,这是错误的,原因如下。

(1) 一次性筷子含有二氧化硫有毒物质。"美白"的筷子是经硫磺熏蒸漂白过的,其二氧化硫成分会严重超标。因此,人们用这种筷子进餐时,二氧化硫随着空气的流动很容易被吸附至呼吸道,咳嗽、哮喘等呼吸道疾病可能会随之而来。除此之外,硫磺中含有重金属,如铅、汞等,重金属在人体内部是可以堆积的,长时间的累积会造成铅中毒或汞中毒。

(2) 一次性筷子含有滑石粉。为了去除竹子的毛刺,令其看起来光滑,制作者将其放入滑石粉中,通过摩擦对筷子进行加工。滑石粉容易增加人体患胆结石的概率。

(3) 一次性筷子含有病菌。一次性筷子的生产过程十分简单,一些企业没有消毒过程。在包装、运输、储存中,更没有严格的卫生要求。在不少饭店我们经常可以看到,一些一次性筷子套上个塑料袋,或"一丝不挂"地倒置在容器里,直接暴露在空气中,这些都有可能增大病菌传播的机会。

(4) 一次性筷子可能使用多次。一次性筷子绝大多数不是使用一次,而是多人使用多次。由于消毒不彻底,传染病的传播是不可避免的。

(5) 一次性筷子浪费资源。我国每年生产大约 450 亿双一次性筷子,需要砍伐 2500 万棵树或竹子,严重破坏了环境。日本、韩国拥有大片的森林,却还要每年从我国进口 150 亿双一次性筷子,值得我们深思。所以,我们应停止使用一次性筷子,禁止出口一次性木筷。

## 5.7 当心鲜黄花菜中毒

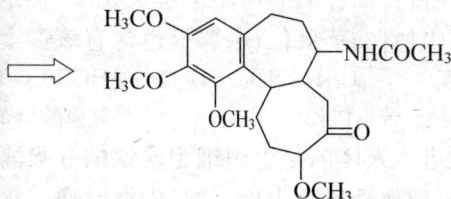

147

黄花菜又名金针菜、萱草,是人们喜食的传统优质山野菜之一。它富含胡萝卜素、维生素 B、维生素 C、蛋白质、脂肪、糖类,以及钙、铁等人体不可缺少的营养成分。黄花菜可制成味道鲜美的多种菜肴,既可以凉拌、爆炒,也可以做汤料、火锅等。干品食用前用凉水浸泡半天即可复原,属味甘、性凉,有利湿热、通便、去水肿、宽胸隔、安神、消食等,对神经衰弱、烦热失眠有疗效。

鲜黄花菜中含有一种叫秋水仙碱的化学成分,当它进入人体被氧化后,会迅速生成二秋水仙碱,这是一种剧毒物质。成年人如果一次摄入 0.1mg～0.2mg 秋水仙碱(相当于鲜黄花 50g～100g),即可引起中毒,一次摄入 3mg～20mg 秋水仙碱,可导致死亡。

鲜黄花菜引起的中毒,主要表现为嗓子发干、心慌胸闷、头昏头痛、恶心呕吐、大量出汗及腹痛腹泻,重者还会出现血尿、血便、尿闭与昏迷等。

预防鲜黄花菜中毒的最好方法是:食用干制黄花菜。若食用鲜黄花菜,必须注意烹调得当。其方法主要有两种:一是浸泡处理法,即在鲜黄花菜烹调前先用开水焯一下,然后再用清水浸泡 2h～3h(中间需换一次水);二是高温处理法,即用鲜黄花菜做汤,汤要宽(水要多),汤开后还要煮沸 10min～15min,把菜煮熟煮透,使其中的秋水仙碱被破坏。

# 5.8　当心苦杏仁中毒

杏仁分苦杏仁、甜杏仁两种。甜杏仁大而扁,杏仁皮色浅,味不苦,毒性较小。苦杏仁个小,杏仁皮厚,皮色深,近红色,味苦,有毒。苦杏仁中有毒成分称为杏仁苷,入口咀嚼时,在苦杏仁苷酶的作用下释放出一种剧毒物质——氢氰酸,容易引起中毒。桃仁、梅仁、山楂仁、苹果仁、木薯等也含有该毒素。

$$C_{20}H_{27}NO_{11} + H_2O \longrightarrow HCN + C_6H_5CHO + C_6H_{11}O_6$$
$$\quad\text{苦杏仁苷}\qquad\qquad\qquad\text{氢氰酸}\ \ \text{苯甲醛}\ \ \text{葡萄糖}$$

氢氰酸进入人体内与组织细胞含铁的呼吸酶结合,阻止呼吸酶递送氧,使组织细胞窒息;同时使血管运动中枢、呼吸中枢麻痹。食入苦杏仁数小时就会引起中毒。轻者头痛、头晕、无力、恶心,4h～6h 后症状消失;中度中毒者除上述症状外,还有呕吐、意识不清、腹泻、心慌、胸闷等症状；重度中毒者上述症状更为明显，并出现脸部、黏膜发绀，气喘、痉挛、牙关紧闭、昏迷，瞳孔散大、对光反射消失，最后呼吸麻痹直至死亡。儿童吃五六个苦杏仁即能引起中毒或死亡。出现上述症状，应立即用 1∶（2000～4000）高锰酸钾液洗胃或催吐，立即送医院急救。

预防含氰苷类植物中毒，主要是不吃各种苦味果仁，若食用凉拌果仁小菜，必须用清水充分浸泡，再敞锅蒸煮，使毒素挥发，同时也不宜吃得太多。

1959 年，江苏南通市医药总店饮片加工场青年职工沈俊臣因吃了专供中药配方使用的炒苦杏仁中毒，经抢救无效死亡，曾在当时医药界作为典型事例告诫大家。

## 5.9　死河(湖)蟹不能再加工食用

河(湖)蟹营养价值很高，尤其是蟹体内的维生素 A 和核黄素的含量是首屈一指的。但已经死亡的河(湖)蟹不能吃。这是因为螃蟹生活在水中，喜欢吃水中死鱼、死虾等腐败的动物尸体，在螃蟹体内便会感染一定的细菌。活蟹可以通过体内的新陈代谢将细菌排出体外；螃蟹一旦死亡，体内的细菌就会大量繁殖，分解蟹肉，有的细菌还产生毒素。特别是当螃蟹垂死或已死时，蟹体内的组氧酸会分解产生组胺。组胺为一种有毒的物质。随着死亡时间的延长，蟹体积累的组胺越来越多，即使蟹煮熟了，这种毒素也不易被破坏。人们吃了死螃蟹就会引起食物中毒，常见的表现有恶心、呕吐、腹痛、腹泻；严重者可发生脱水、电解质紊乱、抽搐，甚至休克、昏迷、败血症等。鉴如此，即使是活蟹也要蒸熟煮透，民间流传的"生吃螃蟹活吃虾"由于污染问题现已不可取。

## 5.10　鱼类腥味的去除

鱼腥味来源于鱼身上的甲胺、二甲胺和三甲胺，其结构为

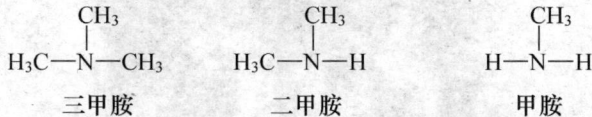

$$H_3C-\underset{\underset{CH_3}{|}}{\overset{\overset{CH_3}{|}}{N}}-CH_3 \qquad H_3C-\underset{\underset{H}{|}}{\overset{\overset{CH_3}{|}}{N}}-H \qquad H-\underset{\underset{H}{|}}{\overset{\overset{CH_3}{|}}{N}}-H$$

三甲胺　　　　　　二甲胺　　　　　　甲胺

甲胺、二甲胺和三甲胺易溶于乙醇，因此，煮鱼时加些酒，使甲胺、二甲胺和三甲胺在加热过程中随乙醇一起挥发掉，这样鱼的腥味就减少了。使用葱、姜、蒜会使味道更加鲜美。

## 5.11　河豚鱼中毒与解毒

河豚鱼是上等佳肴，但吃时要特别小心，因为河豚鱼中含有剧毒的河豚鱼毒素

(Tetrodotoxin)。研究发现，河豚鱼毒不会让河豚鱼中毒，是因为其体内含有大量的半胱氨酸，半胱氨酸与河豚鱼毒素中的内脂环作用，使毒性消失。因此半胱氨酸是河豚鱼中毒素很好的解毒剂。也可使用 $1/2000\ KMnO_4$ 溶液洗胃，再送医院救治。

## 5.12　变质的肉类不能食用

肉中的蛋白质经过蛋白酶水解分解成氨基酸，经过人体吸收后，变成人体的营养物质。但是，由于受到空气中霉菌的影响而变质的肉类会发生异常反应，产生有毒的物质，人食后会引起中毒。如蛋白质中的赖氨酸在霉菌的作用下会分解成恶臭剧毒的尸胺；鸟氨酸在霉菌的作用下会分解成恶臭剧毒的腐肉胺。

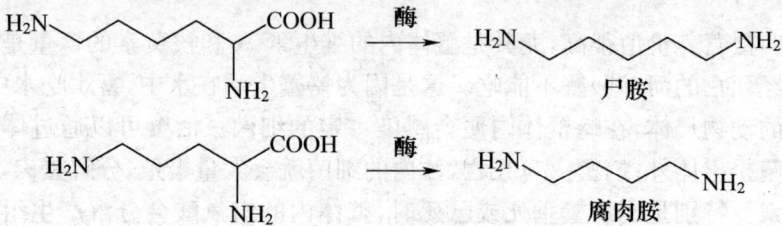

人和动物的尸体腐烂后放出的恶臭，主要是这两种胺的作用。

## 5.13　生吃未熟的青西红柿易中毒

未成熟的青西红柿含有毒性物质，叫龙葵素，食用这种还未成熟的青色西红柿，口腔有苦涩感，吃后可出现恶心、呕吐等中毒症状。特别是一些反季节西红柿多有"乙烯利"催熟剂物质，这样的西红柿大小通体全红，手感很硬，外观呈多面体，籽呈绿色或未长籽，这种西红柿不可生吃；而自然成熟的西红柿蒂周围有些绿色，捏起来很软，外观圆滑，籽粒呈土黄色，肉质红色，多汁。

我国每年都有青西红柿中毒事件发生，应引起人们注意。

## 5.14　小心喝水中毒

水在人体中占体重的 65%～70%，只有水、电解质保持稳定和平衡，生命活动才能顺利进行。纯水中不含人体所必需的各种离子，加之大量出汗，钠盐等随汗液丢失很多，1L 汗水就含有将近 3g 的盐。血液被大量的水稀释后，渗透压降低，水就会通过细胞膜渗入细胞内，致使细胞水肿而发生水中毒。

水中毒对人体特别是对大脑细胞的损害较重，一旦脑细胞水肿，颅内压力就会增高，出现一系列的神经刺激症状，如头痛、呕吐、嗜睡、呼吸及心跳减慢，严重者还会产生昏迷、抽搐甚至危害生命。因此，夏季时分、大量出汗后最好在喝的水中加入适当的盐，还可多食含盐较重的食物。外出旅游时，应喝些含钠离子及各种矿物质的汽水、矿泉水等，以补充体内微量离子的不足。大运动量后，也应及时补充有盐的水。

## 5.15　大蒜的功能

自由基是导致人体器官老化病变的元凶，而大蒜的提取物可有效清除部分自由基，延缓衰老。生大蒜有降低血脂、防治动脉粥样硬化、抑制血小板聚集、增加纤溶酶活、阻止血栓形成等作用。大蒜汁可对多种致病菌，如葡萄球菌、链球菌、脑膜炎双球菌、肺炎双球菌、痢疾杆菌、大肠杆菌等生长繁殖有明显的抑制作用。临床上，常用口服大蒜糖浆、大蒜新素治疗菌痢和肠炎，疗效显著。此外，大蒜对脊髓灰质炎病毒、人类鼻病毒、疱疹病毒有较强的杀灭作用。而平常有食大蒜习惯的人，患流行性感冒的比例也较低。大量的流行病学调查显示，大蒜产区和长期食用大蒜的人群，其癌症发病率均低于对照组，大蒜可降低胃癌的发生率和死亡率，不食大蒜的人胃癌的死亡率是喜食大蒜人胃癌死亡率的 12 倍。国外流行病学调查也表明，每周进食生大蒜量高于 28.8g，可以把胃癌、结肠癌的发病率降低 50% 以上。实验还证实，大蒜可以降低或消除致癌物在体内的活性，促进肿瘤细胞凋亡、坏死、分化。大蒜能促进淋巴细胞，巨噬细胞的增生，刺激淋巴细胞分泌干扰素、肿瘤坏死因子、白细胞介素等，提高机体免疫力。

　　大蒜之所以有这么出色的功效,是因为它含有蒜氨酸和蒜酶这两种有效物质。蒜氨酸和蒜酶各自在新鲜大蒜的细胞里,一旦把大蒜碾碎,就会互相接触,从而形成一种没有颜色的油滑液体——大蒜素。大蒜素有很强的杀菌作用,进入人体后能与细菌的胱氨酸反应生成结晶状沉淀,破坏细菌所必需的硫氨基生物中的 SH 基,使细菌的代谢出现紊乱,从而无法繁殖和生长。

　　大蒜素等是大蒜的主要成分,其化学结构为:

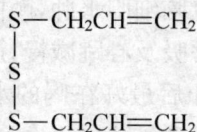

大蒜新素

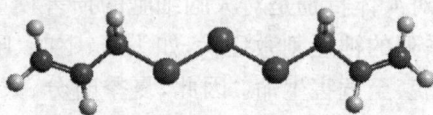

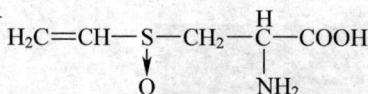

大蒜辣素

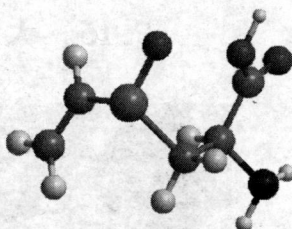

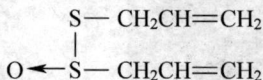

蒜氨酸

　　除上述成分外,大蒜还含有 P,Mg,Ca,Fe,Si,Zn 等矿物质。

# 5.16　大豆异黄酮与癌症

　　1990 年,美国国家癌症研究所发现大豆异黄酮(Soybean Isoflavones)是很好的抗癌防癌物质,这一成果在医药界引起很大轰动。日本科学家在对乳腺癌及前列腺癌的治疗中也成功地使用了异黄酮,并说明每天食用 20 g～30 g 大豆,就可获得充足的大豆异黄酮而确保健康。

　　大豆异黄酮属黄酮类混合物,它的基本骨架为 3-苯基苯并二氢吡喃酮,另外还包括木黄酮(Genistein)、大豆黄素(Glycitein)和黄豆苷元(Daidzein)三种配基,以及它们的葡萄糖配糖体,其配糖体及衍生物达 12 种之多。

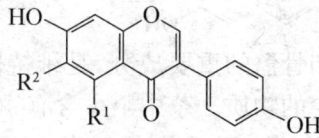

$R^1 R^2$ 为 H,OH,OCH$_3$

大豆异黄酮

研究表明,大豆异黄酮还具有抗酸化的能力,能增强心肌收缩力、增加冠状动脉血流量,能有效预防心脏病。它可以减小冠状动脉硬化损伤、外周血管动脉脂质化及损伤,还可以抑制凝血酶和血小板活化因子诱导的血小板聚集,抑制 TXA2 的释放。大豆异黄酮在低浓度时,可以抑制毛细血管内皮细胞的增殖,而在高浓度时,却能抑制血管渗透性因子诱导的冠状动脉舒张,并能抑制动脉平滑肌的生成,抑制细胞间黏附分子及血管黏附分子。上述因素共同作用使受损伤动脉壁渗出减轻及炎症程度减轻,抑制动脉粥样硬化形成。异黄酮还可以降低体内胆固醇和脂肪量,并能影响脂肪代谢,防止高血压、高血脂,预防心血管疾症的发生。

研究表明,大豆异黄酮可以缓解妇女更年期综合症。欧洲闭经期妇女更年期综合症发生率高于亚洲妇女,这大概与亚洲妇女多食大豆食品有关。此外,大豆异黄酮还具有雌激素调节作用,可用于改善妇女皮肤,增强美容效果。

我国是大豆的故乡,并有数千年食用史,开发应用大豆异黄酮具有丰富的原料来源。随着对大豆异黄酮功能性和营养性研究的深入开展,大豆异黄酮在食品、医药、保健品及其他行业中的应用越来越广泛。在未来的保健食品中,大豆异黄酮不仅仅作为食品添加剂,还可以作为食品的新原料,特别是功能性食品的基料在功能性食品中发挥重要作用。可以相信,随着研究的进一步发展,大豆异黄酮将会对人类健康做出更大的贡献。

# 5.17　茶的保健功能

茶叶中不但富含矿物质、维生素、蛋白质、脂肪、糖类 5 大营养物质和 300 多种化学成分,而且还有茶多酚、茶生物碱、脂多糖等多种有效药理成分。它们在人体内的作用,有的是由单一成分完成,有的却是几种成分相互协同的结果。在多种成分之间,既能彼此抑制互克其短,又能相互协调互补其长。可治疗大量不同的疾病,如治疗痢疾、降血脂、减肥、治疗糖尿病、预防肝炎、抗癌、抗突变、防辐射损伤、治疗眼疾、治疗高血压和某些心脏病等,因此长期适量饮用茶水对人体有百利而无一害。

儿茶酚

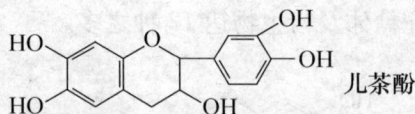

矿物质是构成细胞组织和骨骼的重要成分,是维持体内渗透压、酸碱平衡、离子平衡和人体代谢功能不可缺少的物质。茶中至少含有 40 多种矿质元素,其中有人体必需的常量元素 K,Ca,Na,P,Mg,Cl 和微量元素 Si,F,Al,Fe,Mn,Cu,Br,Sr 等。常量元素是人体健康的基础,微量元素是人体健康的保护神,各种元素在体内的作用是不同的,但有着紧密的联系,相互促进,共同完成各项代谢功能。每天喝 5 杯~6 杯茶水可以满足人体 Mn,K,Zn 需要的 45%,25%,10%左右。

维生素是人体维持正常代谢功能所必需的物质,在人体内不能自行合成,必须从食物中获取。维生素在茶叶中含量高、种类多,到目前为止已测定有 10 余种。Vc 的含量最高,在 100g 茶叶中含有 100mg~500mg,比等量的柠檬、菠萝、苹果都多,且全部溶于茶汤。Vc 能防治坏血病,排出胆固醇,参与人体内物质的氧化还原反应,将有毒重金属离子排出体外,有预防和治疗癌症的作用。$V_P$ 又称血管渗透维生素,可保持细胞和毛细血管正常渗透压,加强血管抵抗蛋白质的渗透,减少毛细血管出血,增强血管弹性,降血压。茶叶中 $V_B$ 含量丰富。$V_B$ 在人体中有重要作用。而以上维生素大部分溶解在水中,称为水溶性维生素,可以充分利用。$V_A$,$V_E$,$V_D$,$V_K$ 含量虽少,但对人体正常发育也很重要,其中 $V_E$ 可促进人体生殖机能的发育,防止衰老,$V_K$ 有止血的效果。

茶叶中氨基酸含量为 2%~5%,种类多,仅游离氨基酸就有 25 种,排在首位的是茶氨酸,其次是人体所需的 8 种氨基酸(苏氨酸、赖氨酸、谷氨酸、苯丙氨酸、异亮氨酸、亮氨酸、色氨酸和缬氨酸),还有天门冬氨酸、甘氨酸等。

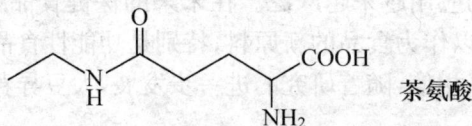

茶氨酸

这些氨基酸对人体具有极其重要的生理作用,是人体代谢机能不可缺少的。例如,亮氨酸可促进人体细胞的再生,加速伤口的愈合。苏氨酸、赖氨酸和组氨酸除对促进人体生长发育有重要作用外,还能促进人体对 Ca,Fe 的吸收,有防治骨质疏松、佝偻病和贫血的作用。茶氨酸有强心利尿、扩张血管、松弛支气管和平滑肌的功效。

糖类、蛋白质和脂肪三者是人体三大主要营养物质,人类在生命活动中不断获取这些物质,以维持恒定的体温。茶叶中含糖量为 10%~12.5%,有单糖(葡萄糖、果糖)、双糖(蔗糖、麦芽糖)、多糖(淀粉、纤维素),但在茶汤中只有 4%~5%溶解,因此属低热量饮料。蛋白质含量高,但溶于水的很少,脂肪含量低。

茶多酚是一类以儿茶素为主体的多酚类化合物,分为五类:黄烷醇类、花色苷类、黄烷酮类、黄酮醇类和酚酸类。它们具有降低血脂、抑制动脉粥样硬化、抗氧化、增强毛细血管韧性、降低血糖、防衰老、抗辐射、杀菌消炎、抗癌抗突变等作用。

日本科学家从广岛原子弹爆炸后的蒙难者中,发现经常饮茶的人,放射病一般表现较轻,体质较好。天津市卫生防疫站与中国农业科学院茶叶研究所合作,于 1974 年通过小白鼠放射性实验证实了茶多酚有抗辐射效果。

中国科学家研究绿茶发现,没食子酸酯(EGC)有抗衰老和抑制癌细胞增生的作用。

茶中的生物碱主要有咖啡碱、茶碱和可可碱,三者都是甲基嘌呤类化合物,是重要的生理活性物质,医药上用作健补药。咖啡碱及代谢产物不能在人体内积累,代谢很快。它具有兴奋、利尿、强心、消化、解毒、醒酒等作用。

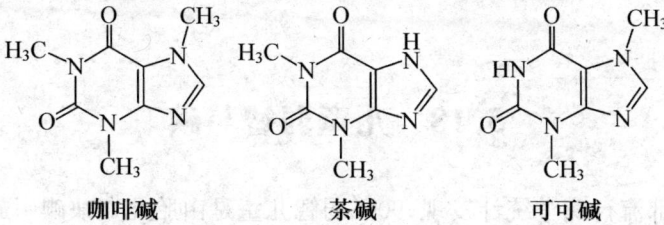

咖啡碱　　　　　　茶碱　　　　　　可可碱

脂多糖多为灰白或灰褐色,呈粉状,是类酯和多糖合在一起的大分子复合物。它可以增强机体的非特异性免疫能力,防辐射,改善造血功能。

茶中的香气源于茶中的萜类、酯类和酮类化合物。

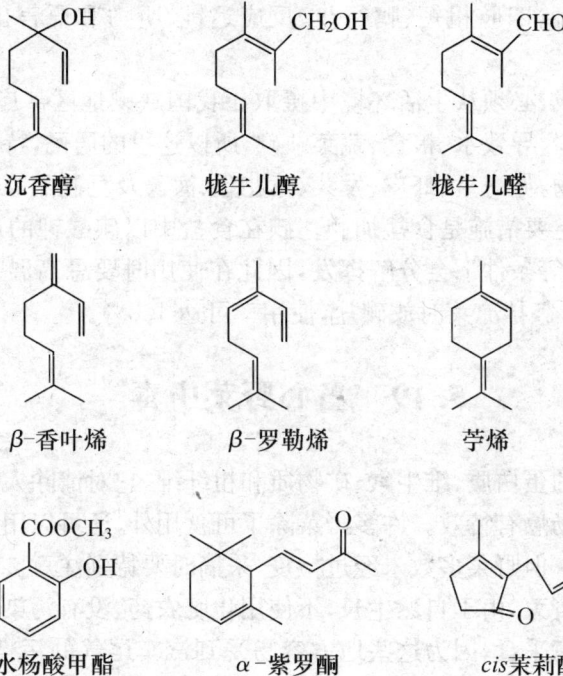

沉香醇　　　　　牻牛儿醇　　　　　牻牛儿醛

β-香叶烯　　　　β-罗勒烯　　　　苧烯

水杨酸甲酯　　　α-紫罗酮　　　　cis茉莉酮

155

# 5.18　儿童弱智与碘

我国卫生部流行病学统计发现,90％弱智儿童是由胎儿期缺碘引起的。

碘是人体甲状腺激素的主要成分,在人体中以化合物的形式存在,在胚胎时期碘就能促进脑细胞生长。妇女怀孕 84 天时,胎儿就有了聚碘的功能,到了 100 天,胎儿就能利用母体供给的碘,合成自身生长所需的甲状腺素。孕妇体内缺碘,会导致胎儿甲状腺发育不全,影响胎儿大脑神经系统的正常发育。这样的孩子出生后少动、怕冷、说话迟、哭声粗哑、四肢粗短、鸭行步、反应迟钝、听力和语言出现障碍、肢冷脉缓等。

碘自身不能合成,必须从生活环境中摄取。我国缺碘地区甚广,在缺碘地区,由于土壤中碘含量很少,导致水、粮食、蔬菜缺碘,所以这里的居民,特别是孕妇,应常吃一些含碘丰富的食物,如海蜇、虾皮、发菜、黄花鱼、海藻及豆制品等。

防止缺碘病的主要措施是食盐加碘。碘在食盐中以碘酸钾的形式存在,因为碘酸盐在热、光、风、湿等条件下会分解挥发,因此在使用时要忌高温。炒菜时加碘盐,碘的使用率仅为 90％,拌凉菜时放碘盐,使用率可达 100％。

# 5.19　当心野菜中毒

野菜含有丰富的蛋白质、维生素、矿物质和粗纤维,它对清除人体内的有毒物质、治疗便秘和防止结肠癌有特效。许多野菜除了可食用外,还可以用做药物,成为治疗某种疾病的特效药。但野菜多数未经过检疫,采摘时要特别注意。

生长在山区的野菜,由于自然生长,不使用化肥农药,没有污染。生长在路旁、田野内的野菜不宜随意采食,因为这些地方容易受到汽车尾气的污染;大田内的野菜,也可能会受到农药的污染。在化工厂周围,空气污染严重,土壤中汞、铅等重金属含量明显提高,在自然环境中生长的野菜很容易吸收这些重金属。若摄入过多的此类野菜,容易造成重金属积蓄中毒。

大多数野菜中含有生物碱,平常服磺胺药过敏者,采食野菜应该慎重。食后如出现周身发痒、浮肿、皮疹或皮下出血等过敏或中毒症状,应立即停食野菜,并到医院治疗,以免引起肝、肾功能的损害。食用野菜前必须用开水烫,再用清水漂洗几次,烧煮食用。

# 5.20  饮酒要适度

酒的主要成分是乙醇。饮酒后,酒精经胃吸收,其代谢主要在肝中进行。人体内有两种酶与酒精的代谢有关,一种叫酒精脱氢酶(ADH);另一种叫醛脱氢酶(AL-DH)。ADH 将酒精转化成乙醛,乙醛的积蓄会使脸发红,心跳加快。如果在脸色已发红时仍继续饮酒,这时会心跳加快、血管扩张、血压下降,为了保证体内主要脏器的血液供应,就必须收缩毛细血管使血压回升。因此,面部末梢血管中血流受阻,血量减少,脸就呈青色。经常饮酒的人,血管不断地经常扩张和收缩,日子一长,血管会变得十分脆弱,面部的毛细血管就可能破裂,致使皮肤上出现小红点。例如,酒糟鼻就是由局部血管长期扩张所造成的一种慢性皮肤病,跟嗜酒成性有很大的关系。AL-DH 可将乙醛转化成 $CO_2$ 和水。所以,缺少 ALDH 的人饮少量酒就会脸发红,身体内毛细管充血。

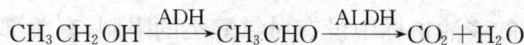

$$CH_3CH_2OH \xrightarrow{ADH} CH_3CHO \xrightarrow{ALDH} CO_2 + H_2O$$

进一步研究表明,ALDH 还可进一步分为 ALDH I 和 ALDH II 型,I 型比 II 型功能强,这是由遗传造成的,而东方人远比西方人差。

实验表明,人体内乙醇量达到 1g～2g 时,肝脏会轻度受损;达到 3g～4g 时,人进入昏睡状态;达到 4g～6g 时,会中毒死亡。

过度饮酒,会造成血压升高、肾功能下降,还易发生口腔癌、消化道癌、酒精肝和肝癌,影响生殖能力,因此,饮酒适度是上策。

严禁酒后驾车。酒精进入人体后,主要的毒害作用是对大脑等高级神经系统功能的抑制。饮酒后驾车,由于酒精的麻醉作用,人的手、脚的触觉较平时降低,往往无法正常控制油门、刹车及方向盘;对光、声刺激反应时间延长,本能反射动作的时间也相应延长,感觉器官和运动器官,如眼、手、脚之间的配合功能发生障碍,无法正确判断距离、速度;饮酒后可使视力暂时受损,视像不稳、辨色能力下降,因此不能发现和正确领会交通信号、标志和标线。同时饮酒后视野大大减小,视像模糊,易发生事故;饮酒后易困倦,行驶不规律。因此,为了家庭和他人的安全,千万不要酒后驾车。

酒后驾驶，害人害己

# 5.21　酱油中的致癌物从何处来

酱油是由大豆、小麦、玉米和食盐经过发酵酿制而成的，其中含的卵磷脂、异黄酮，对抑制肿瘤特别是乳腺癌有一定的效果。而采用盐酸水解法生产的酱油内含氯醇类致癌物，对人体有害。这种工艺生产的酱油不仅不能出口，在国内市场也应限制使用。产生氯醇的原因是豆类的油脂在盐酸的作用下发生水解和取代反应。氯醇类已被认为是水解酱油中的污染物，毒理实验表明具有致癌作用，并能造成肾脏和生殖系统的损伤。但现行的酱油指标中没有对氯醇类的限制，有关部门应尽快制定法规，以确保人民的健康。

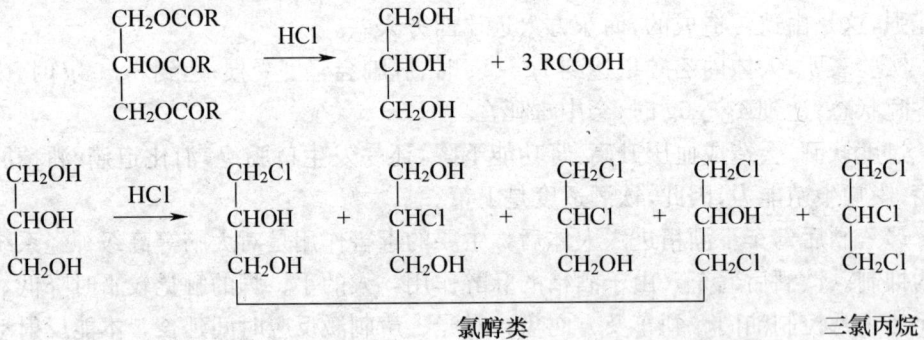

$$
\begin{array}{c}
CH_2OCOR \\
CHOCOR \\
CH_2OCOR
\end{array}
\xrightarrow{HCl}
\begin{array}{c}
CH_2OH \\
CHOH \\
CH_2OH
\end{array}
+ \ 3\ RCOOH
$$

$$
\begin{array}{c}
CH_2OH \\
CHOH \\
CH_2OH
\end{array}
\xrightarrow{HCl}
\begin{array}{c}
CH_2Cl \\
CHOH \\
CH_2OH
\end{array}
+
\begin{array}{c}
CH_2OH \\
CHCl \\
CH_2OH
\end{array}
+
\begin{array}{c}
CH_2Cl \\
CHCl \\
CH_2OH
\end{array}
+
\begin{array}{c}
CH_2Cl \\
CHOH \\
CH_2Cl
\end{array}
+
\begin{array}{c}
CH_2Cl \\
CHCl \\
CH_2Cl
\end{array}
$$

氯醇类　　　　　　　　　三氯丙烷

# 5.22　转基因食品

转基因食品是指以转基因生物为直接食品或为原料加工生产的食品。随着分子生物学和生物技术的迅猛发展，世界上许多国家正在大力开展转基因食品的研究，并正在形成可观的产业规模。与传统食品相比,转基因食品有很多优势,如它可以增加食品的营养,降低农作物的生产成本,改良品质,提高单位面积的产量等。据2001年11月的一份资料显示,全世界转基因作物的播种面积已达到400万 $hm^2$,转基因食品无论在数量上还是品种上都已具有一定的规模。在美国,超过60％的加工食品含有转基因成分;英国的报告也显示,该国大概有超过7000种的婴儿食品、巧克力、冷冻甜品、香肠、代肉食品等日常必需品,可能含有经过基因改造的大豆副产品。

但是,由于转基因食品是采用基因工程技术获得的"非常规"概念的食品,因此,在食品安全、食品检测、食品法规乃至食品经济和食品与农产品贸易方面已引起世界范围内的广泛争议。一般说来,转基因食品的食用安全性问题包括以下方面。

一是引入的外源基因的安全性评价。转基因食品植物所引入的蛋白质可能引起食品过敏症,特别是儿童和过敏体质的成人。众所周知,常规有性杂交仅限于种内或近缘种间,而转基因植物中的外源基因可来自植物、动物、微生物,人们对可能出现的新组合、新性状是否会影响人类健康和生物环境因缺乏足够的技术和知识而具有不确定性。事实上,引入的外源基因即 DNA,RNA 本身无安全性问题,因为所有的DNA 都是四种碱基组成的,但具体对于引入遗传物质的稳定性及是否发生转移,则应具体分析。

二是对于标记基因的安全性评价。转基因植物中有90％以上都使用卡那霉素抗性基因作为标志基因,在某些情况下,转基因食品中的标志基因表达蛋白可能对人体肠道中的正常微生物群落造成不利影响,卡那霉素抗性基因还可能被肠道中的有害菌所吸收,通过菌群影响消化道的正常消化功能,使肠道中大量滋生具有抗药性的有害菌,从而影响口服抗生素的药效。

三是转基因食品中可能含有对人体有毒害作用(如致癌)的物质。转基因食品中也可能含有使人体产生致敏反应的物质,其营养价值可能与非转基因食品有显著不同,长期食用可能对人体健康产生某些不利影响,如转基因食品可能影响人体的抗病能力等。

由于科学家在转基因食品的安全性方面已经进行了一些研究,其中有些研究结果说明,转基因食品可能对人体健康造成不同程度的危害。1998年8月10日,苏格兰 Rowett 研究所资深营养学家 Arpad Pusztai 博士公布了一项研究结果,称转雪花莲凝集素(GNA)基因的马铃薯能够对大鼠的内脏器官和免疫系统造成损害,而对于人类,类似的影响可能会导致癌症发病率和死亡率的大幅上升。虽然有关科学家及科学团体对该研究的实验设计和结果分析有不同看法,但由于 Pusztai 博士是国际上研究凝集素的权威科学家,所以该研究的社会影响非常大。

科学家还发现,美国一家种子公司培育的转巴西坚果 2S 清蛋白基因大豆种子的储藏蛋白很可能会使对巴西坚果过敏的人群产生过敏反应。基因工程技术的最大特点就是打破了物种之间的遗传界线,使不同种属的物种之间进行较大规模的基因交流成为现实,而这是违背自然界的生态规律的。随着目的基因和载体基因来源范围的逐步扩大,谁能够保证转基因食品不会导致类似疯牛病事件的发生?另外,虽然目的基因及其表达产物现在大多被证明对人体健康是安全的,但其安全的历史毕竟还不长。

1998年,英国阿伯丁罗特研究所报道,幼鼠食用转基因土豆后器官生长异常、体重减轻、免疫系统遭到破坏。另一个实验是英国食品标准协会做的一个人体实验。12名健康志愿者和7名手术切除部分结肠的志愿者在吃了含转基因大豆的奶冰激凌后,发现健康者粪便中没有找到转基因大豆的转基因,但是在那些切除了结肠的受试者粪便中确实发现了3.7%大豆转基因。这个结果提示我们,转基因食品中的DNA片段会进入人体肠道中的细菌体内。

1999年,美国康奈尔大学副教授约翰·罗西在《自然》杂志上发表文章说,一种转基因玉米可产生杀死害虫的花粉,而身为益虫的一种美洲大蝴蝶食用这种转基因玉米花粉后有44%死亡。

一部分科学家认为,转基因食品是安全的。因为食品被煮熟后,细胞即被破坏,DNA进入人的肠胃系统后又被酶分解,大都成为碎片,即便有整条DNA存在,也无法发挥基因移植作用。包括婴儿食品在内,转基因产品目前在美国市场上已有近4000种,两亿多人食用,近8年来并未发生一起食品安全事件。

但欧洲人对转基因产品是排斥的,因为他们经过了太多的磨难。1999年,比利时出现致癌物质二噁英污染鸡、猪等禽畜事件;2000年初,法国发现一些肉类食品含有致命的李斯特杆菌;2001年在英国爆发的口蹄疫,使其损失90亿英镑。盲目追求最大利润的做法已使欧洲农业屡尝恶果。转基因作物正好在欧洲人普遍担心食品安全的时期迅速发展起来的,且它的迅速发展始终伴随着科学家的质疑,尽管类似质疑均证据不足,但这足以破坏欧洲人对转基因食品的胃口。在经历"疯牛病"、"二噁英"和"禽流感"等一连串事件的冲击后,欧洲人在食品安全问题上谨慎了许多,任何风吹草动都让他们神经紧绷。民众的谨慎导致欧洲一些国家对转基因技术的重视与投资同美国大不相同,并由此产生不同的经济利害关系。难怪,欧洲议会在放松对转基因产品限制的同时,实质上加强了此类产品进入的门槛。

我国是粮食进口大国,而向我国出口粮食的美国、加拿大、阿根廷,又恰恰是转基因作物种植面积居于世界前三位的国家,再加上我国自己开发的转基因作物,因此论我国消费者是否愿意,转基因食品已进入很多家庭的餐桌。随着转基因作物的大面积推广,对转基因食品进行严格的安全性评价是非常必要的。

除了理论上的研究外,国内外还有多项著名实验都是用来验证转基因食品安全性的,但结果仍离不开否定和肯定的结论。

目前,对转基因食品安全性的问题仍是一个争议,所以我们在对待转基因食品时还应谨慎。首先,我们要清楚日常饮食中都有哪些转基因食品。目前国内市场上出现的转基因食品主要有大豆色拉油以及用该油作为原料的糕点、油炸食品、面包和各种炒菜等,小玉米及黏玉米,小西红柿,芹菜等。

另外,我们应当充分享有知情权。我国政府规定转基因食品(包括原料及其加工的食品)必须标识,使消费者知情。若转基因来自潜在致敏食品,还要标注"对食物过敏者注意",美国对可能会引起过敏的或营养成分改变了的食品要求标注,欧盟也要求标注,对转基因原料超过 1% 的食品也应标注。所以建议在关注和深入了解转基因食品知识的过程中,还是慎食为好。

# 5.23  真假樟脑球

天然樟脑的化学名称为 1,7,7-三甲基二环[2.2.1]-2-庚酮,是由樟树中提炼出来的,也可用松节油为原料人工合成。它具有驱虫避蚊作用。其结构式为

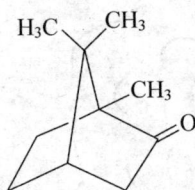

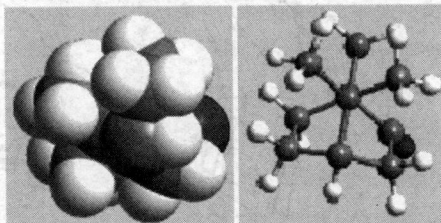

当前市场上出售的卫生球大部分是用萘制成的(又称臭球),萘的分子式为 $C_{10}H_8$,结构式为 。无色有光泽的单斜晶体,可燃,有强烈的煤焦油味。在常温下易升华,相对密度为 1.145,熔点为 80.29℃,沸点为 86 ℃,不溶于水,可溶于乙醚、乙醇、氯仿、二硫化碳、苯等。萘是从煤焦油里提炼出来的,有一定的毒性和刺激性,长期接触易患皮肤癌,国际上现已禁用。

另一种以二氯苯为原料的卫生球产品,防虫效果优于萘球。

对二氯苯的结构式为 ,相对分子质量为 147,白色易升华的结晶体,可通过

苯氯代制备,具有强烈的樟脑气味。不溶于水,溶于醇、醚、苯、酮、氯仿等多种有机物。二氯苯对人的黏膜和眼睛有刺激性,有中等毒性,空气中最高允许浓度为 $75 \times 10^{-6}$,长期吸入会导致人体肝脏受损,尤以儿童受害可能性最大,国际上现已禁用。

鉴于此,建议在购买樟脑球时不可贪图便宜的买含有萘、对二氯苯的假樟脑球。

## 5.24  空气清新剂加剧了空气的污染

目前市场上销售的空气清新剂种类繁多,有茉莉花型、桂花型、玉兰花型等,但无论哪一种香型的,绝大部分都是化学合成品,它们的作用是通过散发出的香味来掩盖异味。也就是说,空气清新剂不能消除空气中的有害成分。由于空气清新剂中除少量香料外,大部分是低沸点的溶剂,如甲苯、二甲苯、醛酮等,这些物质在高浓度下对人是有害的,刺激呼吸道黏膜,使人产生头晕、头疼等不良反应,对老年人、孕妇、婴儿尤甚。从环境角度讲,向空气中添加本来没有的物质就是对环境的污染,无论添加的物质是香的还是臭的。因为香臭有时因浓度而异,有时因人而异,一些香料在高浓度下是臭的,如人造麝香;而一些臭的在低浓度下却是香料,如甲基吲哚(粪臭素),在高浓度下是臭的,在极稀的浓度下是具有香味的,可作为食品添加剂使用。

一般来讲,空气清新剂适量用于洗手间还是可行的,而室内的空气应主要靠通风来使之清新宜人。

## 5.25  修正液危害不可小视

随着办公的现代化,修正液已进入了我们的学习和办公生活中,在书刊的作者、编辑特别是在大、中、小学生中使用普遍。修正液的主要组成为:遮盖剂(钛白粉、锌白等无机化合物),成膜剂(聚乙酸乙烯酯)和溶剂(苯、甲苯、丙酮、1,2-二氯乙烷等),这些溶剂沸点低、易挥发,从而达到干燥快的目的。然而,正是这些溶剂可能对使用者和周围人群造成伤害。如果过多地吸入这些溶剂,对肝、肾、呼吸系统有损伤,引起头晕,恶心,重者还会引起血液疾病。使用者多为近距离操作,局部有害气体浓度严重超标,加上室内通风不好,对周围人群也有较大影响。

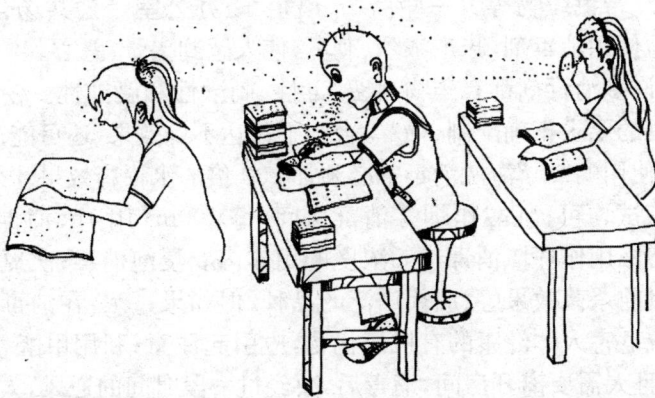

## 5.26　使用非典消毒剂应注意的事项

消毒剂的品种较多,如来苏水(甲酚水溶液)、过氧乙酸、巴氏消毒液(次氯酸钠水溶液)、醛类等。

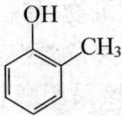

邻甲酚

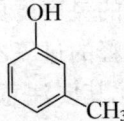

间甲酚

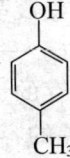

对甲酚

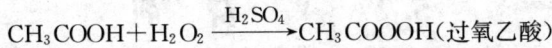

$$CH_3COOH + H_2O_2 \xrightarrow{H_2SO_4} CH_3COOOH(过氧乙酸)$$

$$NaOH + Cl_2 \longrightarrow NaOCl + NaCl$$

科学选用消毒剂,不仅节约人力物力,还可以做到有的放矢,收到事半功倍的效果。

在未发现传染源的情况下,对有可能被病原微生物污染的场所或物品进行消毒时,应选用安全、高效、广谱消毒剂,在已经搞清了病原微生物的情况下,应选择针对性强的特效消毒剂。

如果消毒剂和消毒方法选择不当,可能对人和物造成伤害。皮肤消毒应用含有酒精的消毒剂;醛类及酚类消毒剂对黏膜有刺激,不能用于食具消毒,用高锰酸钾水溶液浸泡或用高压高温蒸煮最得当;过氧乙酸宜用于坐便器等陶瓷、搪瓷的消毒,但不宜用于金属物品的消毒,因为它对金属物品有腐蚀作用。地毯、地面、室内空气宜用喷雾法消毒;石灰乳、漂白粉用于消毒粪便、病人的排泄物。40％的甲醛水溶液叫福尔马林溶液,适用于病人用过的但不宜用高温和其他化学药品消毒的物品,如毛衣、皮衣、绒织品、带色织物等。一些商场、出租车、办公室等公共场合,为了预防非典,过多、过浓地使用消毒剂,味道浓烈、刺鼻,使人感到头晕、恶心。消毒剂越浓越好是个错觉,因为许多消毒剂都有药物残留、毒性、刺激性和腐蚀性。使用消毒剂必须按照产品说明书的要求正确配制、稀释,否则不仅达不到效果,还可能产生毒副作用。

目前,大量使用的"84"清洗消毒剂必须加 200 倍的水稀释效果才好,用喷雾器喷雾和抹布浸泡擦拭均可;乳酸作烟雾消毒房间,每 $100m^3$ 用 1g,消毒 30min;3％～10％的来苏水溶液用作环境消毒,5％浓度的用作内衣浸泡消毒;次氯酸钠、优氯净、次氯酸钙等是目前杀菌效果好、应用广泛的品种,但如果过浓,在消毒过程中容易与有机物反应生成危害人体健康的有机氯化物,应引起注意;利用甲醛气做室内消毒,$1m^3$ 5g 即可,而且人需要离开房间,消毒后,要经过一段时间的通风,人方可进入。此外,来苏水溶液不能与洗衣粉、肥皂同时使用,否则会使来苏水失去杀菌作用。

用过氧乙酸喷洒消毒时,可以明显地感觉到很强的刺激性,能导致呼吸道受到刺激和损害。过氧乙酸具有一定的毒性,浓度高时还能灼伤皮肤。过氧乙酸是无色液体,应摆放在适当的位置,以免发生误食中毒。使用过氧乙酸时浓度不宜过高,以免危害人体。

过氧乙酸的闪点为 41℃,属于易燃液体;加热至 110℃ 即猛烈分解爆炸,受热、遇火都可引起爆炸,受震动时发生爆炸的灵敏度更大。与有机物、易燃物混合能剧烈反应发生着火或爆炸。一般而言,已稀释的过氧乙酸没有火灾危险性,但浓度较高的过氧乙酸,要注意储存的量不宜过大,尤其要注意储存时应该采用塑料瓶,而不能用玻璃瓶等膨胀性较差的容器。此外,要注意与热源、明火、易燃可燃物质等分开,在搬运过程中要注意避免因剧烈震动引起爆炸。

# 5.27 兴 奋 剂

兴奋剂一词来自于 Dope,源于非洲某部落的一种方言,原意是指使人兴奋的高度。

早在古希腊奥林匹克运动会时,人们就知道通过服用草药、蘑菇及其他植物性饮料能发挥更大的运动潜能。1886 年,一位自行车运动员因过量使用兴奋剂致死,成为第一例有文字记载的因服用兴奋剂死亡的事件。到了 20 世纪 50 年代,兴奋剂在国际体坛上被广泛使用,尤其是苯丙胺,曾经风靡一时。时至今日,尽管国际体坛进行了积极的反兴奋剂运动,但兴奋剂的使用仍是有增无减,而且使用方法更加巧妙、隐蔽。

1968 年,国际奥委会医学委员会(IOC-MC)在 19 届奥运会上首次实行药物检查,当时禁用的药物只有 8 种。此后,该组织的专家不断根据最新药物作用的研究成果,以及运动员滥用药物的流行趋势,及时对禁用药物进行增补和修改,并将之公布于众,逐渐演变成现在的"禁用物质举例名单"。各类物质之后均附有"及相关物质"

的说明,以防止运动员使用新发明的类似药物。禁用物质如下。

(1) 刺激剂共计 51 种,是禁用药物最多的一类。由于考虑到许多抗感冒、治鼻炎的药物中都含有麻黄碱类物质,因此现在对麻黄碱一类药物做了量的限制:尿液中麻黄素、甲基麻黄素超过 10mg/L,去甲伪麻黄素浓度超过 5mL,去甲麻黄素、伪麻黄素浓度超过 25 mg/L 才构成阳性。

(2) 麻醉剂 9 种。对吗啡还增加了定量的要求,在尿液中超过 1 mg/L 为阳性。

(3) 阻断剂 20 种。但该类药物现只在单项联合会有特殊规定或要求的情况下才禁用。

(4) 利尿剂 14 种。

(5) 蛋白同化制剂 31 种。

(6) 掩蔽剂指能够破坏禁用物质的排泄或能掩盖尿样中其他禁用物质的药物,包括利尿剂、表皋酮(Epitestosterone)、丙磺舒(Proben‐cid)和乙基淀粉(Hydroxy-ethylstarch)。

(7) 抗雌激素制剂。包括氯米芬(Clomiphene)、环芬尼(Cyclofenil)和他莫昔芬(Tamoxifen)。该类药物仅男性禁用。

(8) 肽类激素及其模拟物和类似物,这也是新禁用的类别。除了原有的绒促性素(hCG)以外,增加了促肾上腺皮质激素(ACTH)、促红细胞生成素(EPO)、生长激素(hGH)、胰岛素(Insulin)、垂体促性素(LH)和胰岛素样生长因子 1(IGF‐1),其中,hCG 和 LH 仅男性禁用。

兴奋剂破坏了公平竞争的原则,严重伤害了运动员的健康,但由于受各种利益的驱使,还是有人在铤而走险。当今体育的竞争从某种角度上说是一个国家化学实力的竞争。

# 5.28 包装纸和卫生纸

生活中人们接触包装纸的机会非常多。

一些包装纸看上去洁白无暇,但专家们一直强调"白与干净不能划等号"。从有关执法部门的打假情况看,某些"粗制滥造"的造纸厂简直像一个废品收购站。他们把废书、废纸、旧报等经过漂白粉溶液漂洗后,再经过一系列工序,就变成为洁白的包装纸。这类包装纸无论是卫生标准,还是质量标准都与正规厂家生产的包装纸有很大的差异。荧光(增白)剂是使废旧纸变白的原因。荧光剂长期以来一直被用来改进纸张、塑料等各种包装纸的外观。它可以吸收不可见的紫外线(波长范围为360nm～380nm),转换为波长较长的蓝光或紫色的可见光,因而可以补偿基质中不想要的微黄色,同时反射出比原来入射的波长范围(400nm～600nm)更多的可见光,从而使制品显得更白、更亮、更鲜艳。在日常生活中,接触荧光剂的机会很多,只要不超过一定标准,会给我们生活带来不少好处。但如果过量地与它接触,会对人体造成伤害。科学实验表明,荧光剂被人体吸收后,不像一般的化学成分容易被分解。如果身上有伤口,它会与人体中的蛋白质相结合,阻碍伤口的愈合,除去它非常不易,只有通过肝脏的酶素分解,这无疑加重了肝脏的负担。据医学临床实验证实,荧光物质可以使细胞产生变异性,变异荧光物质可以接收紫外线或比紫外线波长更短的电磁波或放射线,再将这些能量转为波长较长的可见光。因此,如果过量接触荧光剂,可能有潜在的致癌因素。虽然目前没有证明荧光剂吸收多少会对人体造成伤害,但是荧光剂既然被列为潜在的致癌因素之一,就不可掉以轻心。选购包装纸,要到正规商店购买,过白的纸张可能是由于可吸收光线或紫外线反射蓝白磷光的化学染料制得。

鉴别包装纸里有无荧光剂的简便方法是用验钞机检验,加荧光剂的纸会使验钞机发出警告声。此外,纸内的铅、砷、氯的含量也是重要的指标,所以纸不是越白越好,特别是常用的纸巾、食品包装袋、纸饭盒、妇女卫生巾、儿童用纸等要购买正式厂家生产的商品。

卫生纸是现代生活中必不可少的日用品之一。它给我们生活带来许多方便的同时,也确实存在许多安全隐患。人们天天使用的卫生纸,至今尚未有卫生标准,以至于各种带有病菌、致癌物质的貌似卫生的卫生纸大量充斥市场,严重影响人们的身体健康。

据了解,生产卫生纸的工艺极为简单,无论是使用纯木浆纸、木浆混合纸、纸边纸,还是废书报纸和垃圾纸都能造出貌似卫生纸的皱纹纸。一些生产厂家为降低成本,采用1t仅200多元的垃圾纸作为原料,加入强碱煮烂,再大量使用国际上禁用的致癌物质荧光剂和滑石粉来增加纸面的光洁度,甚至加入废机油以达到高湿处理后的"膨化"效果,使卫生纸中含有很多对身体有害的物质。

目前,许多家庭一纸多用,把卫生纸用作餐巾纸或食品包装纸,这样荧光剂就有可能随食物吃进去,危害人体健康。

卫生纸中加入滑石粉,一方面可以增加卫生纸的吸水效果,增加纸张表面的光洁度;另一方面还可以增加卫生纸的重量。一般情况下,人体吸入少量滑石粉尚能依靠自身能力将其排除。但是,如果吸入较多,滑石粉就容易黏附在气管及支气管的黏膜上,将黏膜上的分泌物吸干,从而影响和阻碍气管、支气管的纤毛运动,使得呼吸道防卫机能降低,容易引起呼吸道感染反复发作,严重者还可能刺激气管或支气管,使其黏膜水肿而产生不完全性梗阻。

另外,滑石粉中含有一种叫做苄丙酮豆素的物质,这种物质可通过皮肤吸收进入血液,使血液中维生素K的含量急剧下降,发生出血、黄疸等一系列症候群。美国已报道过数百例因滑石粉而中毒的婴幼儿,其"元凶"就是苄丙酮豆素。我国生产的滑石粉中也含有苄丙酮豆素,同时也已发生过婴幼儿外用滑石粉中毒的病例。有些生产厂家为降低成本,在卫生纸中加入了滑石粉,为了提高滑石粉的留着率同时加入淀粉,造成卫生纸质量大,外观体积小,价格便宜,但非常不好用。淀粉为细菌的生存提供了营养,从而造成卫生纸中细菌大量繁殖,导致卫生纸不卫生。经化验表明,许多卫生纸未经消毒或消毒不彻底,含有大量细菌。许多人喜欢用卫生纸擦试餐具与水果,但卫生纸(尤其是街头巷尾所卖的非正规厂家出品的卫生纸)消毒并不好,即使消毒较好,也会在摆放过程中被污染。用这样的卫生纸来擦拭碗筷或水果,并不能将物品擦干净,反而易带来更多的细菌和致癌物质,因此大家在用卫生纸时要小心谨慎。在购买卫生纸时,应注意以下几点。一要看产品包装是否标明卫生许可证号、厂址、邮编、电话和有无执行标准。二要看色泽。纯木浆纸因为无任何添加剂,颜色应为自然的象牙白(带有颜色的纸不可用作餐巾纸),纹理相对均匀。三要看耐力强度。纯木浆纸纤维长、拉力大、韧性好、不易断,而质量差的劣质纸有不规则的小洞和掉粉。四要看火烧的结果。好的卫生纸经燃烧后呈白灰状,而劣质纸燃烧后呈黑灰状。

# 5.29　人体排泄的有毒气体

随着社会发展、生活水平的提高以及生活方式的改变,人们 80%～90% 的时间在室内度过。人们每天平均要吸入 $10m^3$～$20m^3$ 的新鲜空气,但目前室内空气的质量却不尽人意,存在着多种有害于人体健康的污染物,除装饰材料产生的污染外,人体代谢的废物也不可小视。

研究发现,人体的气味是在新陈代谢过程中产生的,人体内产生大量的代谢废物,主要通过呼出气、大小便、汗液等排出体外。

人在室内活动,会增加室内温度,促使细菌、病毒等微生物大量繁殖,特别是在一些校舍紧张的中小学校更加严重。人体在新陈代谢过程中产生 500 余种化学物质,其中从呼吸道排出的有 149 种,如二氧化碳、氨等。一个人在门窗紧闭的 10 $m^2$ 的房间看书,3h 后检测发现,二氧化碳增加了 3 倍、氨增加了 2 倍,紧闭的时间越长,室内的二氧化碳浓度越高。高浓度的二氧化碳会使人头昏脑胀,疲乏无力,恶心,胸闷,读书学习不能专心。

如果 4 个人在门窗紧闭的房间里 8h,则室内空气中二氧化碳的浓度可达 5%,而一般空气二氧化碳的浓度仅 0.04%,这种状况可使室内的人窒息,甚至危及生命。若是室内有人吸烟,或有呼吸道传染病患者,带菌者通过吐痰、咳嗽、打喷嚏等,使空气中的污染物更多。

皮肤作为人体的最大器官,也是最大的污染源,经它排泄的废物多达 271 种,汗液 151 种。这些物质包括二氧化碳、一氧化碳、丙酮、苯、甲烷等。英国科学家曾对室内尘埃进行了测定,发现尘埃中 90% 的成分竟是人体皮肤脱落的细胞。由于皮肤外面的一层是表皮,平时它不断地在死亡,也不断地从表皮的内层新生出来,死亡后脱落下来的表皮细胞外层就是皮屑。全身的表皮经过 27 天左右就换上一件"新衣",人的一生中约有 18kg 的皮肤要以碎屑的形式脱落下来。大量的毛发、皮屑及皮脂腺的分泌物等,皆从皮肤散发到室内空气中,造成空气污染。

（1）$CO_2$是最为人们所熟悉的气体，是评价室内和公共场所环境卫生质量的一项重要指标。

$CO_2$为无色、无嗅的气体，相对分子质量为44.01，沸点为$-78.5$℃，凝固点为$-56$℃（$5.2 \times 10^6$ Pa时），相对密度为13.524，标准状况下1L纯$CO_2$质量为1.997g。$CO_2$能被液化，极易被碱液吸收。

居室中的污染物之一是人自身排出的$CO_2$。一个人每天夜里按10h计算，要排出200L～300L$CO_2$，一天之后室内的$CO_2$是室外的3倍～7倍；若是多人房间则更为严重，加之室内通风不良，有助于细菌的滋生，使空气中负离子减少，人就会感到疲倦与烦恼。此外，燃料燃烧、烹饪、吸烟及室内植物也会放出$CO_2$。

室内$CO_2$浓度在0.07%以下时属清洁空气，此时人体感觉良好；当二氧化碳浓度在0.07%～0.1%时属普通空气，个别敏感者会感觉有不良气味；当二氧化碳浓度在0.1%～10.15%时属于临界空气，室内空气的其他性状开始恶化，人们开始有不舒适感；浓度在0.3%～0.4%时人呼吸加深，出现头痛、耳鸣、脉搏加快、血压升高。室内$CO_2$受人、面积、通风状况、人群活动的影响，$CO_2$浓度超出一定范围后会对人体产生危害，且存在协同作用。$CO_2$浓度增加与室内细菌总数、甲醛浓度成正比，使室内空气污染更加严重。

（2）一氧化碳是一种无味、无嗅、无刺激性的有毒气体，几乎不溶于水，在空气中不易与其他物质产生化学反应，能在大气中停留2年～3年之久。一氧化碳的相对分子质量为28.0，对空气的相对密度为0.967，在标准状况下1L气体质量为1.25g，燃烧时为淡蓝色火焰。

CO对心血管系统有影响。当血液中CO达8%时，静脉血氧张力降低，冠状动脉血流量增加，从而引起心肌摄取氧量减少，并促使某些细胞内的氧化酶系统停止活动，对神经中枢系统有影响。脑是人体耗氧最多的器官，也是对缺氧最敏感的器官，当CO进入人体时，大脑皮层和苍白球受害最严重，出现头痛、头晕、记忆力降低等神经衰弱症状，并有心前区紧迫感和针刺疼痛。

# 5.30　中药的毒副作用

中医药学是中华文明瑰宝之一，具有几千年的悠久历史。近几年，随着全世界消费者，尤其是欧美国家自我医疗保健意识的增强，人们越来越追求绿色食品、纯天然制品。天然植物药，即中药，是中国制药业的优势和未来的希望。

中药所含化学成分主要有：糖类、氨基酸、蛋白质、油脂、蜡、酶、色素、维生素、有机酸、鞣质、无机盐、挥发油、生物碱、苷类等。其疗效大多取决于所含的生物碱，生物碱一般都有手性，大多是左旋的。中药把人体作为一个整体进行治疗，经过几千年的临床使用，反复筛选，毒副作用小，但这并不意味着中药就没有毒副作用，中国民间有句俗话"是药三分毒"，服用中药时，要注意它的毒副作用。

任何药物既能治病也能致病,在近百年的药物史上,曾发生过多起因药物不良反应造成的重大药害事件,充分说明了药物不良反应的危害。因此,如何避免和减少药物不良反应的危害,已成为各国医药界研究的重大课题之一。

中药刺五加含有异嗪皮定、丁香苷、多糖等,其注射液可扩张血管,增加冠脉血流量,减少心肌的耗氧量,改善血循环,并有较好的镇静作用。但也收集到一些资料,一些患者食用后,皮肤出现大面积的药疹伴瘙痒;一些患者使用刺五加注射液后,引起突发性血压升高等。

丹参具有抗炎、抗肝细胞损伤及促进大鼠肝细胞 DNA 合成的作用。但也有少数病例有口干、头晕、气短、手胀麻、心慌及恶心、呕吐等症状。

西洋参是世界公认的名贵滋补药之一,能救人于垂危之际,但如用量过度,也能置人于死地;人参持久滥用,也会出现"人参中毒综合症"。

当然,药物的毒副作用有时也是可以减少或避免的。例如半夏"生令人吐,熟令人下"。生半夏对胃黏膜有强大的刺激作用,故致呕吐;熟半夏却显示镇吐作用。从生半夏的 95％乙醇浸膏中分离出含有两分子右旋葡萄糖和苯甲醛而成的苷,其苷元有强烈刺激性;熟半夏中镇吐成分据称是葡糖醛酸的一种水溶性苷,没有刺激性。

中药的毒性除了与药品本身的结构有关外,还与服用的剂量有很大的关系。早在 1583 年,作为药理学家和学者的帕拉斯尔萨斯就说过一句极其中肯而精彩的话:"只有剂量能决定一种东西没有毒"。直到今天,这句话仍不失其意义。许多人患病后,急盼药效,恨不得吃上一两次药病就能好,于是超量服用,结果疾病非但未愈,反而造成药物中毒。如果中毒了还不知道,误认为是疾病加重了,继续加大用药量,这是十分危险的。其实,许多疾病有其自身发生发展的规律,病好得快慢取决于多种因素,特别是与机体的抗病能力有着密切的关系。药物不是万能的,不可能包治百病,只能帮助机体消除致病微生物,提高机体的抗病能力或调整器官功能,促进机体康复。所以,药物治疗也要有个过程。"病来如山倒,病去如抽丝",道理就在这里。药物如果已经达到了规定的治疗量,就不要随意超量服用,否则中毒事件是难免的。有人可能误认为药物浓度升高和持续时间延长是一件好事,其实这种看法很片面。因为凡是有用的药,其疗效和毒性总是紧密相联的。药物浓度太低起不到治疗作用,但浓度若超过一定限度,毒性即可接踵而至。以肝癌为例:肝癌本来就极大地损害了肝脏的功能,而药物又要通过肝脏来分解,如果这时再对病人大剂量用药和用多种药,负担极重的肝脏无法分解太多的药物,大量的药物就对肝脏造成新的损害。许多肝癌病人并非死于癌症,而是死于药物中毒。因此,一些专家得出了这样一个结论,对肝癌或其他疾病,用药宜少而精,方可起到事半功倍的效果。

避免同时服用多种药。时下有些医生喜欢开"大处方",联合用药。病人也认为"服药品种多,作用大,这种药不起作用,还有那种药呢"。所以,服药常和吃饭一样,一大把一大把地往口里吞,这样的服药方法常可引起中毒。正如世界卫生组织所警告的那样;"全球有 1/3 的患者死于用药不当"、"全球有 1/3 患者的死因不是自然固有的疾病,而是不合理用药"。必须指出,有些药物相加有协同作用,如阿司匹林与可的松类药物同服,可使抗炎作用增强,但易导致消化道溃疡;有些药物相加,则能引起药效变化,如阿司匹林与消炎痛合用,阿司匹林影响消炎痛吸收,使消炎痛作用减弱。中药也是如此,有许多药物是有配伍禁忌的,千万不要认为服药品种越多越好。科学家已做过统计,服用药物的品种越多,中毒的概率就越大。

一些西药不能与中药同时服。治疗缺铁性贫血的铁制剂、治疗消化不良的酶制剂、含有氨基吡啉等成分的解热镇痛剂、某些治疗心脏病的药物,如洋地黄制剂等,就不能与中药同时服用。因为这些西药容易同中药里鞣质发生反应,影响疗效,甚至产生有害物质。另外,还有一些中西药不宜合用的例子:中药保和丸、六味地黄丸和西药胃舒平、碳酸氢钠、氢氧化铝、氨茶碱等合用,会影响酸碱平衡而失去作用;麦芽、神曲、谷芽与抗生素类合用,会使酶的活性降低而丧失药效引起中毒;乌梅、山楂、五味子等含有机酸,与磺胺类药物合用,可导致心脏骤停;蛇胆川贝液与吗啡、杜冷丁、可待因合用,会导致呼吸衰竭;参苓白术丸与痢特灵合用可引起恶心、呕吐、血压升高;人参酒、舒筋活络酒与鲁米那、水合氯醛等镇静止痉药合用,可加强中枢神经的抑制作用,易发生危险;穿心莲与红霉素不能合用。所以,多种药物在一起作用,并非疗效的简单相加,中药也是如此,不能混合服用。

避免用茶水服用中药。中药多含生物碱,茶中含有大量鞣酸,它们相互作用使药物产生沉淀,影响药效,甚至引起副作用。如治疗贫血的铁剂与鞣酸结合沉淀,妨碍铁剂的吸收,并刺激胃肠,甚至引起腹疼。另外一些中药,如人参、党参、使君子、土茯苓、威灵仙、麻黄、黄连、钩藤等,也不宜用茶水送服。有些含铁剂(硫酸亚铁、碳酸亚铁、枸橼酸铁胺等)、含铝剂(如氢氧化铝等)、酶制剂(如蛋白酶、淀粉酶)等西药,都不宜用茶水送服,因为茶叶中的多酚类物质与这些药物中的有效成分产生化学反应中和或降低药效,有的还会对身体产生副作用,如妨碍肠胃吸收、刺激肠胃道,严重的还会发生腹痛、腹泻等副作用。另外,茶叶中的咖啡碱具有提神、兴奋心肌的作用,因此,服用镇静、催眠、镇咳类药物时,也不宜茶水送服。一般认为,服药后2h内不宜饮茶。

中药虽然毒副作用小,但仍存在着危害健康的不良反应,因此,应该记住有病就医,无病不吃药的道理。治病的药必然能干扰正常生理,否则就不可能治病。是药三分毒,这也就是所谓的"治一经,损一经"。有人说,"中药平和、无毒性"。这种说法是没有科学根据的。

# 5.31　正确使用干洗剂

干洗剂由各种多卤化物、烃类溶剂组成,如四氯化碳($CCl_4$)、三氯乙烯、四氯乙烯等。$CCl_4$的相对分子质量为153.82,无色透明不燃烧的重质液体,凝固点为$-23℃$,沸点为$76.54℃$,相对密度为1.5940。能与乙醇、乙醚、苯、氯仿、二硫化碳和石油醚混溶。

有特殊芳香气味,有毒,能引起眼损害、黄疸、肝脏肿大等,空气中允许浓度 $10\mu g/L$。

在 20 世纪 50 年代之前,欧洲一直将其作为干洗剂,由于其对人体的毒性和对设备的腐蚀性,现已停止使用。代替它的溶剂是 1,1,1-三氯乙烯和全氯乙烯。但这些化合物同样存在着不稳定性和毒性问题。

三氯乙烯,沸点 $87.1°C$、常温下为无色透明液体,具有氯仿样的甜味。其溶解力很强,对油脂、树脂、蜡类溶解性好,对焦油、口香糖的溶解性也不错。与四氯化碳相比,容易引起染料转移。对人体有毒性,遇明火或炽热的物体分解成氯气、氯化氢、CO 和光气等有害气体。纯的三氯乙烯在空气中可缓慢氧化,生成氯化氢、CO 和光气。三氯乙烯和皮肤及黏膜接触时有很大毒性,为可疑致癌物。

四氯乙烯,味似乙醚,微溶于水,溶于乙醚、乙醇、氯仿等,沸点 $121.3°C$,毒性比三氯乙烯小得多,而且也比较稳定,不燃烧,在干洗剂中被广泛使用。四氯乙烯几乎适宜干洗所有的天然纤维和合成纤维。但其对人体仍然有毒性,还有麻醉性,在空气及紫外线存在下也会慢慢分解。有报道称,长期接触四氯乙烯,可引起慢性神经系统损伤,如记忆力减退、肢体震颤、手指麻木,皮肤干燥、脱皮及皮炎等。

鉴于以上所述,建议去比较正规的干洗店,并且在衣服干洗后放通风处晾 3 天～4 天,使衣物上的有害物质挥发,然后再穿,以保证身体健康。

# 5.32  氟污染危害健康不容忽视

氟是人体必需的微量元素之一,微量的氟能促进牙齿和骨骼钙化。许多国家或地区常向自来水或牙膏中加氟以防龋齿。人体中的氟主要分布在骨骼和牙齿中,在适度摄入量范围内,能够预防龋齿和老年骨质疏松症。但是,从另外一个角度看,氟又是一种累积性毒物,体内的氟累积到一定程度时,牙齿会失去正常的颜色和光泽。如出现黄牙或牙齿出现黄点,就表明氟已经严重过量。此时骨骼变脆,容易发生骨折。人体每天的正常摄入量为 $2.4\mu g$,主要来自水和食物。

长期过量摄入高氟化合物会导致慢性氟中毒,氟对呼吸道黏膜及眼结膜有刺激作用,吸入或食入被氟污染的空气、水和食物,可使氟在体内蓄积。氟能引起体内的钙磷代谢失调,造成体内缺钙,发生氟骨症。特别是需要较多钙的妊娠妇女更易出现氟骨症。患者的临床症状表现为四肢、脊柱关节持续性疼痛,多为酸痛,严重者可有刺痛或刀割样痛,关节活动受限制,四肢变形,颈椎活动困难,还可使胸廓、骨盆变形,甚至脊柱关节僵直丧失劳动能力。饮水中含氟量太低时,儿童易患龋牙,即平常所说的虫牙,因氟有明显的防龋作用。调查结果发现,当水中含氟量低于 0.5mg/L 时,小学生的斑釉牙发病率显著减少,但龋齿的发病率却迅速增加。为防止儿童发生斑牙和龋牙,许多国家将饮水的含氟量定在 0.5mg/L～1.0mg/L 的范围内。

目前,不少人喜欢用含氟牙膏。口腔医学专家提醒,高浓度的氟有害人体健康,因此必须谨慎使用。使用含氟牙膏的量一定要小,一般每次不超过 1g,即挤出的牙膏占到牙刷头 1/5～1/4 即可,无须挤满牙刷头。由于儿童使用牙刷不够熟练,有可能出现误食含氟牙膏,危害身体健康,因此专家建议儿童不要使用含氟牙膏。此外,由于我国西部和北方大部分地区地下水含氟量偏高,大人也最好不要使用。

近年来,排氟企业的增多及生产规模的扩大,导致环境氟污染日趋严重,一些厂矿的氟污染已经影响了居民的健康。特别是铝厂、水泥厂、炼钢厂、铁厂、砖厂以及焦化厂等。其污染给附近居民造成严重损失,农业严重减产,大量牲畜致残甚至死亡。居民们普遍感到身体不适,手脚僵硬、腰痛、牙病、呼吸道疾病增多。

地下水中的氟离子,在多种因素的作用下,不断的迁移和富集。其含量的分布规律和特点与地貌、岩性、地下水径流条件、地下水化学类型和水温等密切相关。

原生矿物的风化、溶解、淋滤是地下水中氟离子的主要来源。饮用水中含氟量过高,是引起慢性氟中毒等地方性疾病的主要原因之一,尤其在我国北方地区,地下水为主要供水水源,当水中氟含量超标,则会引起慢性氟中毒。氟含量超过国家饮用水水质标准,即大于 1.0mg/L 的地下水称高氟地下水。我国高氟地下水分布很广泛,在北方干旱、半干旱地区的松散沉积物中,高氟地下水呈区域性分布,并具有地带性特点;基岩山区的高氟地下水主要出自温泉和热水孔中。

生活中,氟主要是通过饮用水、食物、食盐以及工业污染的空气进入人体。由于我国的地下水普遍高氟,几乎都大于 1.0mg/L,因此导致我国各类饮料、纯净水、饮用水都执行最高限制上限 1.0mg/L,实际上是处于慢性中毒范围。水中氟越高,饮用时间越长,损害越大,发病率越高。

长期饮用高氟水,机体内累计过量氟后,最初是有类似风湿样疼痛、颈椎和腰椎疼痛及僵硬感;以后出现四肢疼痛和感觉迟钝;继之出现活动不便、关节畸形、眩晕、耳鸣、恶心、厌食、便秘等。临床表现为氟斑牙,牙齿出现黄色、褐色或黑色斑点及腐蚀,易于磨损破碎或脱落。

(1) 对钙和磷代谢的影响。肌体内积累过多的氟后,影响体内氟、钙磷的正常比例,形成大量氟化钙。氟化钙较易沉积,因而引起骨密度增加、骨质变硬、骨质增生(肌肉、腱及韧带部分特别明显),骨皮质和骨膜增厚,表面凸凹不平,韧带钙化,椎间管变窄。另外,由于氟化钙沉积于骨骼,血钙往往降低,影响磷的沉积,血磷增加,尿内磷的排泄量增多,从而诱发甲状腺机能亢进,可引起骨骼的脱钙作用;再加上氟化物能刺激成骨细胞的造骨作用,因此,可使骨骼出现脱钙,骨质疏松,骨膜外成骨现象(骨刺)。

(2) 对酶产生抑制作用,降低酶的活性。氟浓度过高(1mg/L～5mg/L,我国标准上限为 1 mg/L),就能抑制很多酶的活性,以致影响能量的代谢和物质转化。这是因为氟能与酶中的金属离子形成复合物,使酶失去活性或活性下降。

(3) 干扰体内胶原的合,使组织中的胶原含量减少,皮肤、肌腱、气管及骨组织中胶原蛋白的分子结构发生变异。

(4) 对甲状腺、肾上腺、胰腺及生殖腺的功能均有不利影响。氟过多,影响甲状

172

腺浓缩碘,使循环中副甲状腺素含量增多。

（5）影响大脑的生理过程。可导致记忆力减退、精神不振、失眠、易疲劳。

此外,全世界的消费者目前都曾被杜邦不粘锅事件闹得心绪不宁,美国一家权威的学术刊物日前又抛出了一枚重磅炸弹:制造不粘锅必用的人造化学物质全氟辛酸已经在全球无数人的血液里建立了自己的"根据地"。

# 5.33　禽流感治疗药——达菲

禽流感是禽流行性感冒的简称,是一种由甲型流感病毒的一种亚型引起的传染性疾病综合症,达菲是瑞士罗氏有限公司专为治疗人类感染禽流感研制的药物,也是目前唯一证实有效的禽流感治疗药物。达菲可从我国盛产的莽草酸为起始原料制备。莽草酸化学名称为 3,4,5-三羟基-1-环己烯基甲酸。

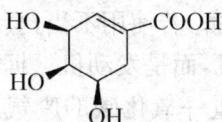

莽草酸存在于木兰科常绿灌木莽草的干燥果实八角中,在全球,90％的八角产于我国福建、广东、广西、云南、贵州等省土壤疏松的山地。以莽草酸为原料经过 16 步反应(酯化、缩酮反应、甲磺酰化、水解、氯甲基甲醚反应、叠氮化钠处理、甲磺酰化、脱保护基、三苯甲基化、酰化、水解、酯化、还原等)得到达菲产品。其化学名称为(3R,4S,5S)-4-乙酰胺基-5-氨基-3-(1-乙基丙氧基)-1-环己烯基甲酸乙酯磷酸盐,下面是合成反应的示意图。

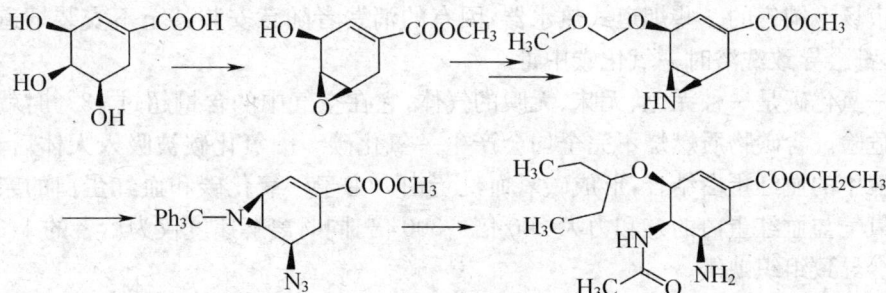

# 5.34　红药水与碘酒不能同时使用

红药水,又名红汞、汞溴红、Merbromin,分子式为 $C_{20}H_8O_6Br_2Na_2Hg$。化学名称为 2,7-二溴-4-羟汞基荧光红双钠盐,其结构式为

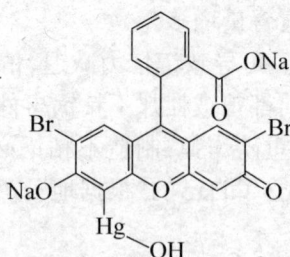

红药水在皮肤割伤、擦伤时可用于消毒、抗菌。碘酒与红药水不能同用,因为红药水中所含的汞与碘酒中所含的碘会引起化学反应,生成有毒的碘化汞,不仅使药物失去杀菌效能,而且对皮肤黏膜及其他组织有强烈刺激作用,引起皮肤红肿起泡。

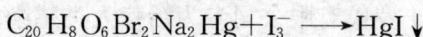

$$C_{20}H_8O_6Br_2Na_2Hg + I_3^- \longrightarrow HgI \downarrow$$

## 5.35　谨防一氧化碳中毒

小轿车基本上都带有空调设备,若使用不当,会使乘员一氧化碳中毒,危及生命。其实,产生一氧化碳的不是空调机,而是发动机。据测试,当发动机在怠速空转时,因为燃烧不充分,往往会产生含大量一氧化碳的废气;在运行中,油门过大,转速超过3000r/min时,油与空气之比超过了正常的1:12.5,油多空气少,也会出现含一氧化碳极浓的废气。空调车为节约能源,门窗大多密封良好,车内外的空气难以进行对流。所以,如果汽车在停驶时仍开放空调,发动机排出的一氧化碳便可能逐渐聚集在车内,加之车内人员呼吸耗氧而排出二氧化碳,时间一长,车内氧气逐渐减少,乘员便会不知不觉中毒而失去知觉,严重时会丧失生命。

北方冬季寒冷,人们在取暖时,如果煤炉没有烟囱或烟囱闭塞不通,或因大风吹进烟囱,使煤气逆流入室,也会引起一氧化碳中毒。

市场上销售的一些烟道式热水器,因有的消费者随意安装甚至不安装烟道和排气扇,都会导致洗浴时一氧化碳中毒。

一氧化碳是一种无色、无味、无嗅的气体,它在空气中的含量超过13％时就有爆炸的危险。含碳物质燃烧不完全均会产生一氧化碳。一氧化碳被吸入人体后,就会与血液中的血红蛋白结合,形成碳氧血红蛋白。由于一氧化碳和血红蛋白的亲和力要比氧气与血红蛋白的亲和力大200倍~300倍,同时离解速度仅为后者的1/3600,因此会导致组织缺氧。

一氧化碳中毒轻者出现头晕、头痛、恶心、呕吐、心悸,马上脱离现场,呼吸新鲜空气,症状就会缓解。重者出现昏迷、呼吸困难,甚至呼吸停止。

## 5.36　硫酸烧伤的紧急处理

浓硫酸是强的腐蚀剂、氧化剂和脱水剂。近年来,一些不法之徒用硫酸伤人的事件屡有发生。硫酸滴到人的皮肤上,会引起严重的烧伤。为了减少受害人的痛苦,一旦遇到这种情况,首先要用棉花、纸巾或软布蘸去皮肤表面的硫酸,然后再用大量的水冲洗,迅速送往医院治疗。千万不可直接用水冲洗,因为硫酸遇到水会释放出大量的热,将会导致更严重的烧伤。

## 5.37　正确使用化妆品

随着高科技在化妆品中的应用和人们生活水平的不断提高,化妆品的消费逐年递增。正确使用化妆品可以达到美容、护肤保健的作用;使用不当也会造成不良结果,伤害我们的肌肤,甚至毁容。下面从化学的角度,谈谈正确使用化妆品的几个问题。

(1) 不要使用过期变质的化妆品。化妆品中含有脂肪、蛋白质等物质,时间长了容易变质或被细菌感染。因此,要经常检查每种化妆品的生产日期和有效使用期,如果已过期,应立即丢弃。其次,开封后的护肤品由于有空气进入,会滋生细菌,所以保质期会相应缩短。一些进口化妆品,如面霜,其保质期可能是 3 年,但如果包装上有12M 的标记,则必须在开包后的 12 个月内全部用完,否则就要丢弃。对于在保质期和有效使用期限内的化妆品,如暂时不用,可包装好,放置在冰箱里冷藏起来备用。

(2) 不要使用劣质化妆品。为防止化妆品中的有毒物质,如重金属及致癌物质的危害,应选用经卫生部批准的优质产品。集市、一些不正规的批发市场都是假冒伪劣化妆品的"集散地";而另一个源头就是路边谎称品牌化妆品的游摊兜售小贩。买化妆品,千万不要贪图便宜,否则后患无穷。

(3) 要防止过敏反应。在使用一种新的产品前,要先做皮肤试验,无发红发痒等反应时再用。一旦发现化妆品对自己皮肤有不良反应,应立即停用。由于男性、女性皮肤有很大差别,不要男女混用化妆品。

(4) 应根据气候使用不同类型的化妆品。因为人的皮肤,夏季易出汗,水分多,应用吸油性护肤品;而春秋季风大,应用保湿性护肤品;冬季干燥寒冷,应用含油质的化妆品,以保持皮肤的水分和适当的油分。

(5) 化妆品避免吃进体内。化妆品只供外用,为慎重起见,最好在饮食前擦去口红,以免口红随食物进入体内。睡前,应将皮肤上的化妆品洗去,不要着化妆品入睡。孕妇和小孩最好不用化妆品。

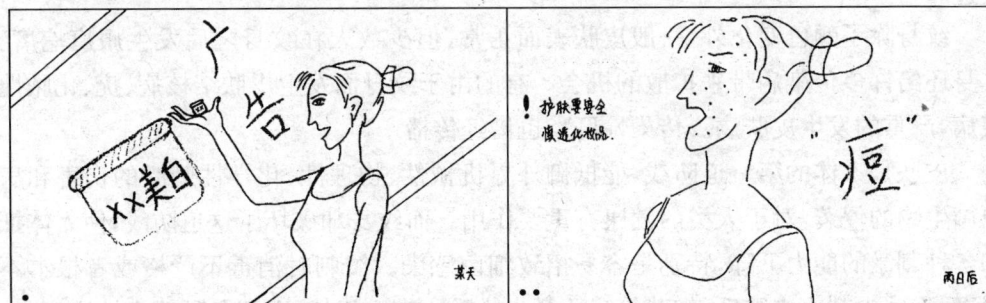

## 5.38　甘油护肤的误区

纯净的甘油是白色的晶体,熔点为17℃。普通的甘油里因为含有一些水分或杂质而呈液体状态。冬天,人们为了抵御干燥,往往在皮肤上擦一点甘油。甘油能吸收水分,保护皮肤,防止燥裂。但浓的甘油,吸水性很强,它一面从空气中吸收水分,一面也会毫不客气地把人体皮肤里的水分夺走,使皮肤变得粗糙。因此,一定要将甘油稀释到30％左右再用。

## 5.39　纹身——向身体内注射有毒物质

纹身,就是在人体皮肤上绘刺花纹或图案。一般是用针、指甲锉,以及现代的电动纹身器在皮肤上刺上花纹、图案的轮廓,然后用不溶的颜色,如靛、银朱、辰砂等,精心地涂在刺孔上面。当然,最常用的是用写字用的墨水涂上。当这些颜料进入真皮后,会引起组织发生吞噬异物的反应,但是吞噬细胞不能将颜料微粒带走,于是这些微粒永久地停留在原处不能消失,因而在皮肤上显现出字、画、花纹等不可磨灭的痕迹。

纹身除了颜色变化外,一般皮肤表面正常,但少数人在纹身之后发生瘢痕疙瘩。纹身还给许多传染病带来扩散的机会。有的由于纹身而发生皮肤结核病、疣、化脓性疾病,严重的发生皮肤癌。传染性肝炎也借经传播。

皮肤是人体的第一道防线,能抵御外界机械性、物理性、化学性刺激的伤害和病原微生物的侵袭,对于人类的健康有重要作用。而纹身却破坏了这道防线,使人体抵御各种刺激的能力下降,特别是容易招致细菌感染。纹刺时消毒不严格或者根本不消毒,当针尖刺入皮肤后,细菌等病原微生物随之带入机体,引起各种感染性疾病,如疖、痈、丹毒、脓疱疮等。如果创伤面积大、细菌毒力强,甚至会在血液中生长繁殖,还会患败血症而危及生命。

纹身用的颜料有许多种,颜料成分非常复杂。主要包括苯二胺、甲醛、有机酸、铅、银以及一些稳定剂和其他物质,如镍、汞等。这些化学物质进入人体内会引起皮炎、过敏,致使局部发痒、疼痛,出现烧灼感、麻木感等,有的还会引至细胞突变,这是产生癌症的前奏。

纹身是极难除掉的,目前尚未研究出一种特效药物能将其褪掉,唯一的办法是做整形手术。要想去除可用外科切除、电解和化学性腐蚀。线形的图案可以用皮刀切除,如果切除的范围太大,还可施行植皮术。对于点状图案可用电解法或用刀尖将它挖掉。化学腐蚀法会引起瘢痕的发生。一般先用刀尖划切患部,再将高锰酸钾结晶揉入皮内。有一种方法是先用凡士林保护患部附近的皮肤,然后用50%的鞣酸溶液将患部皮肤渍湿,用针刺于损害部位上,再用硝酸银棒揉揩,最后用鞣酸粉盖上,患部就成为腐肉而脱离。

欧盟委员会近期报告认为,纹身实际上是将有毒的化学物质往皮肤里灌,而且可能通过不洁净针头染上艾滋病或肝炎。从化学的角度讲,纹身用的颜色大都是工业颜料、染料、涂料、墨水等,进入人体对肝、肾、心脏造成伤害。且纹身人员不能参军、当演员等。

总之,纹身有较大的隐患,不是特殊需要不要纹身。

# 5.40　慎用染发剂

如今,许多爱美的年轻人将头发染成红色、棕黄色、酒红色、金黄色、葡萄紫、白色等,而老年人将白发染成黑色。但这里存在较大的健康隐患。

染发剂分天然染料和化学合成染料。天然的染料是从植物中提取的,如茜素红、姜黄、何首乌、靛蓝等。天然植物类染发剂采用有效地沉积在头发表面且不会渗入头发内部的染料,通过染发剂与头发表面最外层相接触,利用界面间的物理吸附作用,使染料黏附或沉淀在头发表面上。植物类染发剂安全有效,并具有抗菌消炎、养发护发、生发健发等作用,一直是现代染发剂研发的重要课题。

而化学制品绝大多数是偶氮染料,是由有毒的芳氨经重氮偶合方法制得的。这些染料染在头发上,经过头发进入到人的血液中,极易发生再生障碍性贫血、慢性白血病。此外,还会导致皮肤出现红斑、丘疹等皮肤病。目前,将白发染成黑色用的绝大多数染发剂含有苯二胺、巯基乙酸铵、氨水等类化学品,这些物质均是有毒或强腐蚀性的。

$$\text{对苯二胺} \qquad \text{巯基乙酸铵} \qquad \text{氨水}$$

对苯二胺        HSCH₂COONH₄     NH₃·H₂O

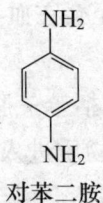

因此，染发要慎重，不要过频。染发时要注意保护自己的皮肤，应尽量去正规美发店，购买品质好的染发剂。有血液病史、肝肾功能弱的老年人不要染发。

178

## 5.41　美甲与指甲油

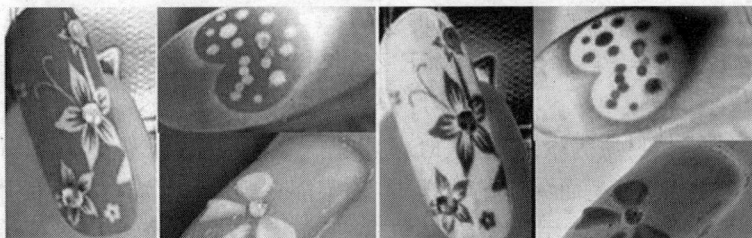

美甲,是很多女孩子追求的一种时尚。但是她们可能不知道这会对指甲造成伤害。指甲表层有一层像牙齿表层釉一样的物质,对指甲具有保护的功能。而用于美甲的特制油彩都含有化学着色剂的成分,长期使用会使指甲慢慢对酸性或碱性物质的腐蚀失去抵抗力。看上去,指甲表面似乎多了一层"保护膜"。但停用指甲油后,指甲就像卸了妆的面容,变得非常苍白。不仅指甲光泽受到影响,容易发生断折,严重的还像朽木一样,稍一受力就脱落。某女士停用指甲油一年后,突然发现指甲变得松脆、凹凸不平。更可怕的是,小指指甲竟一拔就掉。尤其是一些美甲店自制的指甲油,由于化学成分不稳定,指甲受损更严重。修剪指甲不当会造成指甲受损,是"美甲不成反伤甲"。如在修剪时将指甲两侧的甲沟剪得过深,或一剪刀伤及皮肉,使嵌在指甲和甲床中的细菌趁虚而入,引起甲沟炎。它通常表现为指甲周围组织的炎症,即发炎、流脓、红肿。此外,指甲油中含有苯二甲酸酯类成分,它是一种环境激素。

# 5.42 塑料编号代表什么

在日常生活中,塑料制品被广泛利用,那么在使用塑料制品时应该注意什么呢?据了解,目前国家颁布的《塑料制品的标志》,对塑料的名称和代号都做了详细规定,以下是常用塑料制品的代号。

(1)"1号",其材质为聚对苯二甲酸乙二醇酯(PET),多为矿泉水瓶、碳酸饮料瓶,在70℃以下使用,只适合装温饮或冷饮,不能装酒、油等物质,不能装高温水和酸碱性饮料。装高温液体或加热瓶体时,瓶体易变形,有对人体有害的物质溶出。因此,饮料瓶用完就要回收,不宜作为水杯使用。

(2)"2号",其材质为高密度聚乙烯(PE-HD),多用来装清洁用品、沐浴产品。清洗干净可反复使用,但不宜作水杯使用。

(3)"3号",其材质为聚氯乙烯(PVC),适合用作雨衣、塑料管材、塑料膜、塑料盒,耐热81℃,高温时容易产生有害物质,很少用于食品包装。

(4)"4号",其材质为低密度聚乙烯(PE-LD),常见保鲜膜、塑料膜等,一般用于食物包装,遇温度超过110℃时会出现热熔现象,留下一些人体无法分解的塑料制剂。并且,用保鲜膜包裹食物加热,食物中的油脂很容易将保鲜膜中的有害物质溶解出来。因此,食物入微波炉,先要取下包裹着的保鲜膜。

(5)"5号",其材质为聚丙烯(PP),可用于制作豆浆瓶、优酪乳瓶、果汁饮料瓶、微波炉餐盒,是唯一可以放进微波炉的塑料盒。有些微波炉餐盒,盒体以5号PP制造,但盒盖却以4号PE制造,由于PE不能耐受高温,故不能与盒体一并放进微波炉。

(6)"6号",其材质为聚苯乙烯(PS),常见碗装泡面盒、发泡快餐盒,不能放进微波炉中,以免因温度过高而释出化学物质,也不能在强酸、强碱环境下使用。勿用微波炉煮碗装方便面。避免用快餐盒打包含油的食物,因为聚苯乙烯可溶解于食用油中。

（7）"7号"，其材质为聚碳酸酯（PC），多用于制作水壶、太空杯、奶瓶等。由于PC遇热会释出有毒的双酚A，因此在使用此塑料容器时要格外注意。PC中残留的双酚A，温度越高，释放越多，速度也越快。因此，不应以PC水瓶盛热水，以免增加双酚A（万一有的话）释放的速度及浓度。如果水壶编号为7，下列方法可降低风险：使用时不要加热；不要用洗碗机、烘碗机清洗水壶；不要让水壶在阳光下直射或者曝晒；在第一次使用前，先用小苏打粉加温水清洗，并在室温状态下自然烘干，以除去释出的双酚A；不要反复使用已经老化的塑料器具。

为了避免塑料产品在高温下分解出的有害物质对人体的伤害，建议最好不用塑料制品盛装高温液体，而改用陶瓷、玻璃等材料的容器来盛装，以减少对人体的伤害。

# 第6章 化学能源

## 6.1 化学电池

### 6.1.1 简介

随着数码相机、笔记本电脑等电器的普及,电池已成为人们生活工作中不可或缺的重要可移动能源。随着各种电器品种日益增加,电流和容量的需求在不断提高,电池技术在迅速发展,新型电池不断涌现。

日常办公和生活中使用的电池主要是干电池,从外型可将之分为三类:传统通用型干电池,如1号电池、2号电池等;扣式电池,有用于电子表、计算器、声响玩具的小扣式电池和电子辞典、照相机电池等的直径为20mm的大扣式电池;专用电池,是按设备体积专门设计的干电池,形状各异,品质好、价格高,多用于手机、笔记本电脑、摄录放机及高档数码相机等。

### 6.1.2 普通锌锰电池

普通锌锰电池是日常生活中最常用的干电池,正极为石墨棒,负极为金属锌圆筒;电解质为糊状氯化铵类物质;石墨周围有二氧化锰去极化剂。其电极反应为

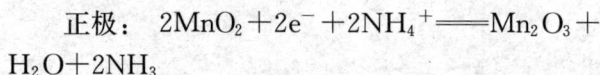

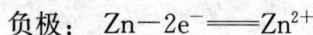

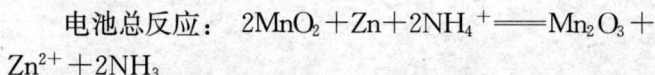

正极: $2MnO_2 + 2e^- + 2NH_4^+ \longrightarrow Mn_2O_3 + H_2O + 2NH_3$

负极: $Zn - 2e^- \longrightarrow Zn^{2+}$

电池总反应: $2MnO_2 + Zn + 2NH_4^+ \longrightarrow Mn_2O_3 + Zn^{2+} + 2NH_3$

锌锰电池标准电压为1.5V,规格型号有R20(1号)、R14(2号)、R6(5号)、R03(7号)几种。外包装多采用红色。现在除手电筒、老式手提录音机和早期电子钟还使用1号和2号电池外,其他用干电池的场合大都为5号(AA)、7号(AAA)电池。

这种电池价格最低,但容量也低,不适合大电流放电,还容易漏液。只能用于小电流和间歇放电设备,一般可用于手电筒、收音机、门铃、遥控器、不带电机的电子玩具等。为了防止漏液,这类电池中的精品往往用铝壳或铁壳封装,廉价的只用塑料薄膜紧裹。由于漏出的液体腐蚀性很强,所以,用电量低,但比较贵重的设备最好不用。

电池的包装上有:R6S,R6C,R6P,R14S,R20S,LR6,LP03等标识,其中,R表示

圆柱形电池;6 表示 5 号电池;14 表示 2 号电池;20 表示 1 号电池;03 表示 7 号电池;C 表示碳性电池;L 表示碱性电池。国际上规定电池统一用颜色来区分:蓝底色为碳性电池;红底色为高容量电池;黑底色为高功率电池。

### 6.1.3　高功率电池

高功率电池也称高容量电池,其正负极的基本结构与锌锰电池相同,但电解质被吸入纸板中。标准电压为 1.5V,规格型号为在锌锰电池的型号上加上后缀 P,如 5 号电池 R6P、7 号电池 R03P 等。

高功率电池由于其输出功率较高,故适用于大电流和连续工作场合,可用于随身听、电动玩具、胶片自动相机等。为了防止漏液损坏设备,在遥控器、电子门铃、石英电子钟等使用时间特长的设备中,用这种电池也很适宜。

### 6.1.4　碱性锌锰电池

碱性锌锰电池是以氢氧化钾水溶液作为电解质的锌锰电池,使用电解二氧化锰作正极活性物质,锌粉作负极活性物质。其电极反应为

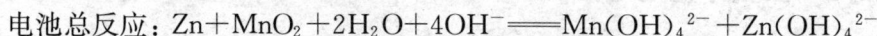

正极:$MnO_2 + 2H_2O + 2e \Longrightarrow Mn(OH)_4^{2-}$

负极:$Zn + 4OH^- \Longrightarrow Zn(OH)_4^{2-} + 2e$

电池总反应:$Zn + MnO_2 + 2H_2O + 4OH^- \Longrightarrow Mn(OH)_4^{2-} + Zn(OH)_4^{2-}$

碱性电池的规格型号标识是在普通锌锰电池型号上加上前缀 L,如 LR6,LR03。碱性电池的标准电压也是 1.5V,容量是普通电池的 5 倍～10 倍,可用于全自动相机、数码相机、随身听、电动玩具、剃须刀等。

### 6.1.5　积层电池

积层电池是锌锰电池的变形,每节电池同电蚊片般大小。正极是石墨和二氧化锰,负极为锌片,中间一层为半糊状电解质,每片 1.5V。型号 6F××,即有 6 片积层,总电压9V,外加铁壳包装。积层电池电压高、电流小、容量小,最大放大电流只有几十毫安。积层电池的正负极在一边,存放时要特别留意不可与金属物体放置在一起,以防短路。

### 6.1.6　氧化银电池

氧化银电池也称银锌电池,其正极为氧化银,阴极为锌材,电解质是氢氧化钠和氢氧化钾。标准电压为1.55V,电流较小。其电池反应为

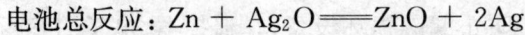

正极:$Ag_2O + H_2O + 2e \Longrightarrow 2Ag + 2OH^-$

负极:$Zn + 2OH^- \Longrightarrow ZnO + H_2O + 2e$

电池总反应:$Zn + Ag_2O \Longrightarrow ZnO + 2Ag$

氧化银电池多为小扣电池,密封可靠,不漏液。这类扣式电池多用于电子表、计算器、照相机微型遥控器和声响玩具中。扣式电池替换时,镊子只能夹持圆周边,若夹持上下面即造成电池短路。

### 6.1.7　镍镉可充电电池

镍镉电池正极为氢氧化镍,负极为氧化镉,电解质为氢氧化钾。额定电压为1.2V。镍镉电池的最终放电电压为1.0V,不宜充满电保存。镍镉电池内阻极小,能提供特别大的放电电流,短路电流可达6A,放电电压稳定。反复充电次数大于500次。其电池反应为

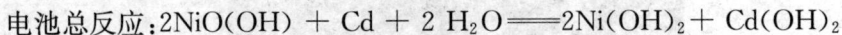

正极:$NiO(OH) + H_2O + e^- \Longrightarrow Ni(OH)_2 + OH^-$

负极:$Cd + 2OH^- + 2e^- \Longrightarrow Cd(OH)_2$

电池总反应:$2NiO(OH) + Cd + 2H_2O \Longrightarrow 2Ni(OH)_2 + Cd(OH)_2$

镍镉电池的缺点是具有记忆效应,如果没有用完电就充电,或没有充足电就放电,电池就会记住这个电压,以后充放电就会停止在这里,使可用容量减小。所以,使用时应以用完充电为原则,不能随意充电。

镍镉电池虽然额定电压只有1.2V,但由于其内阻小,路端电压与锌锰类一次性电池基本相同,凡是用1.5V一次性干电池的场合,都可以用1.2V的镍镉电池。

### 6.1.8　镍氢可充电电池

镍氢电池与同体积的镍镉电池相比,容量增加 1 倍,充放电循环寿命也较长,并且无记忆效应。镍氢电池正极的活性物质为 NiOOH(放电时)和 Ni(OH)$_2$(充电时),负极板的活性物质为 H$_2$(放电时)和 H$_2$O(充电时),电解液采用 30%的氢氧化钾溶液,充放电时的电化学反应为

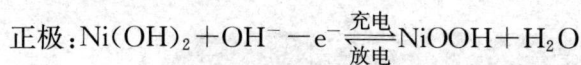

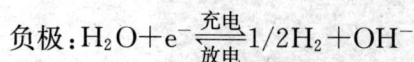

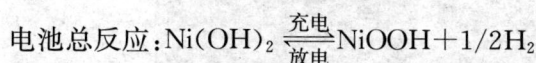

正极:$Ni(OH)_2 + OH^- - e^- \underset{\text{放电}}{\overset{\text{充电}}{\rightleftharpoons}} NiOOH + H_2O$

负极:$H_2O + e^- \underset{\text{放电}}{\overset{\text{充电}}{\rightleftharpoons}} 1/2H_2 + OH^-$

电池总反应:$Ni(OH)_2 \underset{\text{放电}}{\overset{\text{充电}}{\rightleftharpoons}} NiOOH + 1/2H_2$

从反应式看出:充电时,负极析出氢气,储存在容器中,正极由氢氧化亚镍变成氧代氢氧化镍和 H$_2$O;放电时,氢气在负极上被消耗掉,正极由氧代氢氧化镍变成氢氧化亚镍。

镍氢电池额定电压也是 1.2V,满充电时的最大电压可达 1.6V～1.8V,重复充电次数大于 500 次,自放电率 20%。镍氢电池具有良好的快充性能,无记忆效应,无镉污染,温度使用范围广,安全性能好,是镍镉电池的换代产品。可用于随身看、航模舰模、玩具赛车、电动自行车和数码相机。

### 6.1.9 铅蓄电池

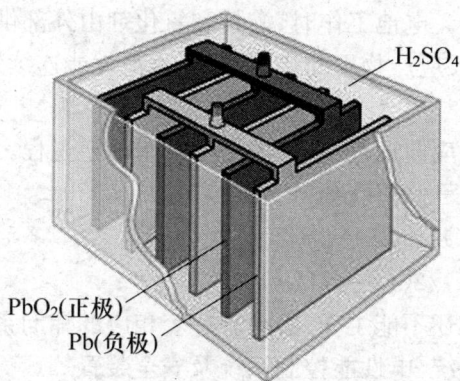

铅蓄电池是一种蓄电池,它用填满海绵状铅的铅板做负极,填满二氧化铅的铅板做正极,并用 22%～28%的稀硫酸做电解质。电池反应为:

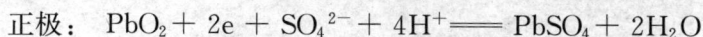

正极: $PbO_2 + 2e + SO_4^{2-} + 4H^+ == PbSO_4 + 2H_2O$
负极: $Pb - 2e + SO_4^{2-} == PbSO_4$
电池总反应: $PbO_2 + 2H_2SO_4 + Pb == 2PbSO_4 + 2H_2O$

电池在放电时,金属铅是负极,发生氧化反应,被氧化为硫酸铅;二氧化铅是正极,发生还原反应,被还原为硫酸铅。电池在用直流电充电时,两极分别生成铅和二氧化铅。移去电源后,它又恢复到放电前的状态,组成化学电池。铅蓄电池是能反复

充电、放电的电池,称为二次电池。它的电压是 2V,通常把三个铅蓄电池串联起来使用,电压是 6V。汽车上用的是 6 个铅蓄电池串联成 12V 的电池组。铅蓄电池在使用一段时间后要补充硫酸,使电解质保持含有 22%～28%的稀硫酸。

### 6.1.10  燃料电池

燃料电池是一种电化学装置,其组成与一般电池相同。其单体电池是由正负两个电极(负极,即燃料电极;正极,即氧化剂电极)以及电解质组成。不同的是,一般电池的活性物质储存在电池内部,因此,限制了电池容量。而燃料电池的正、负极本身不包含活性物质,只是个催化转换元件。因此燃料电池是名符其实的把化学能转化为电能的能量转换机器。电池工作时,燃料和氧化剂由外部供给,进行反应。原则上只要反应物不断输入,反应产物不断排除,燃料电池就能连续发电。下面以氢—氧燃料电池为例来说明。

氢—氧燃料电池反应原理:这个反应是电解水的逆过程。电极反应为

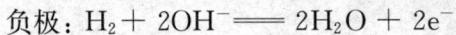

负极:$H_2 + 2OH^- \Longrightarrow 2H_2O + 2e^-$

正极:$1/2O_2 + H_2O + 2e^- \Longrightarrow 2OH^-$

电池总反应:$H_2 + 1/2O_2 \Longrightarrow H_2O$

只有燃料电池本体还不能工作,必须有一套相应的辅助系统,包括反应试剂供给系统、排热系统、排水系统、电性能控制系统及安全装置等。

### 6.1.11  太阳能电池

太阳能绿色能源

186

太阳能发电方式有两种:一种是光—热—电转换方式;另一种是光—电直接转换方式。

(1) 光—热—电转换。

该方式通过利用太阳辐射产生的热能发电,一般是由太阳能集热器将所吸收的热能转换成工质的蒸气,再驱动汽轮机发电。前一个过程是光—热转换过程;后一个过程是热—电转换过程。与普通的火力发电一样,太阳能发电的缺点是效率很低而成本很高,估计它的投资至少要比普通火电站贵 5 倍~10 倍。一座 1000MW 的太阳能热电站需要投资 20 亿~25 亿美元,平均 1kW 的投资为 2000 美元~2500 美元。因此,目前只能小规模应用于特殊场合,而大规模利用在经济上很不合算。

(2) 光—电直接转换。该方式是利用光电效应,将太阳辐射能直接转换成电能,光—电转换的基本装置就是太阳能电池。

太阳光照在半导体 p-n 结上,形成新的空穴—电子对,在 p-n 结电场的作用下,空穴由 n 区流向 p 区,电子由 p 区流向 n 区,接通电路后就形成电流。这就是光电效应太阳能电池的工作原理。

太阳能电池是一种由于光生伏特效应而将太阳光能直接转化为电能的器件,是一个半导体光电二极管。当太阳光照到光电二极管上时,光电二极管就会把太阳的光能变成电能,产生电流。多个电池串联或并联起来就可以成为有比较大输出功率的太阳能电池方阵了。太阳能电池是一种大有前途的新型电源,具有永久性、清洁性和灵活性三大优点。太阳能电池寿命长,只要太阳存在,太阳能电池就可以一次投资而长期使用;与火力发电、核能发电相比,太阳能电池不会引起环境污染;太阳能电池可以大、中、小并举,大到百万千瓦的中型电站,小到只供一户用的太阳能电池组,这是其他电源无法比拟的。

### 6.1.12 锂离子可充电电池

锂离子电池是用两个能可逆嵌入与脱嵌锂离子的物质作为正负极构成的二次电池,其正极材料为含锂的金属氧化物($LiCoO_2$,$LiNiO_2$,$LiMn_2O_2$ 等),负极材料为焦炭或石墨,电解质为有机液体。其电池反应($LiFePO_4$ 为例)为

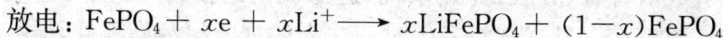

充电:$LiFePO_4 - xLi^+ - xe \longrightarrow xFePO_4 + (1-x)LiFePO_4$

放电:$FePO_4 + xe + xLi^+ \longrightarrow xLiFePO_4 + (1-x)FePO_4$

电池进行充电时,$Li^+$ 从 $[FePO_4]^-$ 层迁移出来,经过电解液进入负极,$Fe^{2+}$ 被氧化成 $Fe^{3+}$,电子则经过相互接触的导电剂和集流体从外电路到达负极;而作为负极的碳层状结构,它有很多微孔,达到负极的锂离子就嵌入到碳层的微孔中,嵌入的锂

离子越多,充电容量越高。电池进行放电时,嵌在负极碳层中的锂离子脱出,经过电解液进入正极,$Li^+$被嵌入[$FePO_4$]$^-$层而形成$LiFePO_4$,$Fe^{3+}$被还原成$Fe^{2+}$。在充放电过程中,锂离子处于正极—负极—正极的运动状态。就像一把摇椅,摇椅的两端为电池的两极,而锂离子就像运动员一样在摇椅间来回奔跑,所以锂离子电池又称摇椅式电池。

锂离子电池的额定电压为3.6V,满充电时的最大电压为4.1V~4.2V,环充电次数大于1000次,无记忆效应。

锂离子电池除价格外,仍有一些不足之处:必须用专门的带自动控制的充电器,以避免过充电带来的危险性;由于电池有自动保护机制,不能进行超大电流放电,不能用于有重负载起动电机的设备中等。

锂离子充电电池都用于高档电子设备中,如手机、摄像机、笔记本电脑、数码相机等。这些设备的锂离子电池都是专用型的,自身充放电电路有较好的自动控制能力,以确保电池和设备安全工作。

### 6.1.13 废旧电池,警惕这一危险物

目前,无论是在马路上还是在居民生活区内,几乎经常可以看到被人们随手丢弃的废旧电池。随着手机、计算机等各种用电池做能源的电器设备的增加,这种现象恐怕还会更多。废旧电池是一种很严重的污染物,是破坏生态环境的杀手。一只纽扣电池能污染60万L水而使其无法饮用;一节1号电池烂在地里,它的溶出物可使$1m^2$的土壤丧失农用价值。常用的电池之所以有如此大的污染力,是因为电池内含有重金属Hg(无机汞和甲基汞)、Cd、Ni、Zn等,尤其以汞最为严重。在组成干电池的各种材料中,如锌皮、纸皮、碳粉和碳棒,均含有不同数量的汞。即使是绿色环保电池,仍含有少量的重金属。1995年我国用汞量为1706t,占世界汞产量的49.89%,是世界第一用汞大国。其中电池工业年用汞量达582.4t,生产量折合1号电池达128亿只,仅北京市每年消耗干电池2亿只,约6000t重。据北京市环境保护局介绍,大部分废旧干电池与城市生活垃圾混在一起填埋或随意堆放在露天场地中。仅北京市每年因废电池而进入自然环境中的汞就达29.6t。

电池主要是靠化学腐蚀作用产生电能的,随着废弃电池被车辆碾轧,有些变成粉末飘散空中,有可能被吸入人体;那些混在一般生活垃圾中的废电池,在堆放过程中,其中的有害物质会从中溢出,进入土壤或水源。人饮用了这种水或通过食物链,会使有毒物质和重金属进入体内。这些重金属一旦进入体内就很难排除。随着生物积累浓度越来越高,于是造成对肾脏、肝脏、神经系统、造血机制的损害,严重时会使人罹患骨痛病、精神失常甚至癌症。日本曾经发生过三次大的重金属污染事件,最有名的是发生在日本富山县神通川流域的骨痛病。

汞对脑神经损害最大,而骨痛病是由于附近的河水被含重金属镉的工业废水污染,河水又用来饮用和浇灌庄稼,这样镉便进入人体,取代了骨骼中的钙。

目前,解决废旧电池污染的最好方法是收集起来进行再利用。因为,废电池的许多材料,尤其是其中的重金属是重要的工业原料。国内许多专家提出以旧换新的办法,即用废电池购买新电池,而无旧电池要购买新电池时,可在原销售价格的基础上,加收50%甚至100%的费用,此称预付废物处理金。无论是以旧换新,还是预付废物处理金,它的唯一目的是把所有的废旧电池能妥善地收集在一起,避免乱抛旧电池污染环境。

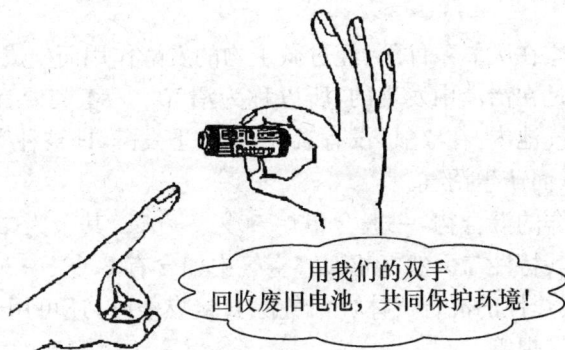

用我们的双手
回收废旧电池,共同保护环境!

# 6.2 家用燃料

目前,家用燃料主要是天然气、液化气、沼气、汽油(车用)和煤炭。有关这方面的知识简介如下。

## 6.2.1 天然气

天然气是一种多组分的混合气体,主要成分是烷烃,其中甲烷占绝大多数,另有少量的乙烷、丙烷和丁烷,此外,一般还含有硫化氢、二氧化碳、氮和水汽,以及微量的惰性气体,如氦和氩等。在标准状况下,甲烷至丁烷以气体状态存在,戊烷以上为液体。天然气在燃烧过程中产生的能影响人类呼吸系统健康的物质极少,产生的二氧化碳仅为煤的40%左右,产生的二氧化硫也很少。天然气燃烧后无废渣、废水产生,相较于煤炭、石油等能源,具有使用安全、热值高、洁净等优势。

## 6.2.2 液化气

液化气,(Liquefied Petroleum Gas,LPG)是石油产品之一,是由炼厂气或天然气(包括油田伴生气)加压、降温、液化得到的一种无色、挥发性气体。由炼厂气所得的液化石油气,主要成分为丙烷、丙烯、丁烷、丁烯,同时含有少量戊烷、戊烯和微量硫化合物杂质。由天然气所得的液化气的成分基本不含烯烃。

189

(1) 组成。液化气主要是由丙烷($C_3H_8$)、丁烷($C_4H_{10}$)组成的,有些还含有丙烯($C_3H_6$)和丁烯($C_3H_8$)。一般是从油气田、炼油厂或乙烯厂石油气中获得。

(2) 优点。液化气是由 C3,C4 组成的碳氢化合物,可以全部燃烧,无粉尘。在现代化城市中应用,可大大减少过去以煤、柴为燃料造成的污染;储存设备简单,供应方式灵活。小瓶装上丁烷气,用作餐桌上的火锅燃料,使用方便。

### 6.2.3　沼气

沼气是有机物质在厌氧条件下,经过微生物的发酵作用而生成的一种可燃气体。由于这种气体最先是在沼泽中发现的,所以称为沼气。人畜粪便、秸秆、污水等各种有机物在密闭的沼气池内,在厌氧(没有氧气)条件下发酵,即被种类繁多的沼气发酵微生物分解转化,从而产生沼气。

沼气是多种气体的混合物,一般含甲烷 50%～70%,其余为二氧化碳和少量的氮、氢和硫化氢等,其特性与天然气相似。空气中如含有 8.6%～20.8%(按体积计)的沼气,就会形成爆炸性的混合气体。沼气除直接燃烧外,还可用于炊事、烘干农副产品、供暖、照明和气焊等。

### 6.2.4　汽油

(1) 汽油的组成及性质。汽油,主要成分是 C4～C12 烃类,为混合烃类物品之一,是一种无色或淡黄色,易挥发和易燃液体,具有特殊臭味。汽油不溶于水,易溶于苯、二硫化碳和醇类,极易溶于脂肪。工业上主要用作汽油机的燃料,也用于橡胶、制鞋、印刷、制革、油漆、洗染等行业,还可用作机械零件的清洗剂。1L 汽油能挥发成 100L～400L 蒸气,扩散到很大的空间。有时火源离开汽油似乎很远,但与汽油蒸气接触仍会引起燃烧。各种汽油的组分不同,沸点为 40℃～200℃,闪点为 −58℃～10℃,相对密度为 0.67～0.71,爆炸极限为 1.3%～6%。

汽油按照不同来源可分为直馏汽油、催化裂化汽油、热裂化汽油、重整汽油、焦化汽油、烷基化汽油、异构化汽油、芳构化汽油、醚化汽油和叠合汽油等。直馏汽油特别是石蜡基原油的直馏汽油的辛烷值(Valneof Gasoline)最低,一般为 40～60;催化裂化汽油含有较多的芳香烃和烯烃,辛烷值一般较高;烷基化汽油的主要组分是高度分支的异构烷烃,其辛烷值非常高;醚化汽油的辛烷值非常高,一般用作汽油的调和组分。

(2) 汽油的辛烷值。它是衡量汽油质量的重要标准。通常所说的辛烷值是将正庚烷的辛烷值定为 0,将异辛烷(2,2,4 −三甲基戊烷)的辛烷值定为 100。若汽油的辛烷值为 85,则表示该汽油与 85 份的异辛烷和 15 份的正庚烷相当;若汽油的辛烷值为 75,则表示该汽油与 75 份的异辛烷和 25 份的正庚烷相当。现在市场上的汽油,如 75、85、90、95 号油,并非就是将 75 份、85 份、90 份、95 份的异辛烷与 25 份、15 份、10 份、5 份的正庚烷相混合,而是指汽油燃烧时所产生的燃烧热,相当于燃烧按比例合成的异辛烷与正庚烷所产生的热量。也可能在使用的汽油中根本没有异辛烷与正庚烷的组分存在。

（3）汽油添加剂。汽油的辛烷值越高，对汽车发动机的损害越小。正因为这样，人们就常常加入一些添加剂来增加汽油的辛烷值。最早的添加剂是四乙基铅（$(C_2H_5)_4Pb$），主要生产 70 号汽油，现已停止使用。硝基甲烷、硝基异丙烷、二茂铁、甲基叔丁基醚等，均可当作添加剂来使用。

（4）汽油的毒性。由于产地及生产方法不同，汽油的成分及毒性各有差异。汽油具有强烈的挥发性，并且易溶于脂肪。在生产环境中主要是以蒸气的形式经呼吸道进入人体，通过血液循环到人的大脑，引起麻醉作用，并对中枢神经系统及末梢神经产生毒害作用，对骨髓造血机能也会产生不良影响。对骨髓的作用可能是汽油中混有苯类物质所致。

汽油慢性中毒会引起中枢神经及植物神经功能紊乱，主要表现为头晕、头痛、失眠、乏力、记忆力减退等。也可能引起神经衰弱综合症，表现为肌无力、震颤、手足麻木，血压忽高忽低，易兴奋，喜怒无常，兴奋和抑制无规律性地出现，有人还可能出现癔病症状。

皮肤接触汽油后会变得干燥、皲裂，出现角化性皮炎。妇女对汽油敏感，除出现上述神经系统症状外，还可出现月经异常、生理周期紊乱等不良反应。

# 6.3　21 世纪潜在的新能源

## 6.3.1　硅酸盐能

处在地下深处的熔岩（岩浆）是形成于地壳深部及地幔的软流圈，以硅酸盐为主要成分的、炽热的、黏稠的并富含挥发成分的熔融体。岩浆温度很高，不同的成分温度不同。含 $SiO_2$ 少的基性岩浆温度在 1000℃～1200℃；含 $SiO_2$ 较多的中性岩浆温度 800℃～1000℃。在岩浆生成的环境中，可能会诱发出高模量硅酸盐裂变反应，这不仅释放能量，也使高模量硅酸盐相变生成低模量硅酸盐，形成新的硅酸盐结构。

硅酸盐燃料在硅酸盐反应堆中产生的热量可以通过热交换设备制取热水、蒸汽，用于城市供热和发电。随着人们对其规律的认识和掌握，一定会制造出其他用途更广的热能动力装置和动力机械。

人类对硅酸盐能的认识还刚刚开始。用高模量硅酸盐作为能源材料，通过链式反应获取能量的方法，国际上首先由俄罗斯学者提出，国内也开展了这项研究，目前还有许多理论和实践问题需要解决。为了探索开发这种清洁新能源，还需要做出不懈的努力。

## 6.3.2　生物柴油

生物柴油来自于植物油（玉米、棉籽、海甘蓝、花生、油菜籽、大豆、向日葵）或动物脂肪。生物柴油对环境友好,是一种优良的清洁可再生燃料。生物柴油的报道首次见于 1981 年南非,1996 年世界生物柴油生产能力为 120 万 kg。目前国外开始大规模生产生物柴油,以适应日益严格的环保要求。

生物柴油原料成本占到生物柴油成本的 $60\% \sim 75\%$。以使用过的食用油为原料可大大降低成本,在消除废物的同时开发了清洁能源。

### 6.3.3　反物质能

世界是由物质组成的。物质由原子组成,原子由电子和原子核组成;原子核由中子和质子组成。在正常情况下,原子核带正电荷,电子带负电荷,构成正物质。按照相对论原理,有正物质就应有反物质。科学家们猜测,原子核能不能带负电荷,而电子带正电荷,构成反物质呢? 近年来,一些科学实验证实,确实有反粒子存在。宇宙中还存在大量看不见的"影子星系",它们基本上是由反物质构成,即"反星系"。宇宙中那些遥远的反星系与正常的可见星系的数量之比可高达 100:1;宇宙中约有 90% 的物质是以"反物质"的形式存在,它们在电磁波谱的各个波段中都是可见的。当反物质与正物质发生碰撞时,这两种不同类型的物质会相互抵消,并且在碰撞发生的一瞬间会向环境释放出纯能量。只需针尖大小的反物质与正物质结合,就会向环境释放出无法估算的巨大能量。但目前由于对反物质的物理化学行为了解得还不十分清楚,因此,如何探测到这些反物质,并进行收集和储存,将会成为 21 世纪人类探索宇宙奥秘、系统研究和开发反物质新能源的一项浩大的天文物理化学工程。

### 6.3.4　氢能

氢能源是取之不尽、用之不竭的绿色能源之一,是人类社会未来能源的希望。但在储存方面很大程度上制约着人类对氢能源的开发和利用。

近年来,科学家发现碳纳米材料可能是一种优异的储氢材料。中国科学院金属研究所的研究人员近年来在这一领域取得了世人瞩目的成果,所合成的高质量碳纳米材料,被国际科技界权威认定是世界范围内迄今为止最令人信服的结果。这为人类更充分地利用氢能源迈出了极其重要的一步。

此外,科学家们在从事微观科学研究的同时,已经找到一种可以使普通氢原子的电子降低运动轨道的方法,在不久的将来,人们可利用这一变化过程,使产生的能量以光的形式释放出来,为人类服务。

### 6.3.5　反重力能

据报道,俄罗斯科学家已经对反重力装置进行了研究,并取得了研究成果。他们宣称,已经观测到悬垂在一个不断旋转的大小如比萨饼的瓷性圆碟形超导体上方的物体,其质量神秘地减小了 2%。如果这种质量丧失现象可以得到确认,人们就可能设法推断出是不是超导体产生的某种力以重力的反作用力发挥作用,即吸收(反)重力、屏蔽重力,或者干扰重力波的频率。对电与磁之间的基本联系的理解曾经导致变压器、电动机和发动机的诞生,这将会使人们看到某些奇怪的景象,即"循环水流"——水流首先在没有重力的情况下向上运动,然后又向下流入涡轮产生机械能或转化为其他形式的能。

### 6.3.6 氦-3能

月球上有大量地球上稀有的物质氦-3。氦-3大量存在于太阳风中,太阳风由90％的质子(氢核)、7％的 α 粒子(氦核)和少量其他元素的原子核组成,月球上的氦-3是太阳风中的 α 粒子。由于月球没有磁场和大气,太阳风粒子可以直达月球表面。经过流星和微流星上万年的撞击,整个月球表面吸附了太阳风中的 α 粒子。

虽然从地球到月球单程的运输费约 4000 万美元/t,但在发电量相同的情况下,使用月球氦-3的花费只是目前核电站发电成本的 10％,如以石油价格为标准,每吨氦-3 价值 40 亿～100 亿美元,是月球上的超级"金矿"。

据俄罗斯专家估算,在约 15km² 范围内挖掘深度为 3m 的月壤,即可获得约 1t 的氦-3,足以保证一个功率为 1000 万 kW 的发电机组工作 1 年。100t 的氦-3 就可以满足地球上一年的能源需求。资料表明,月球表面尘埃中的氦-3 多达 $10^8$ kg 以上。100 万 t 氦-3 就可满足全球数千年的能源需要。美国航天专家指出,用航天飞机往返运输,一次可运回 20t 液化氦-3,可供美国一年的电力。

当然,开发、运送月球上的氦-3 还有很多难题需要解决。要实现月球和地球之间的人、货运输,首先要有足够大推力的运载火箭;要在没有大气层的月球表面着陆,主要靠反推火箭来缓冲,保障安全也是一个大难题。

目前,氦-3 核聚变的控制问题已进入攻坚战阶段。法国科学家最近宣布,2030年将使利用氦-3 进行核聚变发电商业化。

为了解决运输问题,降低成本,不少国家设想直接在月球上建造核电站,电站发出的巨大电力除供月球基地使用外,还将通过激光或微波输送到位于近地轨道上的能量中继卫星,再由中继卫星以激光或微波形式传送到地球。

氦-3 同位素的热核反应堆中没有中子辐射,这就意味着用氦-3 同位素生产能源时没有放射性污染,即不会给环境带来放射性污染。

### 6.3.7 可燃"冰"能

1. 什么是可燃"冰"

可燃"冰"是一种甲烷和水的混合物,在天然气水合物晶体中,数十个水分子通过分子间的作用力形成一个空心的笼,天然气就被包裹在这样的笼子里,其示意图如下。

据计算，其晶体中平均 46 个水分子通过分子间氢键构成 8 个笼，每个笼内可容纳 1 个 $CH_4$ 分子或 1 个游离的 $H_2O$ 分子。若晶体中每 8 个笼中有 6 个容纳了 $CH_4$ 分子，另外两个被游离的 $H_2O$ 分子所填充，则天然气水合物的平均组成可表示为 $CH_4 \cdot 8H_2O$。

在地球上大约有 27％的陆地是可以形成可燃"冰"的潜在地区，已发现的可燃"冰"主要存在于北极地区的永久冻土区和世界范围内的海底、海沟中。据潜在气体联合会（PGC，1981）估计，永久冻土区和海洋天然气水合物资源总量为 $7.6 \times 10^{16}$ $m^3$。$1 m^3$ 的天然气水合物在常压下分解可以释放出 164 $m^3$ 的天然气。据估算，世界上天然气水合物所含的有机碳总量相当于全球已知煤、石油和天然气的 2 倍。此外，在许多天体中都存在天然气水合物。天文学家和行星学家已经认识到在巨大的外层天体（土星和天王星）及其卫星中存在天然气水合物。天然气水合物也可能存在于包括哈雷彗星在内的彗星的头部。

2. 可燃"冰"的性质

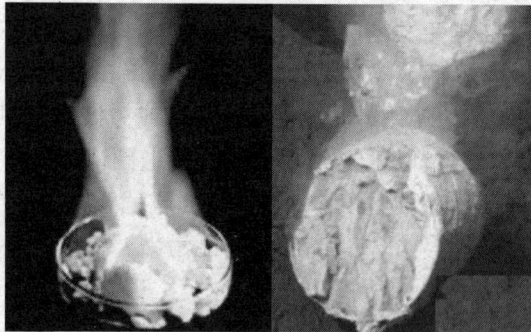

在自然界发现的天然气水合物多呈白色、淡黄色、琥珀色、暗褐色等轴状、层状、小针状结晶体或分散状。它可存在于零下，又可存在于零上温度环境。

3. 可燃"冰"开采需谨慎

可燃"冰"是高压低温下的产物，这给可燃"冰"的开采带来了很大的困难。如果不能保证足够的高压和低温，可燃"冰"会迅速融化为水和甲烷，如果不能对甲烷进行很好的收集，大量甲烷将直接进入大气，在导致全球气候变暖方面，甲烷所起的作用比二氧化碳要大 20 倍；而可燃"冰"矿藏哪怕受到最小的破坏，都足以导致甲烷气体的大量泄漏，从而引起强烈的温室效应，全球的气候将面临一场灾难。另外，陆缘海边的可燃"冰"开采起来十分困难，一旦出了井喷事故，就会造成海啸、海底滑坡、海水毒化等灾害。虽然面临诸多难题，科学家仍然相信，随着常规能源的日益减少和科学技术的发展，作为一种巨大的能源储备，可燃"冰"必将发挥重要作用。

### 6.3.8　油料植物能

研究表明，全球植物经光合作用每年形成的有机物质，可折合相当于 1000 亿 t 石油，相当于目前全世界年能耗的 50 倍。能源植物是绿色世界的重要组成部分，它将成为 21 世纪的动力能源。一些富含类似石油成分的能源植物，如绿玉树、古巴香胶树、银胶菊等；富含高糖、高淀粉和纤维素等碳水化合物的能源植物；富含油脂的能源植物，其所得最终产品是乙醇；资料表明，世界上富油植物达万种以上，我国有近千种。许多植物不仅含油率高，且储量很大。这是人类开发利用植物燃料的资源优势。

### 6.3.9　其他能源

太阳能、风能、地热能、海洋能、潮汐能也是当前正在开发利用的绿色能源。

现在地球人口已突破 60 亿，到 21 世纪中叶预计将达到 100 亿。大量的能源消费将使世界的能源资源趋于枯竭。目前世界能源消费以石油换算约为每年 80 亿 t，按 60 亿人计算，年人均消费量为 1.33t。如以这种消费速度，到 2040 年，石油将出现枯竭。而随着世界人口的不断增加，能源紧缺的时期将会提前到来。因此，21 世纪新能源的开发与利用已不再是一个将来的话题，而是关系到人类子孙后代命运的刻不容缓的一件大事。

太阳能是一种人类赖以生存与发展的能源，地球上多种形式的能源皆起源于太阳能，而且它又是一种取之不尽、用之不竭的清洁无污染能源。太阳发射的宽频电磁波给地球带来的能量可以转化成热、电或生产使用的燃料。转化的太阳热能可用于包括家庭热水和工业过程供热。太阳辐射还可以通过热电厂（利用阳光加热的蒸汽）产生电能。同时还可以通过光驱动的化学反应或者光电池驱动的电解反应生成氢气，替代传统的化工燃料。除了在生产太阳能器件（如半导体）时可能产生废物之外，太阳能技术对环境的影响很小。太阳能系统在运行时对环境的影响也很小。

太阳表面的有效温度为 5762K，而内部中心领域的温度则高达几千万度，压力为 $3 \times 10^{16}$ Pa。组成太阳的物中 75% 是氢，在这样高的温度下，原子失去了全部或大部分的核外电子，因而使得太阳中最丰富的氢原子只剩下了它的原子核——质子。粒子在这样高的温度下热运动速度非常大，以致它们互相碰撞而发生核反应。太阳是一座核聚合反应器,它在持续地把氢变成氦,不断放出巨大的能量来维持太阳的光和热辐射。目前,太阳能发电、太阳能热水器、太阳能汽车、太阳能照明、太阳能电池已用于日常生活和工业生产中。

# 第7章 毒品与有毒气体

## 7.1 关爱生命,远离毒品

### 7.1.1 毒品与有毒物品的区别

毒品是指出于非医疗目的、反复连续使用的、能够产生依赖性(即成瘾性)的物品。1990年12月28日第七届全国人民代表大会常务委员会第十七次会议上通过的《关于禁毒的决定》指出:"毒品是指鸦片、海洛因、吗啡、大麻、可卡因以及国务院规定管制的其他能够使人形成瘾癖的麻醉药品与精神药品。"

其中一些毒品物质在严格管理条件下合理使用具有临床治疗价值,那就是药品。

如果为了非正常需要而强迫性觅求,这类物质失去了药品的本性,这时的药品就成为了毒品。因此毒品是一个相对的概念。当然也有些物质成瘾性大,早已淘汰出药品范围,只视为毒品,如海洛因。

"毒品"、"吸毒"是我国的习惯讲法,而国际上习惯只讲麻醉品、精神药品的滥用。不断服用某种毒品会引起生理上的变化(内分泌失调、内脏器官损害等),必须继续服用才能保持这种平衡,从而产生生理成瘾。成瘾后一旦停止使用,轻者疲倦乏力,浑身发冷;重者由于胃肠蠕动和肌张力增加,导致胃肠痉挛、呕吐、腹痛、腹泻,甚至极度虚弱中引起惊厥,呼吸衰竭,甚至死亡。

所有化学药品从广义的概念上说都可以成为有毒物品。衡量化学物质毒性的尺度是半致死量,$LD_{50}$,也就是随机选取一批实验动物,用特定的实验方法,在确定的实验条件下,死亡1/2供试动物时所需的药剂的量。通常以毫克/千克(mg/kg)表示。毫克是给药的剂量,千克是实验动物的体重。$LD_{50}$的量越小,毒性越大。

表7-1是化学物质的毒性分级标准。

表7-1 化学物质的毒性分级标准

| 毒性级别 | $LD_{50}/(mg/kg)$ | 毒性级别 | $LD_{50}/(mg/kg)$ |
|---|---|---|---|
| 剧毒 | <1 | 低毒 | 500~5000 |
| 高毒 | 1~50 | 微毒 | 5000~15000 |
| 中等毒 | 50~500 | 无毒 | >15000 |

### 7.1.2　几种常见毒品

**1. 鸦片**

鸦片是用罂粟(Papaver Somniferum)植物未成熟果实浆干燥制得的棕褐色膏状物。罂粟原产于小亚细亚,适应性很强,从非洲最南端到地球北部莫斯科的气候,它都能生长。罂粟为一年生植物,植株高 1m~5m,花为蓝紫色或白色,叶子为银绿色,分裂或有锯齿。罂粟花落后,在顶端结成椭圆型的果实——罂粟果。

罂粟花与果实

取罂粟果划破表皮,会流出乳白色的果汁。果汁暴露于空气后干燥凝结,即变成褐色或黑色,这就是生鸦片。生鸦片经过提炼生成吗啡,吗啡再经化学药物提炼即生成海洛因。

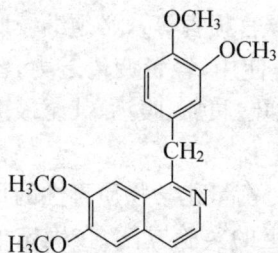
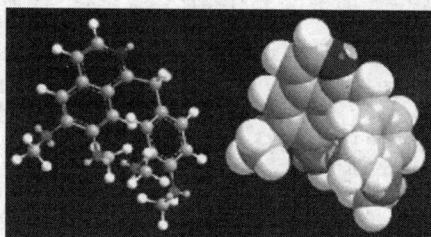

罂粟碱　　　　　　　　　　　　鸦片样品

鸦片的有效成分为吗啡。鸦片成瘾后,可引起体质衰弱即精神颓废,过量使用可引起急性中毒,因呼吸衰竭而造成死亡。鸦片 50% 以上来自位居东南亚的"金三角"。

**2. 吗啡**

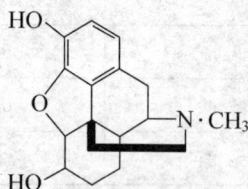
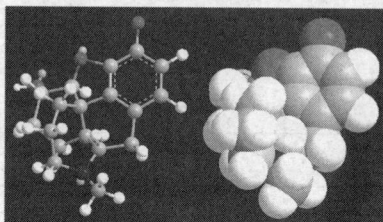

1806 年,德国化学家泽尔蒂纳首次从鸦片中分离出吗啡,他用得到的白色粉末在狗和自己的身上进行实验,结果狗吃下去后很快昏睡,用强刺激法也无法使其苏醒;他本人吞下这些粉末后也长睡不醒。据此,他用希腊神话中的睡眠之神 Morphus 的名字将这些物质命名为"吗啡"。吗啡是一种异喹啉生物碱,分子式为 $C_{17}H_{19}NO_3$,熔点为 $245℃～256℃$。由于纯度关系,吗啡的颜色可呈白色、浅黄色或棕色,具有光泽,无嗅、味苦,结晶粉末。遇光易变质,可溶于碱性水溶液中,微溶于乙醇,可与无机酸(如盐酸、硫酸)和有机酸(如酒石酸等)生成易溶于水的盐。吗啡盐的 pH 值为 4.68。对人的致死量为 $0.2g～0.3g$。吗啡有强大的止痛作用,对各种疼痛都有镇痛效果,有黄金止痛药的美称,医学上用于癌症晚期病人止痛。

3. 海洛因(二乙酰吗啡)

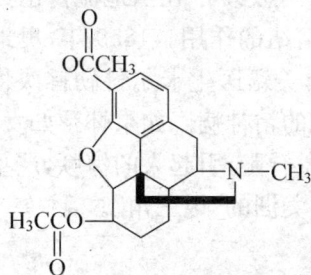

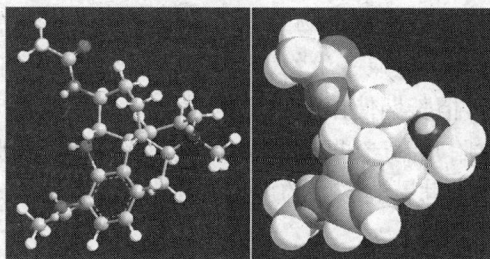

海洛因

海洛因是对吗啡进行化学处理而制得的。1874 年,英国人莱特首先用吗啡合成。1889 年,德国化学家德里赛进一步完善了合成方法。他给新药品起名 Heroin 意为"英雄的",我国把 Heroin 音译为海洛因。因其纯度不一,分别为白色、无色、浅灰褐色粉末,味苦。其毒性相当于吗啡的 2 倍～3 倍,是吗啡通过乙酰化反应制得。吸食海洛因后极易上瘾,使人进入安静、温暖、快慰、平安的状态,并能持续几个小时。长期服用会引起人体心律失常、肾功能衰竭、皮肤感染、肺活量降低、全身化脓性并发症,还能引起便秘、肠梗阻、蛋白尿等多种症状,会使人体消瘦,心里变态,性欲亢奋,智力减退。若吸入过多,会使人死亡。

### 4. 可卡因（古柯碱）

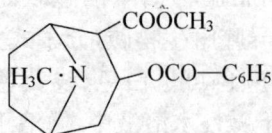

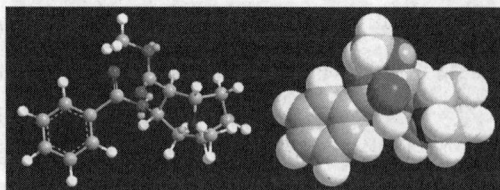

古柯碱

可卡因是白色结晶性粉末，有局部麻醉的作用，毒性较大，是一种能导致神经兴奋的兴奋剂。16世纪中叶，入侵印加帝国的西班牙人发现了在当地流传已久的古柯叶的作用，嚼食这种植物的叶子有消除疲劳，提高情绪的作用。1859年，奥地利化学家从古柯叶中提取了生物碱——可卡因。1884年，美籍医生卡尔科勒首次将可卡因用于麻醉，但长期使用会引起医学上称为偏执狂型的精神病。如果怀孕妇女服用，有可能导致胎儿流产、早产或死胎。大量服用，能刺激脊髓，引起人的惊厥，严重的呼吸衰竭死亡。世界上最大的可卡因毒源地，是位于南美洲的"银三角"。

### 5. 大麻

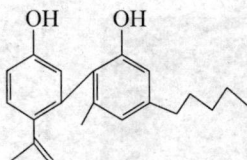

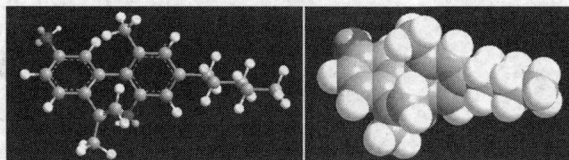

大麻

大麻的主要成分包括三个部分：大麻油、大麻草和大麻酯。最起作用的成分是四氢大麻酚，它的毒性仅次于鸦片。实验表明：吸入7mg即可引起欣快感，它有生理依赖性，会使人上瘾。医学实验表明：长期服用会使人失眠，食欲减退，性情急躁，容易发怒，产生呕吐、幻觉，使人理解力、判断力和记忆力衰退。对疾病的免疫力下降，从而使人容易得各种疾病，使人身体虚弱、消瘦，严重影响健康。

### 6. 摇头丸

摇头丸的主要成分是苯丙胺和甲基苯丙胺，纯品很像冰糖。1887年，日本的化学家制造出苯丙胺（安非它明）。1919年，日本又合成了甲基安非它明。其成品多为无色晶体，故被称为"冰毒"，是中枢神经兴奋剂。人服食后为释放能量会不停手舞足蹈，摇头晃脑。冰毒是一种精神类毒品，吸食后透支人体的能量，对内脏器官伤害很大。吸食者有暴力攻击倾向，易引发暴力攻击、性侵害、抢劫等事件，成为社会治安隐患。

摇头丸

### 7. 麦角酰二乙胺（LSD）

黑麦是一种经济价值很高、广泛分布于欧亚大陆的农作物，在我国东北、西北也有栽种。1938 年，瑞士化学家艾伯特·霍夫曼利用麦角中所含的麦角胺、麦角新碱，首次合成了麦角酰二乙胺（俗名迷幻药），它为无色无味的液体或粉末状物质。

LSD 是已知药力最强的迷幻剂，极易为人体所吸收。吸毒者服用该药 30min～60min 后就出现心跳加速、血压升高、瞳孔放大等反应，2h～3h 左右产生幻视、幻听和幻觉，对周围的声音、颜色、气味及其他事物的敏感性畸型增大，对事物的判断力和对自己的控制力下降或消失。此时，在生理上常伴有眩晕、头痛及恶心呕吐等症状。长期或大量服用 LSD，除了使记忆力受到损害，并出现抽象思维障碍外，还有相当严重的毒副作用，会大量杀伤细胞中的染色体，携带着遗传基因的染色体被大量破坏将导致孕妇的流产或婴儿的先天性畸型等。

### 7.1.3　日常生活中控制使用的化学药品

（1）镇静类药物。典型的镇静类药物为吗啡、杜冷丁及解热镇痛类药物。长期服用一种或一类镇静催眠药，能发生积蓄作用，使人白天昏昏沉沉、情绪低落。吗啡、杜冷丁类镇痛药有较强的镇痛作用，但也有严重的成瘾性。一旦成瘾，必须经常服用，停药则易出现精神不振、全身不适、流泪流涕、呕吐腹泻，甚至虚脱。解热镇痛药物对更年期疼痛有较好的效果。但是越来越多的临床报告表明,解热镇痛药也不是绝对安全的,几乎所有的解热镇痛药都有毒副作用,如胃肠道反应、变态反应、肝功能损害、造血功能障碍等。

(2) 麻醉药(水合三氯乙醛)。该药为白色或无色透明的结晶,有刺激性,特臭,味微苦。在空中渐渐挥发,在水中极易溶解,在乙醇、氯仿或乙醚中易溶。医学上用作临床麻醉剂。

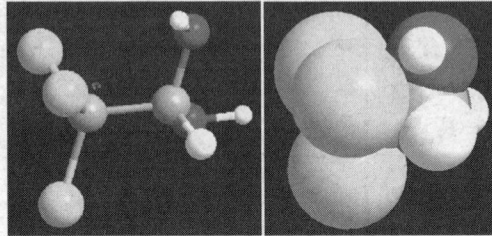

$CCl_3CH(OH)_2$

一些不法犯罪分子利用麻醉药进行犯罪,他们先将受害人骗至宾馆,在饮料中下麻醉药,将受害人麻倒后施以抢劫。人们乘坐火车、汽车时应加以防范。

### 7.1.4 毒品对人体的危害

(1) 毒品危害人体的机理。目前流行最广、危害最严重的毒品是海洛因,海洛因属于阿片肽药物。在正常人的脑内和体内一些器官,存在着内源性阿片肽和阿片受体。在正常情况下,内源性阿片肽作用于阿片受体,调节着人的情绪和行为。人在吸食海洛因后,抑制了内源性阿片肽的生成,逐渐形成在海洛因作用下的平衡状态,一旦停用就会出现不安、焦虑、忽冷忽热、起鸡皮疙瘩、流泪、流涕、出汗、恶心、呕吐、腹痛、腹泻等现象。这种戒断反应的痛苦,反过来又促使吸毒者为避免这种痛苦而千方百计地维持吸毒状态。冰毒和摇头丸在药理作用上属中枢兴奋药,毁坏人的神经中枢。

(2) 不同的毒品摄入体内,都有各自的毒副反应,产生戒断症状,对健康形成直接而严重的损害,甚至吸毒过量以至死亡。此外,由于毒品对消化系统、呼吸系统、心血管系统、免疫系统的影响,滥用毒品可导致多种并发症的发生。如急慢性肝炎、肺炎、败血症、心内膜炎、肾功能衰竭、心律失常、血栓性静脉炎、动脉炎、支气管炎、肺气肿、各种皮肤病、慢性器质性脑损害、中毒性精神病、性病及爱滋病。百年前就有诗曰"剜骨剃髓不用刀,请君夜吸相思膏"(相思膏,即鸦片)。

(3) 毒品不仅对躯体造成巨大的损害,由于对毒品的生理依赖性与心理依赖性,吸毒者成为毒品的奴隶,他们生活的唯一目标就是设法获得毒品,为此失去工作、生活的兴趣与能力。长期吸毒精神萎靡,形销骨立,人不像人,鬼不像鬼。因此,有人告诫吸毒者:"吸进的是白色粉末,吐出来的却是自己的生命。"

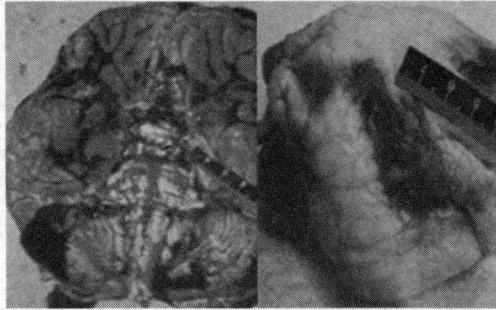

大脑病变　　　　心脏病变

# 7.2　关于毒气的基础知识

## 7.2.1　简介

随着社会经济的飞速发展,一些特种灾害事故时有发生,毒气事故就是其中的一种。毒气事故一旦发生,不仅会给国家财产和人民生命安全带来危害,而且会直接造成重大经济损失和恶性人身伤亡。现实生活中,我们也经常会看到或听到毒气泄漏的事故。因此,了解和掌握毒气的基础知识,研究如何快速有效地处置毒气事故是非常必要的。

（1）军事用毒气。这类毒气常见的有：沙林、芥子气、光气、亚当氏气、氯苯乙酮、西埃斯、梭曼、塔崩、路易氏气等。这类毒气能够造成人员运动功能障碍和躯体功能失调，从而使人暂时丧失战斗能力。它们多用于战争。其中，以刺激眼睛、鼻、喉和皮肤为特征，使人暂时丧失战斗力的一类毒剂称为刺激剂，主要有氯苯乙酮、亚当氏气、西埃斯等。世界上许多国家都用警察部队和保安部队的控制暴动，常称之为"控暴剂"。

（2）工业生产使用或产生的毒气。这类有毒气体常见的有：一氧化碳、氨气、溴（蒸气）、磷化氢、氰化氢、氟化氢、砷化氢、硫化氢、二氧化硫、溴甲烷、氟化硼、氟化硅、二硼烷等。这些化合物可能由专门的生产车间生产或在其他化工生产过程中产生，或在运输、储存中造成泄漏而引起事故。

### 7.2.2 沙林——甲基氟代膦酸异丙酯

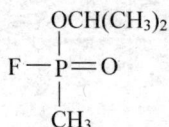

沙林是 20 世纪 30 年代第二次世界大战期间德国纳粹研发的一种神经性毒气，它的毒性比氰化氢大 20 倍。沙林进入人体后，会破坏体内的神经传递物质——乙酰胆碱酯酶，使呼吸功能瘫痪、缩瞳、肠胃痉挛剧痛。如不及时医治，就会导致死亡。

1995 年 3 月 20 日，5 名奥姆真理教成员登上东京地铁，将用报纸和塑料包裹的液态沙林扔到车厢地板上。他们使用雨伞的尖端将包裹戳破，随即离开列车。将列车上 5000 人笼罩在致命气体的包围中。这次袭击导致 12 人死亡，3000 多人受伤，许多人至今依然受到毒气袭击带来的后遗症的影响，这包括脑损伤、呼吸问题和情绪沮丧。

救治的方法：沙林是甲基氟代膦酸异丙酯，其中的异丙基和氟是其毒性的主要根源。其在碱性介质中水解后可生成毒性小的甲基氟代膦酸、甲基膦酸异丙酯或甲基膦酸，一旦沾染上沙林，要迅速用棉花擦去，再用小苏打水擦洗，并在医生指导下注射阿托品以缓解症状。

### 7.2.3 芥子气——$\beta,\beta'$-二氯二乙基硫醚

芥子气的化学名称为 $\beta,\beta'$-二氯二乙基硫醚,油状黄绿色或无色液体,易挥发,有大蒜和芥末气味,是一种糜烂性毒剂。芥子气是德国人在 1886 年研制的。第一次世界大战后,德国首先把它选为军用毒剂。因在芥子气炮弹上标以黄色的"十"字,所以通常称其为"黄十字"毒剂。在战争中被使用过的毒性化学物质中,芥子气的致命性最强,其造成的伤亡占战争毒剂伤亡总人数的 80% 以上,可谓"毒剂之王"。

芥子气会对人体造成的伤害主要是:皮肤暴露 2h～48h 后,发红、发痒,继而形成黄色水疱。眼睛暴露 3h～12h 后,可能感觉刺激、疼痛、水肿、流泪。严重暴露1h～2h 后,眼睛即出现畏光,疼痛剧烈甚至角膜坏死穿孔导致永久性失明。呼吸道轻度暴露12h～24h 后或严重暴露 2h～4h 后,出现流鼻涕、打喷嚏、声音沙哑、出鼻血、鼻窦痛、气短和咳嗽。消化道出现腹痛、腹泻、发热、恶心和呕吐。大量吸入芥子气会导致慢性呼吸疾病,反复呼吸道感染,较重者常遗留支气管扩张、肺气肿。严重的眼睛损伤会导致永久性失明。患呼吸系统癌症的危险增加,其他癌变、畸变率增高。芥子气进入体内后,可以与体内 DNA,RNA 和某些蛋白质起烷化反应,使得细胞的代谢和功能发生障碍,产生变性、炎症和坏死。

芥子气可被稀硝酸、过氧化氢、次氯酸、漂白粉浆以及氯胺等氧化,使其失去糜烂作用。加热能加速芥子气的水解,故可采用这些方法对芥子气染毒的物品进行消毒。芥子气易溶于汽油、酒精、二氯乙烷等有机溶剂,可用有机溶剂擦洗芥子气染毒的物品。

(1)当怀疑皮肤接触芥子气后,应立即使用活性白土或氯胺对皮肤进行消毒。

(2)脱离现场,往上风向转移。

(3)脱掉接触者所有的衣物,将衣物和个人财物放置到密封的双层密封袋中。

(4)尽量在最短的时间内清除接触者皮肤上的芥子气蒸气和液体,用香波和温水清洗头部、全身至少三遍。最后用大量温水冲洗。

(5)用流动水冲洗眼睛 15min,使用遮眼罩,以防光刺激。

(6)口服鲜牛奶,每次 1 小杯,不要催吐。

(7)发现有奇异气味液体的铁桶或弹药,要及时向当地消防、环保部门报告,远离危险源。如果发生人员接触,要及时与当地的疾病控制机构求助。

(8)对泄漏的芥子气要尽快用硅藻土或细砂子覆盖,铲除所有的污染物,并放入容器中密封,外面贴上标签。

(9)消解芥子气可用含氯漂白剂(次氯酸钠和次氯酸钙)、硫磺胺法、过氧酸($RCO_3H$)法等消解方法。

### 7.2.4 路易氏气——氯乙烯基二氯化胂

路易氏气化学名称为氯乙烯基二氯化胂，无色油状液体，带有天竺葵的气味，沸点为190℃，难溶于水，易溶于汽油、煤油及其他有机溶剂中，是很强的细胞毒剂和血管毒剂。

路易氏气在体内能与酶中的巯基结合，使其失去活性。在体内有20多种巯基酶，如琥珀酸脱氢酶、尿素酶、羧酶、组织蛋白酶等，都可被其抑制。如果与丙酮酸氧化酶体系中的巯基结合，丙酮酸的氧化即受到抑制。神经系统（特别是大脑）以及其他组织中都有这种酶存在。此酶受抑制后，产生糖代谢障碍，固而影响神经系统和其他组织的正常功能。

此外，它对毛细血管有强烈的毒性。人中毒时，毛细血管极度扩张，特别是内脏。随后小动脉也发生损害，所以除皮肤损伤发生严重水肿和出血外，内脏器官和神经组织也有广泛性出血、水肿或积液，并易发生循环衰竭和肺水肿。

皮肤损伤特点：液滴态路易氏气接触皮肤后10s～20s就感到针刺样疼痛，并随着毒剂的渗入而加剧。红斑鲜红，界限不明显，伴有水肿和点状出血。水泡极度膨胀。水泡液呈血性混浊。

眼损伤特点：轻者主要是刺激症状，炎症时间短。重者出现强烈的疼痛感，有严重的充血和水肿以致失明。

呼吸道损伤特点：对呼吸道有刺激症状。严重中毒者常发生肺水肿。

路易氏气穿透力强，人中毒后应尽快消毒。可用3％～5％二巯基丙醇油膏对皮肤进行消毒，其优点是它能透过皮肤，对进入深层组织的毒剂发挥作用。

眼部消毒用3％BAL软膏涂入结膜束内，轻揉眼睑1min，后用净水冲洗0.5min。在染毒后1min内应用，几天后可完全恢复；10min后应用，则愈合较慢，并可发生视力障碍；30min以后应用则无效。

## 7.2.5 其他类毒气

神经性毒剂：能伤害神经系统，如塔崩、梭曼、维埃克斯。

刺激性毒剂：能强烈刺激眼睛和呼吸道，引起大量流泪、喷嚏，如西埃斯、氯苯乙酮、亚当氏气。

窒息性毒剂：能伤害肺部，引起肺水肿，窒息，如光气、双光气。

除上述主要军用毒剂外，还有大量工业和农业用除草剂、除虫剂和土壤灭菌剂等化学产品也可以作为毒剂使用，不但危害农作物，而且还可以使人、畜中毒，严重时会致死，长期危害可造成接触者患癌症、后代畸形等后遗症。

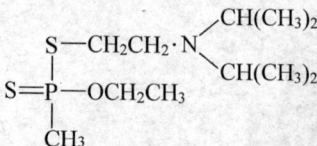

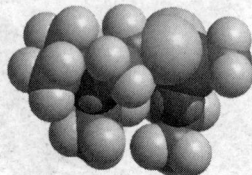

$$S\!-\!CH_2CH_2\cdot N \begin{cases} CH(CH_3)_2 \\ CH(CH_3)_2 \end{cases}$$

$$S\!=\!P\!-\!OCH_2CH_3$$

$$CH_3$$

维埃克斯

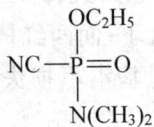

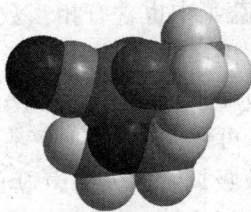

塔崩

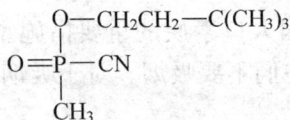

梭曼

COCl₂

光气

# 7.3 烟草植物在有机医药、农药中的应用

烟草

## 7.3.1 吸烟有害健康

1492 年,哥伦布在南美发现了一种叫"淡巴菰"的植物,515 年来,人类的生命和健康就被这种叶子燃烧的青烟所困扰,这正是今天人们竭力想放弃却一次次死灰复燃的香烟。如今人们已经将香烟燃烧产生的 400 多种成分进行了结构确定,其中含有苯并芘类多环芳烃、亚硝胺等 40 余种致癌物。吸烟者比不吸烟者患粥样硬化心血管病的发病率高 20 倍;死于冠心病的危险性大 2 倍～3 倍;增加肺癌发病率 20 倍。

烟草中的尼古丁(其他蔬菜中也含有相当数量的尼古丁,如西红柿、山芋、茄子、花菜等。1g土豆皮和土豆肉中分别含有4.8 ng和15 ng尼古丁;而西红柿中尼古丁含量较高,但成熟的西红柿尼古丁含量相对较低),在燃烧时基本不损失,也具有毒性,40mg~60mg的尼古丁可致人死命。

吸烟不仅可能导致吸烟者本人罹患冠心病、慢性阻塞性肺炎和肺癌等,还影响到周围人群。单一死因分析表明,烟草导致的死亡位于首位,全球每年约有500多万人死于吸烟。

因此,科学地宣传吸烟有害健康是保证我国人口素质的重要措施。鉴于近年来我国青少年吸烟人数上升的严峻形势,要劝导他们不要吸烟。对于吸烟者,要引导他们减少每天的吸烟量,科学指导他们戒烟。

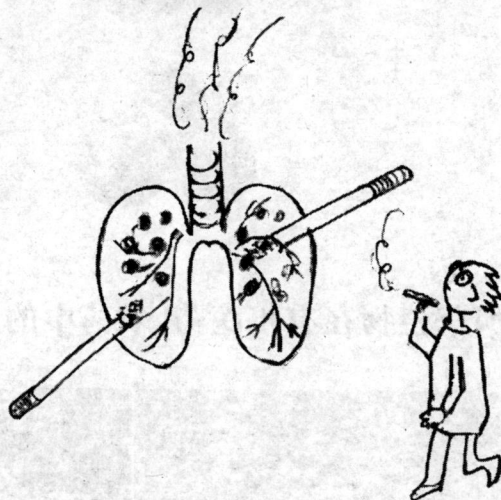

吸烟有害健康

### 7.3.2 烟草植物浑身是宝

1. 绿色的烟草杀虫剂

烟草为茄科烟草属植物,全株都含有烟碱,以叶中含量最高。一般栽培的红花烟草含烟碱约3%,黄花烟草含烟碱10%~15%,普通烤烟含量最低。利用烟草灭虫,安全无公害,成本低廉,杀虫力强。其烟叶的浸液经过简单加工可用于防治蚜虫、椿象、蝇蛆、红蜘蛛、蓟马、菜青虫、麦蜘蛛和螨类等。

烟碱是一种碱性物质,起触杀作用、胃毒作用和杀卵作用。对植物组织有一定的渗透作用,速效、基本无残留问题,利用喷雾法可防治马尾松毛虫。

2. 烟草中的尼古丁可制成治疗疾病的医药

(1)尼古丁可治疗老年痴呆症(AD)。长期以来,存在于香烟中的尼古丁一直被认为是一种毒素。中国科学院生物物理研究所赵保路教授课题组对尼古丁进行了研

208

究,他们每天给小鼠喂食相当于一般吸烟者(1 包～2 包香烟)的尼古丁长达 5 个月,小鼠未出现任何异常。而据流行病学统计,吸烟者患帕金森氏综合征(PD)和老年痴呆症的概率远低于不吸烟者。赵保路课题组研究发现,尼古丁居然是一种天然抗氧化剂,是诱发帕金森氏病的 6-羟多巴胺、导致老年痴呆症的 $B$-淀粉样蛋白的"死对头"。课题组经多年研究发现,卷烟烟气中的自由基、多环芳烃、亚硝胺等主要有害物质,才是香烟中真正的健康"杀手",它们能导致人体组织和细胞的氧化,促发癌症等疾病。

人脑中存在着尼古丁乙酰胆碱受体(nAHhRs),是一种配体结合的阳离子通道。该受体的阻断可以导致帕金森氏综合征的发作,尼古丁可以活化神经元的突出前体或突出后体的 nAHhRs,释放乙酰胆碱和非胆碱神经递质;尼古丁还能够增加脑葡萄糖吸收,进而改善老年痴呆症患者的认知能力;适量服用尼古丁还可以增加局部脑血流量,有利于神经细胞的功能和生存。

老年痴呆症是一种原发性退行性灰质脑病,其特点是形态学上出现大脑皮质萎缩,并伴有神经元纤维缠绕及老年斑。动物试验发现,$\beta$-淀粉样蛋白可以明显减少乙酰胆碱和多巴胺的释放,损伤动物的认知功能。研究发现,尼古丁可以结合到 $\beta$-淀粉样蛋白的 $\alpha$ 螺旋及一个小的可溶的 $\beta$ 折叠上,抑制 $\beta$-淀粉样蛋白的形成。胆碱能体系是老年痴呆症的最初靶位置。研究发现,nAHhRs 在脑中的缺失是老年痴呆症患者的早期症状,而且与患者的认知能力的丧失明显相关。尼古丁可以激活单胺氧化酶逆转 $\alpha 7nAHhRs$ 缺损,起到治疗精神分裂症的作用。

尼古丁的学名为 3-(3-($N$-甲基吡咯))吡啶,是吸烟者有快感和上瘾的主要物质。是药三分毒,尼古丁也与其他药物一样,能够治病,也能致病。因此,在医生的指导下正确使用尼古丁药物,可达到治病的目的。

(2) 抗癌烟草药物。据 2002 年《科学》报道,最近,美国广宇生物公司(LSBC)将药用蛋白的基因注入到烟草花叶病毒(MTV)中,再利用这种转基因的病毒去感染烟草,受感染的烟草成为批量生产所需蛋白质分子的临时工厂,然后将这些蛋白质从烟草作物中提取并纯化,得到预防非何杰金氏淋巴瘤(NHL)复发的疫苗。非何杰金氏淋巴瘤是一种淋巴系统肿瘤,机体抵抗疾病的主要物质是一些大而复杂的蛋白质,但真正对抗原有奇效的是这种蛋白质的 Y 形结构的顶端。出于治疗目的,去除掉抗体蛋白质分子的大部分,将保留的两个顶端用 10 个～20 个氨基酸组成的链相连接。这样处理后形成的小蛋白质称作单链抗体片断,比制作整个抗体要简单得多。LsBC 已经成功地利用烟草花叶病毒技术生产出了单链抗体。自 1991 年起,该公司种植了大片的被 MTV 感染的烟草植物,这种烟草植物携带有可能产生治疗蛋白质的各种基因,有治疗胰腺、结肠以及其他器官癌症的可能。烟草植物对妇女子宫内膜异位症、子宫肌瘤、子宫内膜癌、乳腺癌等雌激素依赖性疾病有较好的疗效。

(3) 转基因烟草药物。利用转基因烟草植物生产药物最早是由比利时 PGS 公司的研究人员发现的。他们在研究中意外地发现,利用转基因烟草可以生产神经五肽,开创了转基因烟草植物作为生物反应器生产药物的先例。利用基因工程技术手段,将某些生物制剂的编码基因转育到高等植物中表达,使过去只能在动物或微生物中生产的药物,由植物作为生物反应器来生产,从而使其产品对人类的使用更加安全。利用转基因烟草植物生产重组药用蛋白,使用安全、优质高产、投资规模小、成本低,成本仅为利用大肠杆菌发酵生产成本的 1/10～1/50。

迄今,在世界范围内,利用生物反应器开发的药用多肽和疫苗估计在 100 种以上。多肽药物中有人胰岛素、生长激素、干扰素、白细胞介素、组织血纤维蛋白溶酶原激活剂(TPA)、免疫球蛋白(Ig)、心钠素、降钙素红细胞生长素(EPO)、尿激酶、超氧化物歧化酶(SOD)等。疫苗有麻风杆菌疫苗、脑膜炎球菌疫苗、乙型肝炎疫苗、流感疫苗和人免疫缺陷病毒疫苗等。许多生物技术公司在植物生物反应器的研究中更看重烟草植物,因为烟草植物繁殖能力强,单株生物产量很高。现在有 6 家生物技术公司正采用不同的技术路线将人类基因导入烟草植物中,以使烟草植物生产出各种符合人体需要的抗体、蛋白质和酶。

美国弗吉尼亚州的科学家正在使用烟草植物生产可作为抗癌药物的酶,用于治疗癌症以及其他疾病的临床试验。

美国佛罗里达大学分子生物学家丹尼尔发现,转基因的烟草植物可以用来生产炭疽病疫苗、胰岛素等药物。

1998 年,英国 Arnst 将其利用转基因烟草植物生产的一种人体抗体应用于临床,发现其能很好地保护病人牙齿免受龋齿细菌的浸染。

烟草植物亦被成功转基因以生产大量用于预防人和动物疾病的疫苗,美国的 Arntzen 等获得表达乙型肝炎表面抗原(HbsAg)的转基因烟草植物,并证明这种抗原与从人血清和酵母中诱导获得的抗原几乎相同,可以作为乙肝疫苗使用。这种重组疫苗原来一直用工程酵母菌生产,但成本昂贵且需要特殊设备。Curtis 等成功利用转基因烟草植物生产防御龋齿细菌的疫苗。

绿原酸(Chlorogenic Acid)是一种缩酚酸,属酚类化合物,是植物体有氧呼吸过程中经莽草酸途径产生的一种苯丙素类化合物,它具有利胆、抗菌、抗病毒、增高白血球及兴奋中枢神经系统等多种药理作用,是保健品、食品、药品、化妆品等工业的重要原料。绿原酸是烟叶中含量最高的单宁类多酚化合物,艾心灵等人采用正交实验方法对烟草中绿原酸、烟碱和茄尼醇的有效成分进行了超声波辅助提取工艺研究。

1989 年,Hiutt 等首先在烟草植物中表达重组抗体 $6D_4$,其表达量达烟叶总蛋白量的 1.3 %,按照这种表达水平,美国只需将其烟土面积的 1% 用来种植这种转基因烟草植物,就可以生产出 270 kg 的 $6D_4$ 抗体,足以供给 27 万癌症患者 1 年治疗之用。

3. 优质的烟草植物蛋白

烟草植物叶蛋白质含量丰富,其中人体必需的蛋白质比水稻、小麦、玉米和大豆等作物的叶蛋白含量都高。自英国首次从苜蓿中提取蛋白质至今,所研究的植物叶蛋白中,烟草植物含量是最高的;烟草植物蛋白质可大量结晶化提取,这就为烟草植物叶蛋白的提取利用开辟了广阔的前景;烟草植物叶蛋白为高级营养物质,其含氨基酸种类多,最易被人体吸收利用。

20世纪40年代,英国的诺尔曼·皮里研究了烟草植物作为食物的可能性,以帮助解决战时的食品短缺。到了70年代,美国生物学教授塞缪尔·威尔海曼发现了一种从烟草植物中提取的蛋白,其营养价值超过了牛奶中的酪蛋白。1990年,加利福尼亚州的生物遗传公司将自然状态下的烟草植物花叶病毒引入药草植株内,制造出病毒编码蛋白。现在已有数家食品公司开始用烟草植物中提取的蛋白质晶体加工各种食品:有的将烟草植物蛋白加水稀释,制成像鸡蛋清营养的溶液;有的加糖烘烤,制成美味的糕饼;有的适当加卤,制成美味可口的豆腐;有的采用冰冻,制成松软的"奶油冰淇淋"。

美国佛罗里达生物技术研究所从烟草植物叶中提取医用蛋白质获得成功,并已建成了一条工业生产线,每天可从9000kg的新鲜烟叶中提取出医用蛋白质。该烟草植物蛋白为白色结晶状粉末,蛋白含量高达99.97%以上,其可溶性蛋白质约占50%,其特殊营养价值可与牛奶、大豆媲美。烟草蛋白在临床上可供肾脏病患者或忌盐性患者使用,也可以补充体能。提取蛋白质以后的烟叶仍可以作为卷烟的原料,并且大大降低了卷烟中焦油的含量。

俄罗斯专家将转基因烟草植物的基因植入在烟草中生存的一种细菌,携带新基因的细菌DNA片段会进入烟草植物细胞,合成出类似蛛丝的蛋白,与使用细菌合成类似蛛丝蛋白相比,转基因烟草植物合成蛋白的成本低,不产生毒素和病毒,适合制造各种防弹材料。

烟草植物蛋白(Ⅰ)为无色、无味的白色粉末状结晶体,具有高温煮沸不凝固的独特性质,是一种营养平衡的高级蛋白。张劲松、方宇澄等发现了烟草植物组分蛋白(Ⅰ)结晶与pH值的关系,在pH值为5.4时,成功地完成了稀释结晶。他们还发现,通过控制pH值还可以有效控制绿原酸等多酚类化合物与烟草植物组分蛋白(Ⅰ)结合。郭培国、陈建军等对烟叶中可溶蛋白的提取效率进行了分析,1kg鲜烟叶可获纯净的组分蛋白(Ⅰ)5.12g、组分蛋白(Ⅱ)6.27g。可溶蛋白的提取效率为71.28%,即1kg鲜烟叶提取可溶蛋白11.39g。

动物实验中,蛋白质的赖氨酸/精氨酸(Lys/Arg)值低,有利于降低血清胆固醇和动脉粥样硬化发病率。蛋白(Ⅰ)的赖氨酸/精氨酸值低(小于1),而酪蛋白、牛奶的赖氨酸/精氨酸值分别为1.9和2.4。此外,蛋白(Ⅰ)还有助于消化。某种因肝病引起的脑功能障碍,据推测与蛋白质不良有关,食用烟草组分蛋白(Ⅰ),可得到一定的治疗作用。由于烟草叶蛋白具有高纯度、低盐分、氨基酸组成平衡和利用率优于酪蛋白的特性,所以非常适用于肾脏病人和烧伤病人。硒是人体必需的微量元素之一,在防治克山病、大骨节病及肿瘤等方面具有重要的作用。人们一直在寻找天然有机硒化物作为补硒的来源,所以高纯度的含硒组分蛋白(Ⅰ),其营养和保健价值更高。张劲松等发现,烟草叶片中的可溶性蛋白质对叶面施硒具有较高富集性。在田间对烟草叶面喷施亚硒酸钠，无机硒通过代谢，转化为硒蛋氨酸和硒半胱氨酸，再掺入蛋白质中。服用烟草硒蛋白可以防止自由基和脂质过氧化物对肝脏的破坏作用，降低肝炎发病率，阻断慢性肝炎向肝癌转化。陈春生等对富硒烟叶中硒蛋白的多种分离方法进行了筛选。张劲松等对烟叶硒蛋白的工业化提取、免疫调节和抗氧化作用进行了大量研究，分析了生产烟叶硒蛋白的可能性，并提出完整的工业化提取方法和工艺流程。

1990年，美国加利福尼亚州生物遗传公司开发出一种蛋白密码转移技术，该技术利用了常见的烟草花叶病毒的特殊性质，将自然状态下的烟草花叶病毒引入烟草的植株内，约15天就能使烟草植物的蛋白含量达到16％，同时使烟草中产生原来没有的蛋白成分，如复合Q蛋白和γ-淀粉酶复合蛋白，而这两种成分的蛋白是制造抗艾滋病病毒药物不可缺少的成分。转基因烟草植物还被成功生产其他多种医用蛋白质。其中，葡萄苷脂酶(Lucocere-brosidase)用于人类Gaucher氏病的临床治疗，它由人体胎盘组织提取纯化。对于一个Gaucher氏病患者，每年需要10t～12t人体胎盘，药价高昂。利用转基因烟草则可大量且低成本地生产葡萄脑苷脂酶。1999年，美国学者宣称他们成功地将人体必需的基因导入烟草植物以生产人体血液成分。2000年，美国孟山都公司的科学家通过叶绿体遗传转化系统将人体外激素基因导入烟草叶绿体，其产物somatotropin的表达量比通过细胞核转化的烟草高300倍；韩国研究者利用转基因烟草植物生产人的胰岛素；北京大学将对早中期妊娠引产极为有效的天花粉蛋白基因导入烟草植物并成功表达该种蛋白。

4. 烟草鼠

生物学家利利安·马博士说：烟草是我们植物学家最了解的一种植物，它是首种用作实验研究的模范植物，大家可以称它们为植物中的"实验老鼠"。

烟草植物对科学发展所起的突出作用还表现在遗传和育种，尤其是在分子遗传学领域研究等方面。烟草易于繁育，且烟草科内有丰富的植物资源，现今人们已积累了大量的有关烟草植物的科技资料，拥有有效的组织和细胞培养技术。因此，烟草植物被广泛应用于分子生物学、生物技术、生理学、生物化学、化学、物理学和药物学等领域的研究。由烟草植物上获取的科学知识，对于生物科学来说，其价值是无可估量的。

用烟草植物作为一种研究工具起始于1918年Garner和Allard的光周期现象的研究。光周期现象的发现给花卉和观赏植物业带来了数十亿美元的商机，使植物育种人员知道了可采用不同花期的材料进行杂交以得到抗病、抗逆境和环境忍耐力高的植物。

生物学家发现烟草植物的遗传基因很容易改变，他们正在研究将烟草送到制药厂，去生产抗子宫颈癌和艾滋病的疫苗。现在所用的很多种类的疫苗，都是在细菌或是酵母之中培养出来的。利用这些植物可以制作更复杂的蛋白质或疫苗，设计出一些可以应付我们一直以来没有能够应付的疾病疫苗。南美洲的科学家正研究从烟草植物当中提炼抗子宫颈癌的疫苗,他们有信心在几年之间制造出疫苗来造福人类。

烟草植物是分子遗传学中研究最多的植物材料,用烟草花叶病病毒将新基因导入烟草植株,使新基因得到表达。在收获的烟叶里含有这种新基因的蛋白质,用这种方法已经得到人的血红蛋白成分。

周平等利用土壤农杆菌系统,将高甜度的外源蛋白 thaumatin II 基因转入烟草植物细胞,并得到大量的转基因植株及其后代,经分子杂交分析确证 thaumatin II 基因已整合到烟草基因组中,并在转录水平检测到表达。甜蛋白来源于西非植物 Thaumatococcusdenielli 的果实,具有高甜度、低热量的优点,有很高的经济价值。罗忠训、杨之帆等进行了转金属硫蛋白及其突变体 $\alpha$-基因烟草的研究,利用植物基因工程方法,将哺乳动物金属硫蛋白(MT)基因导入烟草基因组中,获得了对重金属具有抗性的转基因植物,对研究植物抗重金属污染及富集能力有重要意义。随着分子生物学的进展,特别是对 DNA 的重组技术研究,人们对烟草的操控技术将会提高到一个新的水平。由于绝大部分蛋白基因都能被导入烟草花叶病毒中,也就是说可以从烟草中得到任何一种遗传工程蛋白。将来烟草植物还可以生产出抗癌和抗艾滋病等大量有用物质。可以预计,未来不但会培育出高香气、低蛋白、低危害的烟草用于卷烟,而且还会培育出食用和药用高蛋白的烟草植物造福人类。

5. 烟草植物可作为化工原料

烟草植物的某些化学成分可能具有工业用途已日趋明显。已知烟草中含有相当量的柠檬酸、苹果酸和一些特有的精油。其茎杆中已知含有果胶和果胶酶,还含有相当量的树脂,可用作塑料和涂料。有些类型的烟草中除烟碱外,还含有去甲基烟碱等生物碱。有人已试图把提取烟碱后的残留纤维制成纤维板。烟草的种子可用来生产烟籽油。产于波兰的黄花烟草可作为工业植物应用,该黄花烟可用于提取烟碱、柠檬酸和苹果酸,还可用来生产油漆和亮光漆。

### 7.3.3 医药、农药中的烟碱衍生物

利用烟碱的生理活性,人们合成了大量含有烟碱结构单元的医药、农药。烟碱具有各种各样的药理学作用,其中一些药理学作用应归因于神经递质释放。研究表明,施用烟碱可调节中枢神经系统中的谷氨酸、一氧化氮、细胞因子和肽。此外,烟碱对用于治疗某些障碍的一些药物组合物的药理学行为具有加强作用。

据 Kikuchi 等报道,烟碱可用于治疗各种 CNS 障碍。CNS 障碍包括神经精神病、行为异常、认知障碍等。一些 CNS 障碍可归因于缺乏胆碱、多巴胺、去甲肾上腺素或 5-羟色胺。较常见的 CNS 障碍包括老年性痴呆症、帕金森氏综合征、精神分裂症、抑郁症等。

烟碱的缺点在于它通过刺激肌肉和神经节受体而伴随产生各种副作用。寻找具有有益效果的烟碱药理不产生明显的副作用的化合物是药学研究的重要方面。

2005 年,巴蒂等合成了以下一系列的化合物,可用于止痛,减轻炎症,治疗溃疡性

结膜炎、神经性疾病、细菌或病毒感染、炎性肠病、急性胆管炎、口疮性口腔炎、关节炎、克罗伊茨费尔特-雅各布病、溃疡性结膜炎以及抑制细胞因子释放。典型的代表物为

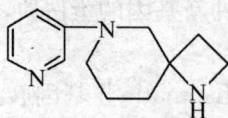

6-(3-吡啶基)-1,6-二氮杂螺[3.5]壬烷

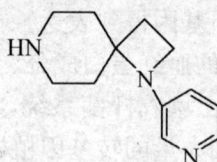

1-(3-吡啶基)-1,7-二氮杂螺[3.5]壬烷

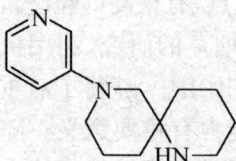

8-(3-吡啶基)-1,8-二氮杂螺[5.5]十一烷

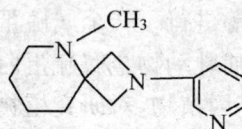

5-甲基-2-(3-吡啶基)-2,5-二氮杂螺[3.4]辛烷

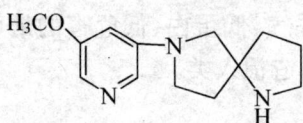

7-(5-甲氧基-3-吡啶基)-1,7-[4.4]壬烷

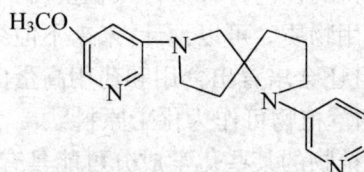

1-(3-吡啶基)-1,7-二氮杂螺[4.4]壬烷

常见的农药中的烟碱衍生物如下。

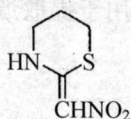

硝乙脲噻唑

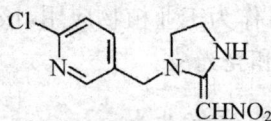

硝基亚甲基原型

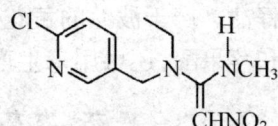

烯啶虫胺

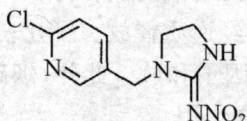

吡虫啉

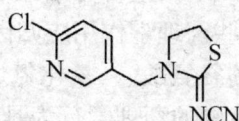

噻虫啉

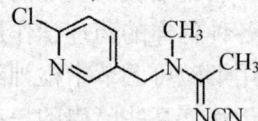

啶虫胺

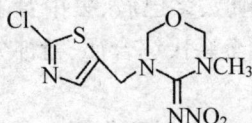

噻虫嗪

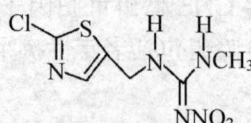

噻虫胺

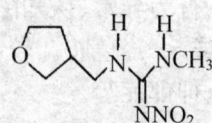

呋虫胺

**烟碱类**

214

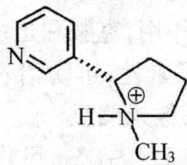

烟碱

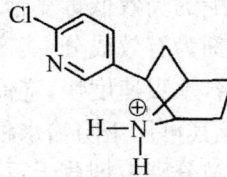

地棘蛙素

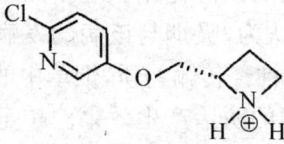

ABT-594

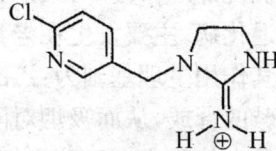

去硝基吡虫啉

下面仅通过 2006 年—2007 年公开的专利对含有类烟碱结构单元的医药、农药进行介绍。

2006 年,门克等合成了含有烟碱的驱避节肢动物药物。毛嘉洪等合成了调降血脂肪的组成物,其包括乳铁蛋白以及三价铬化合物。三价铬化合物选自烟碱酸铬或其他无机三价铬或有机三价铬族群中的至少一种。丁亚萍等合成了含烟碱的高效低毒纳米种衣剂。安德施等合成了烟碱乙酰胆碱受体的激动剂或拮抗剂组成的杀虫混合物。宁君等公开了一种利用簇合效应原理发现和创制新农药的方法,选取现有的高活性农药化合物,如甲氨基阿维菌素、吡咯类杀虫剂、新烟碱类杀虫剂,或以潜在的农药活性分子作为母体,合成其簇合物。以母体化合物的靶标生物为主要供试害虫适当扩大筛选范围;研究不同簇合结构,不同簇合度与生物活性的关系;为筛选和发现潜在的高效低毒农药新分子提供新的理论和方法。希望筛选出比母体农药分子本身的杀虫活性高几倍甚至几十倍的簇合物,以减少研究费用和缩短创制过程,提高新品种的创制效率。

2007 年,达尔等合成了新的烟碱性乙酰胆碱受体的调节剂——脲衍生物。它可以用于治疗那些与中枢神经系统(CNS)、外周神经系统(PNS)的胆碱能系统有关的各种疾病,涉及平滑肌收缩的疾病或障碍、内分泌疾病或障碍,涉及神经变性的疾病或障碍,涉及炎症的疾病或障碍、疼痛和因终止化学物质滥用导致的脱瘾症状。胡佛合成了含有大环内酯和烟碱类的杀虫剂,用于防治线虫和昆虫或蜱螨。彼得斯合成了二氮杂双环芳基衍生物,它们是烟碱样乙酰胆碱受体的胆碱能配体,可以用于治疗多种涉及中枢神经系统、外周神经系统的胆碱能系统的疾病或障碍,涉及平滑肌收缩的疾病或障碍,内分泌疾病或障碍,涉及神经变性的疾病或障碍,涉及炎症的疾病或障碍、疼痛和由化学物质滥用终止所导致的戒断症状。大河原雄一合成了新烟碱类化合物组合物,实现了农药和杀虫剂用量与使用次数的减少。谢文格等人合成了治疗脑中烟碱性乙酰胆碱受体缺陷或功能障碍有关的病症的药物。杨寿海等合成了一组含反式氯氰菊酯的高效低毒复合杀虫组合物,该杀虫组合物含有反式氯氰菊酯与氯代烟碱类杀虫剂为有效成分,能产生较高的协同增效作用,克服和延缓了害虫抗药性,扩大了防治谱,杀虫速度快,降低了用药成本,减轻了毒性;可防治农作物上发生的同翅目害虫,尤其可用于防治水稻飞虱和小麦蚜虫,其效果明显。

茄尼醇和烟碱分别占烟草干重的 $0.4\%\sim3.0\%$ 和 $1\%\sim8\%$,可作为维生素 K 和辅酶 Q 的合成原料。烟碱在人体内不能积累,可随排泄系统排出体外。它有使人精神安定和抗忧郁的作用,对人的紧张情绪有一定的镇静作用。老年痴呆症是一种衰老性神经退化病,主要发生在老年人群中,研究认为,吸烟与该病的发病率有显著的负相关。其作用生理基础为:乙酰胆碱是重要的神经传输物质,烟草中的烟碱促进体内乙酰胆碱的释放,从而吸烟对阿尔茨海默氏病的防治产生效果。帕金森氏综合征是一种涉及人体脑内多巴胺类细胞丧失的衰老性神经退化症,研究发现,吸烟与该病的发病呈负相关性。烟碱镇痛作用已在啮齿动物试验中得到证实。

烟碱同样具有高效、广谱性,且持效期长、低毒、安全,对天敌有选择性,内吸性强,对刺吸式口器害虫有特效。该药作用于昆虫的乙酰胆碱受体,麻痹神经,是乙酰胆碱受体的激动剂。低浓度时刺激烟碱型受体,使突触膜产生去极化,与乙酰胆碱作用相似。高浓度时烟碱对害虫的毒杀机理是对乙酰胆碱受体产生脱敏性抑制,即神经冲动传导受阻。从分子水平上来看,烟碱分子的两个 N 原子间距为 0.412nm,正好相当于乙酰胆碱中的酯基 C 原子与胆碱 N 原子的间距,因而与乙酰胆碱的作用相似。

我国在 200 多年前就已开始用烟草防治害虫,至今已有硫酸烟碱和油酸烟碱供应市场。此外,烟碱制剂还有美国的黑叶 40(其烟碱含量为 40%)。近几年的一个突破是新烟碱类化合物的合成与应用。通过对烟碱结构式的改造,导入氯吡啶甲基活化剂,从而使化合物的杀虫活性提高近百倍。该类化合物的代表为吡虫啉,20 世纪 80 年代末由德国拜耳公司开发,目前已经商品化。我国在对烟碱进行系统研究的基础上,已在陕西省澄成生物碱厂及千阳生物碱厂建成工业装置,吡虫啉类化合物已成为植物性杀虫剂中产量最大、最主要的药剂之一。

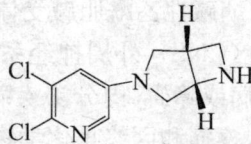

(1S,5S)-3-(5,6-二氯-3-吡啶基)-3,6-二氮杂双环[3.2.0]庚烷为具有治疗疼痛和与烟碱型乙酰胆碱受体相关疾病的化合物,当与阿司匹林等联合用药时,对治疗疼痛有较好的疗效。

### 7.3.4 治理环境污染

TNT 是 150 年来广泛制造和使用的炸药。但在 TNT 制造地周围的土壤、泥浆和池塘等中,都会存在大量的 TNT 残留,给环境和卫生带来严重的危害。人体若摄入 TNT 残留,可引起贫血、肝损害和癌症。

Hannink 等利用阴沟杆菌(Enterobacter Cloacae)的硝基还原酶基因来转化烟草植株,从而使 TNT 相继还原为羟基氨基二硝基甲苯(HADNT)和氨基二硝基甲苯衍生物。这些酶促降解产物无公害,也不积累于植物。转基因烟草对 TNT 的耐受性和吸收能力均极强,不仅可在含有正常植物致死浓度 TNT 的土壤和水浆中良好存活,而且可在数日内清除其中的 TNT 残留。

### 7.3.5 展望

烟草植物本身含有丰富的蛋白质和生物碱,有重要的医用和食用价值。据最近的文献报道,烟草中所含的蛋白质是高于豆类等农作物的,可能是未来人类蛋白质的主要来源之一,已有专家建议将烟草制成高蛋白食品;烟草中的生物碱是良好的无公害生物农药,粗提即可生产杀虫剂;烟草中的茄尼醇可以作为食品添加剂食用,已有工业提取。可以设想,如果将生产转基因药物的烟草与其他大量蛋白质、糖、生物碱农药、天然香料物质、茄尼醇等贵重化工原料综合提取利用,将使烟草获得更高的商业价值,并使转基因药物的生产成本大幅降低。另外,烟草蛋白还有滋润肠胃、促进血液循环的功效。最近,美国加利福尼亚州分子生物研究所的科学家把老鼠的抗体基因引入烟草体内,经过一系列复杂的程序后,烟草开始制造出能抑制和杀灭人类癌细胞的特殊抗体。目前临床用的抗癌抗体,是通过动物细胞培养法制造的,1g 需5000 美元,而采用烟草复制法制备的成本 1g 只用 10 美分。

肯塔基的 Owensboro 以拥有世界上最富饶的绿色烟草田地而闻名。2002 年 7月,美国大规模生物公司公布了其发明:公司赞助了一个深入研究烟草细胞的项目,这些细胞是被移植了人的肿瘤病菌并最终痊愈的烟草细胞,然后把这些烟草细胞提炼加入疫苗中,用以治疗淋巴瘤(淋巴瘤是一种缓慢增长的癌症,疫苗能够有效地作用于感染的部位而抑制癌细胞的生长)。可以相信,随着科学研究的深入,烟草植物的药用价值会越来越多地被发现。

但是遗憾的是,目前人们对这么好的原料利用的方法不对,"吸烟"就是吸入蛋白质燃烧产生的"烟",烟草中的生物碱及蛋白质不完全燃烧会产生大量的焦油和亚硝胺等有害物质。鉴于此,应充分发挥烟草这一"实验鼠"的优势,利用转基因技术,生产更多的人类所需要的抗癌、抗艾滋病、抗禽流感药物的抗体和农业生产中所需要的绿色农药。在我国特别要加大研究力度,开展烟草植物的综合利用研究,尤其是烟叶蛋白的提取分离工作,这样一方面可获得高质量的优质蛋白;另一方面可大大减少烟中焦油的含量,降低香烟中有害物质的生成。因此,应加强烟草中的有效成分的分析,特别是其手性成分的分离和纯化,以便准确确定其成分的药理和毒理。

# 第8章　有趣的故事,深刻的启迪

## 8.1　明星分子NO的功与过

早在18世纪70年代,普列斯特里用$HNO_3$和Cu反应首次得到无色气体NO。当闪电时,空气中的$N_2$和$O_2$合成NO,进而转化为$HNO_3$,随雨水降至地面为植物所利用,是土壤氮肥的重要来源。NO可用于制硝酸、肥料及炸药,为高新技术、工农业生产立下了汗马功劳。

近年来,NO之所以变得"臭名昭著",是由于它严重污染空气。汽车及飞机排出的废气中的NO在空气中转变为$NO_2$,在阳光照射下,$NO_2$再分解为NO和O,在对流层中与烯烃、醛类、CO、$CH_4$等反应,形成蓝色烟雾,称为光化学烟雾。在洛杉矶、伦敦都曾发生过光化学烟雾事件,近年来我国也有这类光化学污染发生。

Ignarro,L.J

1980年,furchgott和Zacwadzki首次报道乙酸胆碱处理后的内皮细胞能释放出一种引起血管平滑肌舒张的物质,这一重大发现引起整个学术界的轰动。7年后,两个不同的研究小组分别提出这种物质是NO的证据。这是20世纪生命科学的划时代进展。1992年,NO被著名的《科学》杂志选为"明星"分子,成为全球关注的热点,1998年,研究者Ignarro等三人获得诺贝尔生物学奖。NO的主要生理作用如下。

(1) NO与血管扩张。NO是无色气体,在水中溶解度小($1.8 \times 10^{-3}$ mol/L),具有未配对电子的自由基,反应活性高,极易被氧化为$NO_2$,在生物体内该反应也能同样进行,不过很快形成$NO_2^-$或$NO_3^-$而失活。因而在生理条件下,NO存在的寿命很短,半衰期约为6s。NO具有脂溶性,相对分子质量小,极易穿过细胞膜,扩散性强,因此几乎遍及肌体各个部位,在细胞之间发挥信息传递的重要作用。经研究证实,哺乳动物内皮细胞能自身合成NO。

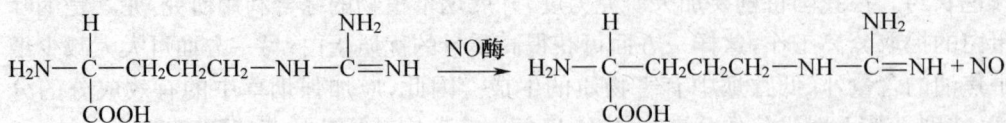

$$H_2N-\underset{\underset{COOH}{|}}{\overset{\overset{H}{|}}{C}}-CH_2CH_2CH_2-NH-\underset{}{\overset{\overset{NH_2}{|}}{C}}=NH \xrightarrow{NO酶} H_2N-\underset{\underset{COOH}{|}}{\overset{\overset{H}{|}}{C}}-CH_2CH_2CH_2-NH-\underset{}{\overset{\overset{NH_2}{|}}{C}}=NH + NO$$

1987年,帕默等人研究动脉血管平滑肌的松弛作用时,在动脉内皮细胞中发现有一种能发出信号使肌肉松弛的新物质——NO。它可与平滑肌内的鸟苷酸环化酶作用,生成活化的鸟苷酸环化酶,平滑肌内的三磷酸鸟苷(GTP)在活化鸟苷酸环化酶作用下转化为环鸟苷酸(CGMP),从而使平滑肌松弛,引起血管扩张、血压下降,并能抑制血小板凝集和黏附到内皮细胞上,有抗血栓作用。在医学上很多疾病,如心绞痛、高血压等都与心血管内平滑肌松弛有关,这些疾病的病理一般是由于病人存在NO生成缺陷,传递发生了障碍。

100多年来,人们使用硝酸甘油[$C_3H_5(ONO_2)_3$]、硝普钠[$Na[Fe(CN)_5(NO)] \cdot H_2O$]等药物治疗心绞痛、心肌梗塞等心血管病,但对其机理所知甚少。NO生化作用的研究已表明,这些硝基血管扩张剂是非酶途径产生的外源性NO,可以缓解病痛。硝酸甘油、硝普钠是通过与体内半胱氨酸及谷胱甘肽反应,产生一种不稳定的S-亚硝基硫醇,它能分解释放NO。硝酸甘油是一种烈性炸药,携带使用不慎安全。根据NO的作用机理,目前人们已开始研制能自发释放NO的安全新型供体药物。近年来研制成功的治疗男性疾病的伟哥,其药理也是NO在起作用。

(2) NO是体内消毒剂。人体中有一种抗衡微生物入侵的巨噬细胞,它是在肌体感染时遭受微生物毒素、肿瘤坏死因子等刺激后产生的。噬菌细胞可以激活NO合成酶,合成大量的NO,它对细菌、真菌、寄生虫、肿瘤细胞有杀伤作用。在免疫系统,NO既是白细胞、淋巴细胞、巨噬细胞的效应分子,也是它们的调节分子。

(3) NO是体内脑白金。大量研究证明NO能传导记忆的建立。用硝普钠产生外源性的NO,可使海马的突触效应持续增强。因此,NO是脑中储存记忆时关键的化学物质。

在讨论NO对人体的生理作用时,一定要注意NO的量。研究表明,如果NO量为$10^{-9}$mol水平时,一般是发挥信息传递的作用;过多则产生毒副作用。在过去几年中,人们已经搞清了许多疾病与NO的过量有关。如过量NO会导致血管过分扩张,血压下降,组织器官受损及损害中枢神经系统,导致脑细胞死亡。目前虽然对NO的确切作用机制尚不十分清楚,但NO过多释放是造成败血性休克、低血压和器官衰竭的主要因素。

胰岛素依赖型的糖尿病是免疫应答错误导向造成的,在一些糖尿病的病例中,免疫系统把胰岛素生成细胞当作外来机体,在应答中加以摧毁,这种免疫应答的错误导向与NO过多生成有关。

研究还表明,一些炎症疾病,如风湿性关节炎、胰腺炎、哮喘、脑缺血、中风、偏头痛以及早期老年痴呆、帕金森病、舞蹈病等,也与NO过多释放有关。

而心绞痛、阳痿和高血压则认为与NO生成量不足相关。

综上所述,古老的NO分子具有两重性。对人类有利也有弊。在全面认识它的性质以后,我们应加强对NO的治理并正确地使用,有效地发挥它的生物学作用,使小小的NO给人类带来巨大的福音。

# 8.2 氟利昂的兴衰

F12

氟利昂（Freon）是氟卤代烃的总称，简写作 F×××。F 后第一个阿拉伯数字代表分子中的碳原子数减去 1，第二个数字等于分子中的氢原子数加 1，第三个数字代表分子中的氟原子数，如 $CCl_2F_2$ 为 F12，第一个数字为零，在此不再写出。对含有溴的氟化物，溴原子个数用 B× 置于式后面，如 $CBrF_3$ 为 F13B1；环状物加 C，如全氟环丁烷 FC318。

氟氯烃的发现极大地改变了人类的生活质量，同时又造成了较明显的环境问题。1928 年，Midgley 开始研制无毒、不燃、化学性质稳定的冷冻剂以取代液氨和硫氧化物等老的制冷剂，经过多年的研究，他成功地得到了 $CCl_2F_2$。这一成果在化学界引起了极大的反响，是氟化学发展过程中的一个里程碑。

氟利昂是一种应用广泛的化工原料，F12 被用于汽车制冷、冰箱制冷等方面；F11 和 F12 也曾用在喷发香水上面；F113 曾被用于电视机、计算机等电器部件及汽车等机械的清洗等方面；F22 被广泛用于房间空调、楼房制冷以及食品的冷冻方面。随着氟利昂应用范围的日益广泛，其产量与日俱增，到 20 世纪 90 年代，全球的年消费量高达 100 多万 t。

溴氟代烃是一类很好的灭火剂，作为商品名 Halon 的 $CBr_2F_2$（F12B2）和 $CBrF_3$（F13B1）被广泛用于飞机、轮机舱、火箭、海上钻井平台和精密机械及图书馆的灭火装置。它们无毒，受光和高温作用后的分解物也无毒性、无残留物。

$CFClF_2$ 受热后分解生成四氟乙烯，储藏在钢瓶里的四氟乙烯也很容易自身聚合形成聚四氟乙烯。这一偶然发现的聚合物因其具有耐酸、耐碱和无毒、稳定等优良性能得到广泛应用，并被赋以"塑料王"的美称。

由于氟利昂化学性能特别稳定，不易分解，残留在大气中并不断上升，故引起了人们对其最终去向的注意。众所周知，太阳辐射的紫外线对生物有很强的杀伤力。幸运的是，距地球表面 25km～50km 处有一臭氧层。臭氧是地球大气层中的一种微量气体，它是由三个氧原子（$O_3$）结合在一起的蓝色、有刺激性的气体。尽管臭氧层在地球表面并不太厚，若在气温为 0℃ 时，将地表大气中的臭氧全部压缩到一个标准大气压时，臭氧层的总厚度才不过 3mm 左右，但它却能吸收太阳辐射出的 99％ 的紫外线。就像一道天然保护屏障，使地球上的万物免遭紫外线的伤害。

1985 年的一份研究报告指出,地球表面臭氧浓度正以每年 1‰ 以上的速度降低,1999 年 9 月,南极上空臭氧层的浓度只有往年的 2/3。近年来,北极上空臭氧层也减少了 20％。我国大气物理及气象学者的观测也发现,青藏高原上空的臭氧正在以每 10 年 2.7％ 的速度减少。根据全球总臭氧观测的结果表明,除赤道外,1978年—1991 年臭氧总量每 10 年间就减少 1‰ ～5％。这一迹象表明,全球的臭氧洞的损耗状况正在恶化之中。图 8－1 表示出地球表面臭氧层所在高度。

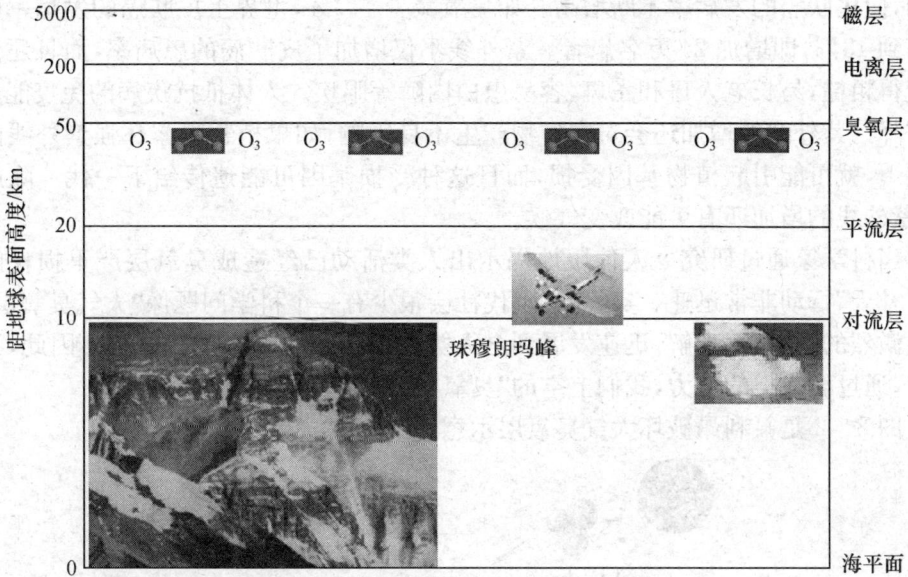

图 8－1　地球表面臭氧层所在高度示意图

贴近地面的臭氧是一种污染,而距地球表面 25km～50km 处的臭氧可以吸收200nm～320nm 波长的紫外线。臭氧层一旦出现空洞,就会使植物生长受到抑制,引起生物体 DNA 中相邻的胸腺嘧啶发生二聚,而造成基因改变并损伤细胞。克鲁真等因发现自 20 世纪 70 年代以来氟利昂造成大气层臭氧空洞的出色工作,于 1995 年获得诺贝尔化学奖。80 年代末以后,国际上接连签署了多个关于限制使用生产氟利昂的协议,以更好地保护我们的生态环境和子孙后代。

氟利昂是怎样破坏臭氧层的呢? 氯氟烃在低层大气中稳定,游荡 10 年左右的时间进入臭氧层,强烈的紫外线照射使氟利昂吸收了 260nm 波长以下的阳光,分解出氯自由基,继之与臭氧作用生成 ClO·自由基,引发链反应,一个 Cl 原子可以破坏10 万个臭氧分子,从而造成了对臭氧层的破坏。

氯利昂化合物是 1931 年问世的一类人工合成产物,长期以来,人们片面地利用这类化学物质无毒、化学性质稳定和容易液化等优点,大量生产并在日常生活中将它们用作空调、冰箱致冷剂,化妆品和医药品中掺加的喷雾剂,衣料、器件的洗涤剂以及建筑隔热材料;在工业上又多用来清洗电气、机械、金属制品及生产泡沫塑料等。在生产和使用过程中,因其较强挥发性而易逸散到大气中。到目前为止,人类已经把1500万t以上的氯氟烃排放到大气中。进入大气中的氯氟烃,只有一部分参与臭氧层破坏作用,大部分还在大气中游荡,因而,虽然现在很多地方已停止生产和使用氯氟烃,但臭氧层仍然会继续遭到破坏。

据推算,平流层中的臭氧若减少1%,地面受到的有害紫外线辐射会相应增加2%。所以,随着氟利昂的不断增加,地面上的有害紫外线也将不断增加。紫外线的增加,使皮肤癌的发病率不断增高。如臭氧减少了5%,世界上皮肤癌的发病率就会提高到15%,即增加24万名患者。紫外线不仅增加了皮肤癌的患病率,而且还使皮肤变得粗糙,易长老人斑和雀斑,容易患白内障等眼疾。人体抵抗疾病的免疫能力也会下降。紫外线的增加还会对农作物产生不良影响,如果植物曝露在强紫外线的照射之下,就可能引起植物基因受损,而且这种受损基因可能遗传给下一代。除此之外,紫外线的增加还有可能改变气候。

当科学家通过研究令人信服地揭示出人类活动已经造成臭氧层严重损耗的时候,"补天"行动非常迅速。实际上,现代社会很少有一个科学问题像"大气臭氧层"这样由激烈的反对、不理解,迅速发展到全人类采取一致行动来加以保护。因此,我们相信,通过全人类的努力,我们上空的"臭氧洞"一定可以修复。

图8-2是氟利昂破坏大气臭氧层示意图。

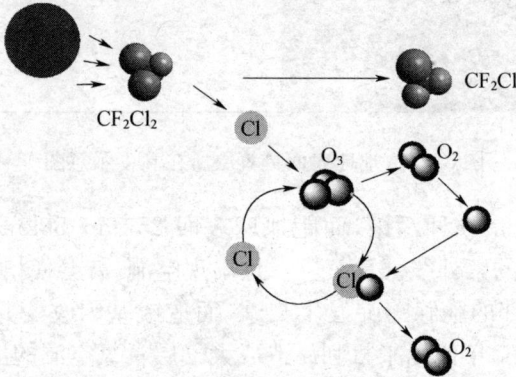

图8-2 氟利昂破坏大气臭氧层示意图

当然,学术界对这个问题也还有不同看法。有人认为,高层大气中的臭氧只是薄薄一层,在阻挡太阳紫外辐射方面起不了那么大的作用。再者,目前臭氧层中氯氟烃的浓度大约是千万分之几的体积分数,它在破坏臭氧层方面也起不了那么大的作用。对此有待人们进一步深入研究。

# 8.3 DDT 的 兴 衰

1939年,米勒合成了双对氯苯基三氯乙烷,即威力超群的DDT。

$$2\ \text{Cl}-\!\!\bigcirc\!\!\ +\ Cl_3CCH(OH)_2\ \xrightarrow{H_2SO_4}\ \text{(Cl—C}_6\text{H}_4)_2\text{CH}-CCl_3$$

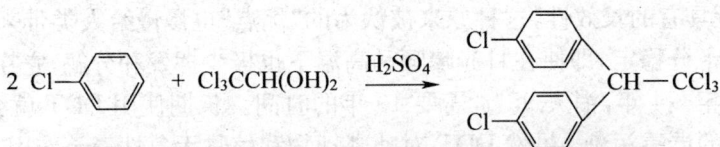

DDT 的化学结构是由苯环和三氯乙烷基构成的,其中苯环是致毒部分,三氯乙烷基是脂溶性部分,能使 DDT 透过体壁进入虫体,起到触杀作用。DDT 发明后,瑞士政府将这种新型杀虫剂用于防治马铃薯甲虫,结果非常成功。

第一次世界大战,斑疹伤寒在意大利南部港口那不勒斯流行起来,这种病是由虱子作媒介的急性传染病,造成数十万人死亡。第二次世界大战,体虱又在那不勒斯肆虐。1944 年 1 月,在那不勒斯开始大面积使用 DDT,无论军人还是老百姓,都要排起队来喷洒 DDT 溶液。3 周之后,虱子被彻底消灭了,人类历史上第一次制止了斑疹伤寒病的流行,有力地显示了 DDT 在防治斑疹伤寒及由其他节肢动物传播的疾病方面的重大功效,从此,DDT 名扬世界。米勒也因此荣获诺贝尔奖。此后,DDT 在消灭蝗虫,灭杀老鼠、臭虫、蚊子的战役中也屡建奇功。

然而,这项举世闻名的获得诺贝尔奖的发明,却在其问世的 100 年后被禁用了。20 世纪 50 年代大量使用 DDT 等含氯农药,到 60 年代才开始认识到其危害。1962 年,美国生物学家莱切尔·卡逊女士出版了《寂静的春天》一书,在美国引起了轰动和世界舆论的关注,也引起了对有关化学农药的争论。书中写道:知更鸟是美国人喜欢的候鸟,当人们用 DDT 消灭榆树上的病虫后,知更鸟的厄运就开始了。喷药区域已变成一个致死的陷阱,这个陷阱只要一周时间就可将一批迁移而来的知更鸟消灭。然后,新来的鸟儿再掉进陷阱里,不断增加着注定要死的鸟儿的数字。在撒了药的地区,知更鸟的死亡率至少是 86%～88%。

专家发现榆树被喷撒了药后不仅杀死了树皮甲虫,而且也杀死了其他昆虫,包括授粉的昆虫和捕食其他昆虫的蜘蛛及甲虫。毒物在树叶和树皮上形成了一层黏而牢的薄膜,就连雨水也冲不走。秋天,树叶落下地,堆积成潮湿的一层,并开始了变为土壤一部分的缓慢过程。此过程得到了蚯蚓的援助,蚯蚓吃掉了叶子的碎屑,与此同时,蚯蚓同样吞下了杀虫剂,并在它们体内得到积累和浓缩,一些蚯蚓抗不住毒剂而死去了,而活下来的蚯蚓变成了毒物的"生物放大器"。春天,当知更鸟飞来时,在此循环中的另一个环节就产生了。只要 11 只蚯蚓就可以转送给知更鸟一份 DDT 的致死剂量。而 11 只蚯蚓对一只鸟儿来说只是它一天食量的很小一部分,一只鸟儿几分钟就可以吃掉 10 只～12 只蚯蚓。有专家测定,在一只死去的鸟的组织里发现含有 0.226% 的 DDT。

DDT 所具有的长效性,这种原来被认为的"优点"也慢慢给人类带来了灾害。它的化学性质十分稳定,即使在日光曝晒和高温下也极少挥发和分解,它在土壤中的半衰期长达 2 年～4 年,消失 95％ 需要 10 年的时间。长期使用 DDT 就会造成土壤、水质和大气的严重污染。虽然 DDT 对哺乳动物和植物无急性毒杀作用,但在动物体内能够积存,在洒药时也易渗入蔬菜、水果的蜡质层中,使食品增加残毒。当 DDT 在人体内积存到一定数量时,就会伤害中枢神经、肝脏和甲状腺,积存更多则可引起痉挛和死亡。专家经过检验发现,有机氯农药随着食物链的不断积累,危害在不断增加。到 20 世纪 60 年代末,几乎在所有地球上的生物体内,都可以找到相当数量的 DDT 残留物,连生活在南极的企鹅和海豹的体内都有 DDT 的残留物。

法国专家研究发现,食品中的残留 DDT 可以导致人体消化功能紊乱,如果积存在人体内,会对肝脏和神经系统造成严重损害,诱发癌症和使胎儿畸形。因此,到 1970 年,瑞典、美国、加拿大已经停止生产和使用 DDT,其他国家也陆续停止了生产,我国也停止生产和使用。目前,DDT 已成为国际贸易的壁垒,为必检项目。

## 8.4  酚酞指示剂与泻药

酚酞为白色或类白色结晶性粉末,无嗅、无味。不溶于水,可溶于乙醇、乙醚或碱性溶液。酚酞是一种常用的酸碱指示剂,它是苯酚和苯酐在硫酸存在下缩合而成的。

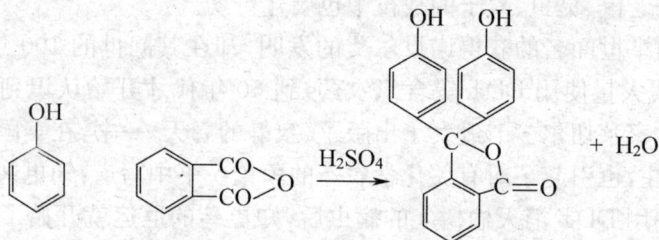

它在酸中无色,在碱中红色是人们熟悉的,但在浓酸浓碱中颜色刚好相反是多数人不熟悉的。

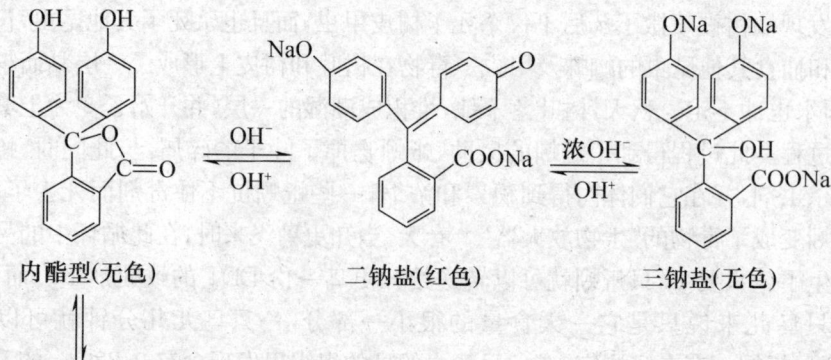

内酯型(无色)          二钠盐(红色)          三钠盐(无色)

醇型(无色)　　　　　　　单钠盐(无色)　　　　　　　内盐(红色)

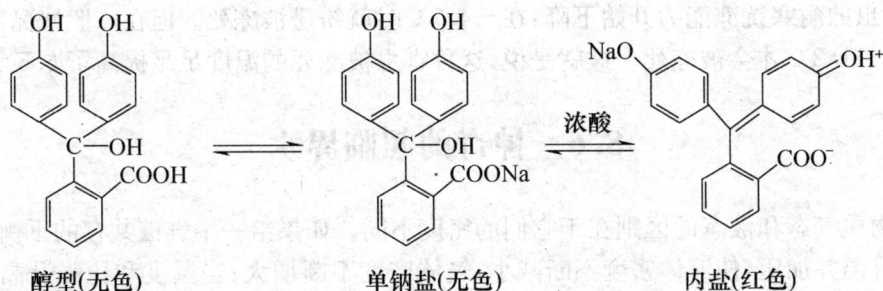

大量的酚酞不是用作指示剂,而是用作泻药。说到泻药,还有一段非常有趣的故事。18世纪中叶,匈牙利假酒盛行,真假难辨,酒厂老板非常头疼,但又苦于没有办法。有人向老板建议向真酒内加入酚酞,以辨真伪。因为加入酚酞的真酒遇到碱变红,假酒内没有酚酞遇到碱不会变红,老板欣然同意。但麻烦事发生了,因为凡是喝了老板加了酚酞的真酒的人全都拉肚子。原来酚酞是泻药。近百年来,酚酞一直是泻药的主要成分。

然而,近年来医学界研究表明,酚酞对实验老鼠有致癌性,专家们推测对人体也会造成致癌的危险。因此使用应慎重。

## 8.5　奇妙的冷冻杀虫剂

冷冻杀虫剂即是能使害虫冻死的杀虫剂。但冷冻杀虫剂并不是用冰制成,而是通过降低害虫耐寒抗冻能力来达到使害虫被冻死的目的。

昆虫不能像人那样,通过穿衣来适应外界气温的变化。当气温降低时,通常它们是通过调节体内液体来免遭被冻死的(为了防止汽车水箱被冻住,必须使用防冻液),其实这一过程就像昆虫往自己体内加进了防冻液。受此启发,如果向昆虫体内加进易受冻的成分,那么它们就可能在气温稍有下降的情况下被冻死。新型的冷冻杀虫剂就是基于这一原理杀虫的。

专家发现,自然界有一种冰核活性无毒性细菌可胜任这一角色。原来,当水中含有能成为冰核的东西时,水就很易结冰,而冰核活性细菌恰恰能分泌出能充当冰核的蛋白质。

水的冰点是0℃,而不含杂质的纯水,由于缺少能成为冰核的东西,往往在−20℃的低温下仍难以结冰,成为过冷水。在自然环境中,不管多纯净的水,也含空气中的尘埃物,因而一般不到−2.3℃便会结冰。而冰核活性细菌分泌蛋白质具有同尘埃物类似的作用,能使液态轻易被冻结。

那么,如何将这种冰核活性细菌置于害虫体内呢? 日本专家想出了一个妙招:把这种细菌涂在害虫喜食的树叶上。害虫吃进后,细菌便在害虫肠内繁殖。在一次实验中,专家让生长在桑树叶上的一种害虫的幼虫吃进了涂有这种细菌的桑叶,结果发现,害虫的耐寒抗冻能力开始下降:在-4.7℃时就纷纷被冻死。但在一般情况下,要冷至-11.2℃才会被冻死。这就是说,这种害虫被冻死的温度足足提高了6.5℃。

## 8.6 神奇的超临界水

物质气态和液态的区别在于它们的密度不同。如果给一个气液共存的平衡体系不断升温并加压,使液体密度不断减小,气体密度不断增大;当温度和压强升高到一定程度时,气态和液态的密度趋于相等,它们之间的分界线也就消失了,物质的这种状态就是它的临界状态。此时的温度和压强被称为临界参数。分别记作临界温度$T_c$和临界压强$P_c$。例如:$CO_2$的$T_c$为30℃,$P_c$为73 Pa;$NH_3$的$T_c$为37.4℃,$P_c$为221 Pa。当体系温度高于$T_c$时,就出现了超临界状态。

水是廉价无毒的极性溶剂,在超临界状态时,对极性分子或非极性分子构成的物质都可以表现出良好的溶解性。如$O_2$,$CO_2$,$CH_4$和烷烃与超临界水可以互溶,因此,可燃物在超临界水里便可直接与$O_2$进行燃烧反应,并且产生耀眼的火焰。有机物和氧在"水中"可自由燃烧,这是多么有趣的现象。

超临界水的非凡的溶解能力、可压缩性和传质特性,使它成为一种异乎寻常的化学反应介质,它甚至能溶解像多氯代二联苯这样的非极性有机废弃物,使之与$O_2$在超临界水中燃烧,生成水、$CO_2$和其他一些小分子。燃烧产物全部溶在超临界水中,因为不论是极性还是非极性分子,与超临界水都是无限互溶的。如果用一般的焚烧炉处理有机废弃物,如垃圾等,燃烧废气不可避免地会对环境产生不利影响。用超临界水处理有机废弃物时,只要含碳量达到10%,就可以为处理过程提供足够的能量而无须另加燃料,工作温度不过500℃~600℃。这种处理是在密封条件下进行的,所以是一种不需要烟囱的无排放型"焚烧炉",有着诱人的应用前景。

最平常的物质也是最神奇的物质。就像水这样一种无处不在、化学组成是如此简单、且经过数百年的探究的一种物质,仍有许多我们至今尚不了解或了解不够全面之处。人们往往不易觉察到物质在平凡的面貌下掩盖着的"神奇",其中的启示值得我们深思。

## 8.7 维生素U和白菜头

从前,欧洲有一位医生,他看见兔子吃些青草和人们丢弃的菜渣,就为人类提供那么鲜美的肉食,心里非常过意不去。他决心用营养丰富的牛奶面包代替原来的菜渣青草。心想今后在吃肥美的烤兔肉时也会少一点歉疚。谁知事与愿违,这些好吃的东西不但没有使这些小兔长得更为丰满,反而越吃越消瘦。医生大吃一惊,便挑几只最瘦的兔子作病理解剖。一连解剖了五六只,无一例外,都是胃溃疡。医生垂头丧气,深深懊悔。他再也不用这种特殊的伙食优待政策,扔些白菜头给这些病兔吃,心想反正是活不成了。两个星期以后，没想到却出现了奇迹。病兔们肥壮起来，一只只在笼子里活蹦乱跳。医生又挑出一只最肥的兔子来解剖，发现胃的溃疡面完全愈合，还能看见留有明显的痕迹，这件事深深地印在他的脑海里。

过了一段时间，一个胃溃疡病人前来求治。当时没有治这种病的特效药。医生想起了发生在兔子身上的事情，他灵机一动，请病人等一会儿，便到厨房里去榨了一瓶白菜水，规定了剂量让病人服用。医生怀着惴惴不安的心情等待病人的反应。两天后，那病人非常高兴地来找医生，告诉他药很好，不但解除了病痛，食量也有所增进。医生继续用白菜水治胃溃疡，不久，竟成了名噪一时的治胃溃疡的名医。

这件事引起了一位化学家的兴趣，对白菜水进行化学分析，发现了一种新的维生素，便定名为维生素 U。在 20 世纪 60 年代，风行一时的胃溃疡特效药维生素 U，就是在这个发现的基础上产生的。

# 8.8　奇妙的索烃和树状化合物

合成化学是最具创造性的科学，化学家是最具创造精神的科学家。化学工作者利用手中的"剪刀"，可以得心应手地裁剪分子，缝制出"随心所欲"的物质，其中"分子火车"、"奥林匹克烃"和"树状化合物"就是突出代表。

英国伯明翰大学化学学院的斯托达特研究小组利用富电子 π 主体对苯二酚单元和缺电子 π 客体联吡啶单元，在常温下经过分子自组装合成了二环索烃。一个是含富电子 π 主体四个对苯二酚单元大环，另一个是含缺电子 π 客体两个联吡啶单元小环。小环和大环套在一起，NMR 研究表明，缺电子的小环并非固定在某一个富电子 π 主体对苯二酚单元上，而是不停地绕大环旋转，就像一辆在封闭轨道运行的高速火车。三环索烃的研究表明，当轨道上有两辆火车时，它们永不相撞，是一个超分子时钟。

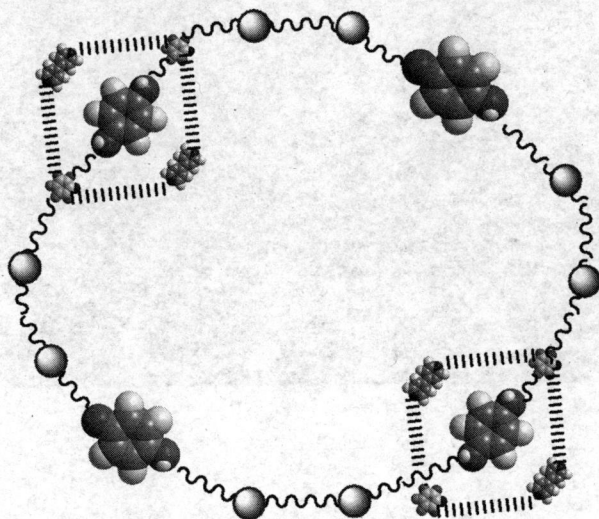

1993 年出版的《新化学杂志》发表了一组关于索烃的文章，古利克教授的五索烃的文章格外引人瞩目。作者在文章中建议将该化合物俗称为"奥林匹克烃"，因为它的结构极像国际奥林匹克运动会的五环图会标。1994 年，英国伯明翰大学化学学院的斯托达特等进一步改进了它的合成方法，在常温、常压下运用自组装的方法经两步就成功合成出该化合物，并利用质谱和变温 H-NMR 等方法对化合物进行表征。实验结果证实了该化合物分子具有酷似国际奥委会五环图会标的奇特结构。

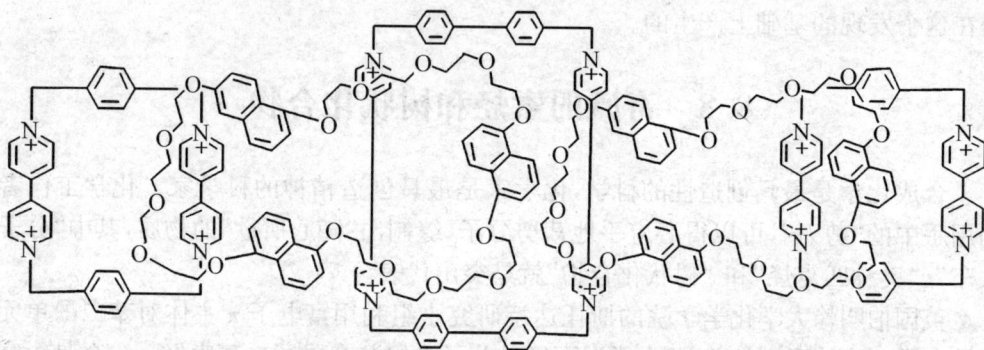

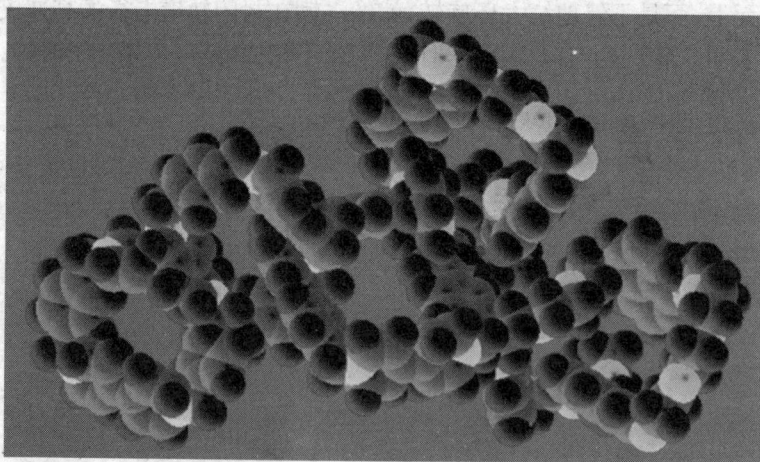

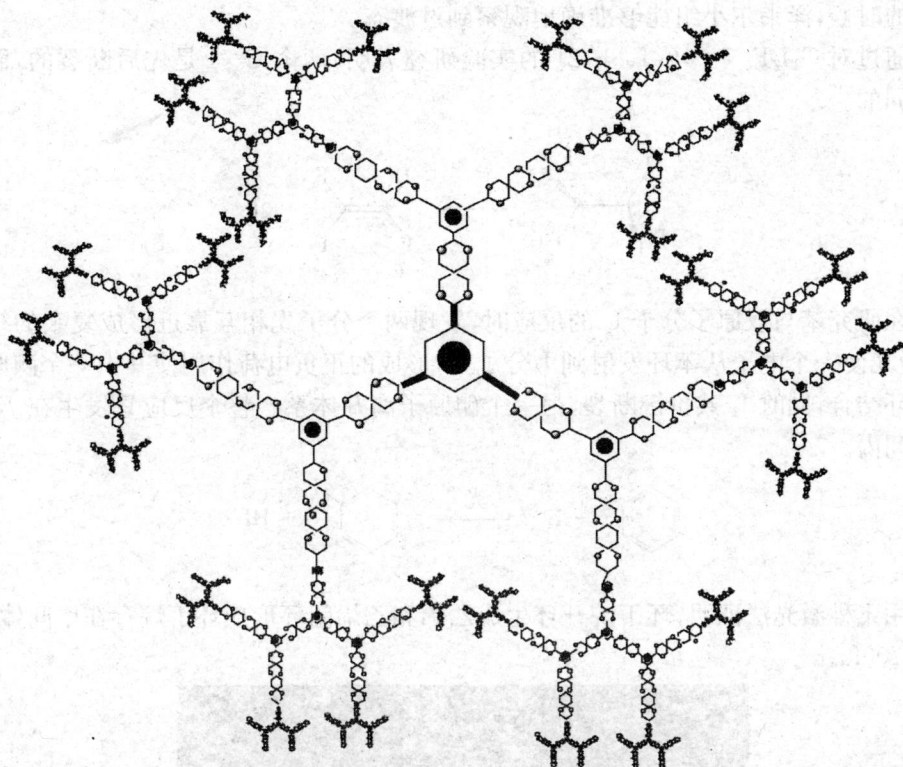

# 8.9　能看见分子反应过程的飞秒化学

飞秒化学（Femtosecond,fs），一个使化学工作者感到兴奋不已的新学科领域。1999 年诺贝尔化学奖授给了埃及出生的美籍科学家艾哈迈德・泽韦尔，以表彰他应用超短激光（飞秒激光）闪光成相技术观测到分子中的原子在化学反应中如何运动，为整个化学及其相关学科带来了一场革命。

激光已被人类广泛使用，近年来，科学家发现了一种更为奇特的光——飞秒激光。飞秒激光是一种以脉冲形式运转的激光，持续时间非常短，只有几个飞秒，$1fs =1×10^{-15}s$，它比利用电子学方法所获得的最短脉冲要短几千倍，是人类目前在实验条件下所能获得最短脉冲。

泽韦尔小组是在实际的化学反应过程中，用高速照相机尽可能地给正好处于反应过渡态的分子摄像，所用的照相机是达到几十飞秒的闪光新技术——飞秒激光。其快的程度就像以铁钉生锈为基准的炸药爆炸速度。一般来说，反应分子中的原子完成一次振动的时间间隔为 10fs～100fs。

为了理解反应过程中的机理，从相对稳定的分子或分子碎片（中间体）开始，不断缩短脉冲照相的时间间隔，捕捉过渡态中的分子或分子碎片，使反应连续起来。

第一次实验是分解 ICN $\longrightarrow$ I ＋ CN，整个反应在 200 fs 内完成，在 I—C 键即将

断裂的时候,泽韦尔小组能够准确地观察到过渡态。

通过对 $C_2I_2F_4 \longrightarrow C_2F_4 + 2I$ 的实验研究表明,两个 C—I 是先后断裂的,而不是协同的。

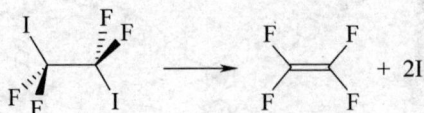

在研究苯与双原子分子 $I_2$ 的反应时,发现两个分子先相互靠近形成复杂的结合体,激光使一个电子从苯环发射到 $I_2$ 分子上,形成的正负电荷作用使其中一个碘原子与苯环结合,同时 $I_2$ 共价键断裂,另一个碘原子离开体系。整个反应只发生在 750fs 的时间内。

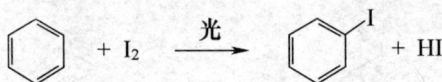

用飞秒激光法证明,环丁烷开环生成乙烯和乙烯闭环形成环丁烷存在中间体,寿命为 700fs。

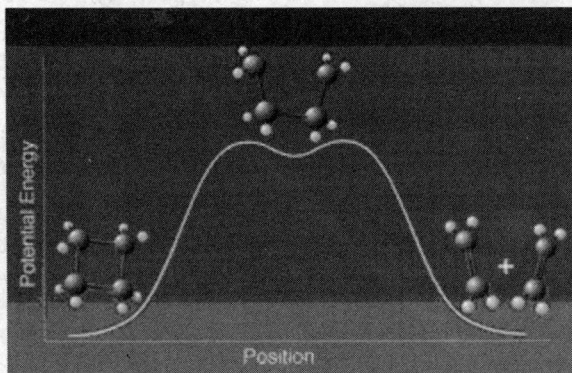

再一个利用飞秒技术的典型反应是 Z,E 异构体的光异构化,在反应过程中,两个苯环彼此是同时旋转的。

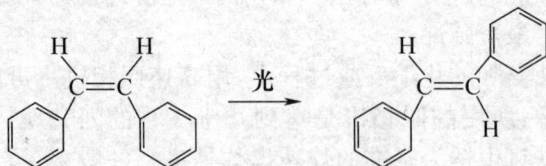

另一个重要的生物学例子是飞秒化学可以解释为什么植物叶绿素分子能通过光合作用有效地进行能量转换。

飞秒光谱实验技术,可以让人们通过"慢动作"观察处于化学反应过程中的原子与分子的转变状态,清楚地"看"到每一个转变的细节,从根本上改变了我们对化学反应过程的认识。

## 8.10 奇妙的立方烷及其衍生物

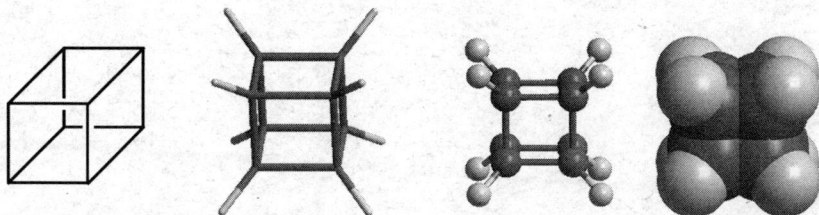

寻找与高科技密切相关的光、电、磁、声功能的聚集体化合物一直是国际上化学研究的热点和前沿。1999 年,Abel 等人对 2,6 -二硫代螺[3.3]庚烷及聚螺四元环化合物的研究进行了报道。Petrukhina 等人最近合成了 2,6 -二硒代螺[3.3]庚烷和 2 -硫 - 6 -硒代螺[3.3]庚烷,并研究了它们与金属形成键的特点。近年来,四元环集聚体化合物研究集中于立方烷及其衍生物上。自 20 世纪中期美国芝加哥大学成功合成立方烷以来,由于它的对称性、高致密性、高张力能、高稳定性等特点,很快成为化学界关注的热点。美国军方对立方烷的硝化物进行了长期的研究,成功合成了当今最好的炸药(八硝基立方烷)。我国也进行了这方面的研究工作。

随着研究的深入,人们发现立方烷的氯代物具有较好的杀虫效果;一些酯类具有液晶的特性;一些衍生物具有抗病毒、抗艾滋病和抗癌特性。这表明立方烷衍生物在生物科学研究中是理想的低毒性的亲脂性先导化合物,由于其独特的结构和很大的张力能,作为治疗药物有巨大的潜能。立方烷是亲脂性的,在人体内相容性好,更易透过细胞膜,不易降解,因此,它的持久性和反应性比链烃好。

在对 HIV 的有效抑制体的研究中发现,丁基脲能够有效抑制细胞内和细胞外 HIV-1 的活性,破坏病毒的两个液体层,而立方烷分子是亲脂性的,能够联结到病毒的表层上,起到对病毒表层的协同破坏作用。科学家设想把立方烷联结到单克隆抗体上,然后把它们输送到人体中的病原体或癌细胞上,从立方烷释放出的高能量就可以破坏这些病毒或癌细胞。取代的立方烷酰氯,能够和 20 种人体内的氨基酸反应,产生成千上万个新的分子,这个混合物能够提供一个合适的环境来和艾滋病病毒或癌细胞反应。Bashir-Hashemi 报道说二(三甲基乙酰基)立方烷显示出一定的抗 HIV 活性而不破坏健康细胞的性能。我国合成出的高立方烷 - 2,4 -二羧酸的酰胺类衍生物,已明显地显示出抗肿瘤的药理活性。立方烷不但适合药物的研制,而且高能立方烷也正被考虑用于炸药和推进剂,赛车和导弹研制者正设想把立方烷作为未来的燃料。此外,围绕着立方烷的奇特性质,人们在理论计算、金属有机化合物的合成和催化剂的设计等方面做了大量的研究工作。

立方烷的独特的化学性质和异常的稳定性引起了化学界的注意：四元环存在的角张力使之不稳定，为什么组合在一起的立方烷（6 个四元环）却如此稳定？其他四元环积聚体是否也同样稳定？神奇的立方烷类化合物正在等待人们去进一步开发研究。

# 第9章 21世纪是化学继续繁荣发展的世纪

## 9.1 化学在当今世界工业、农业、科技发展中的重要地位和作用

### 9.1.1 20世纪化学工业的发展给人类带来巨大的财富

#### 1. 合成化学的发展

20世纪合成化学迅速发展,给人类带来了巨大的物质财富。超低温合成、超临界合成、高压合成、电解合成、光合成、声合成、微波合成、等离子体合成、固相合成、仿生合成、反应蒸馏合成、无溶剂合成等,发现和创造的新反应、新合成方法不胜枚举。现在,几乎所有的已知结构的天然化合物、具有特定功能的非天然化合物都能够通过化学合成的方法来获得。据美国化学文摘统计,到1999年12月31日,人类已知的化合物有2340万种,绝大多数是化学家合成的,几乎又创造出了一个新的自然界。合成化学为满足人类对物质的需求做出了重要贡献。纵观20世纪,合成化学领域共获得10项诺贝尔化学奖。

1912年,格林雅因发明格氏试剂,开创了有机金属在各种官能团反应中的新领域而获得诺贝尔化学奖。1928年,狄尔斯和阿尔德因发现双烯合成反应而获得1950年诺贝尔化学奖。1953年,齐格勒和纳塔发现了有机金属催化烯烃定向聚合,实现了乙烯的常压聚合而荣获1963年诺贝尔化学奖。人工合成生物分子一直是有机合成化学的研究重点,从最早的甾体(文道斯,1928年诺贝尔化学奖)、抗坏血酸(哈沃斯,1937年诺贝尔化学奖)、生物碱(鲁宾逊,1947年诺贝尔化学奖)到多肽(杜·维尼奥,1955年诺贝尔化学奖)逐渐深入。1965年,有机合成大师伍德沃德由于其有机合成的独创思维和高超技艺,先后合成了奎宁、胆固醇、可的松、叶绿素和利血平等一系列复杂有机化合物而荣获诺贝尔化学奖。获奖后他又提出了分子轨道对称守恒原理,并合成了维生素 $B_{12}$ 等。威尔金森和费歇尔合成了过渡金属二茂夹心式化合物,确定了这种特殊结构,荣获1973年诺贝尔化学奖。1979年,布朗和维蒂希因分别发展了有机硼和维蒂希反应而共获诺贝尔化学奖。1984年,梅里菲尔德因发明了固相多肽合成法对有机合成方法学和生命化学起了巨大推动作用而获得诺贝尔化学奖。1990年,科里在大量天然产物的全合成工作中总结并提出了"逆合成分析法",极大地促进了有机合成化学的发展,因此而获得诺贝尔化学奖。

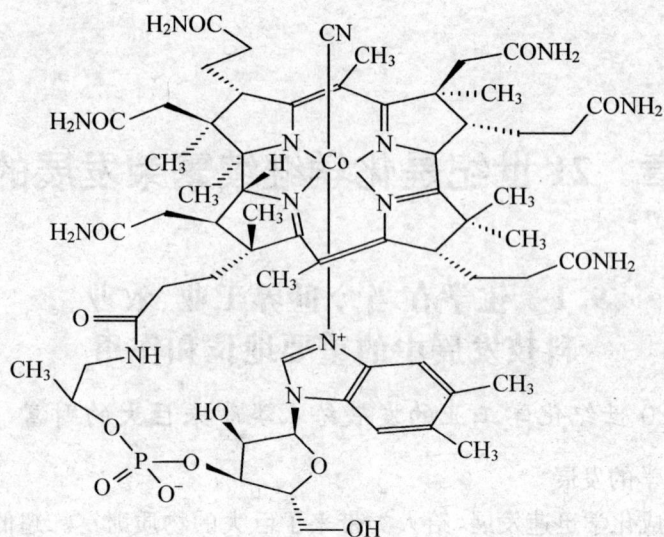

维生素 B₁₂

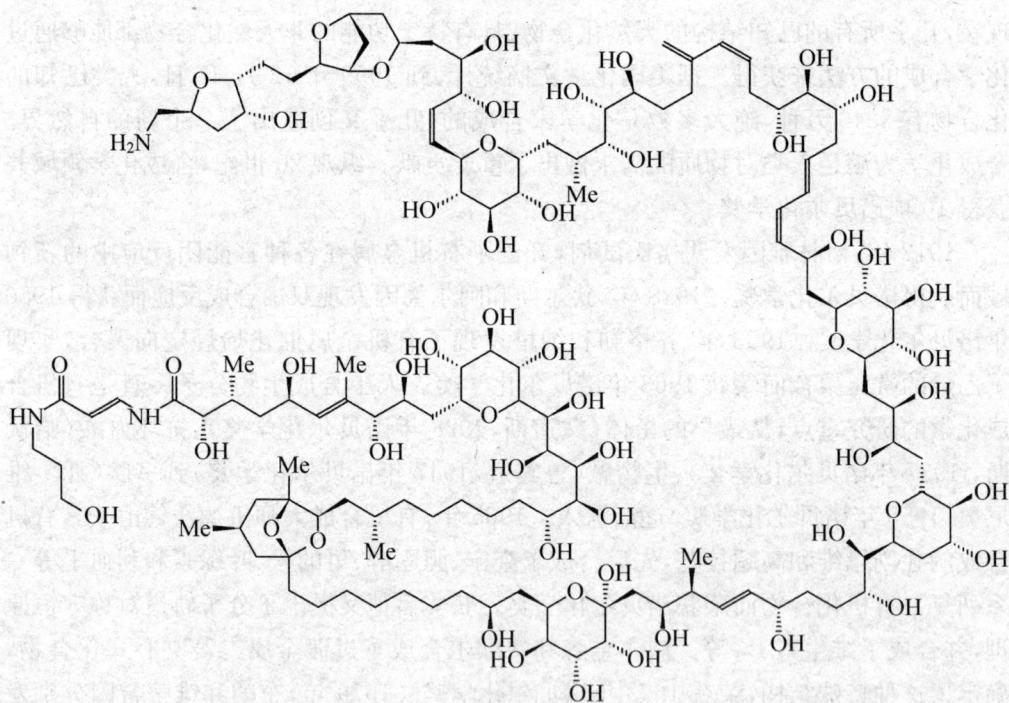

海葵毒素

　　1990 年,由 Kishi 领导的 24 位研究生和博士后经历 8 年努力完成了海葵毒素 (Palytoxin)的全合成。其分子式为 $C_{129}H_{223}N_3O_{54}$,分子量为 2680 道尔顿,有 64 个不对称碳和 7 个骨架内双键,异构体数目多达 $2^{71}$ 个。

## 2. 核能的重大发现

核能的利用是 20 世纪在能源利用方面的一个重大突破,在此领域产生了 6 项诺贝尔奖。20 世纪初,卢瑟福从事关于元素衰变和放射性物质的研究,提出了原子的有核结构模型和放射性元素的衰变理论,研究了人工核反应,因此获得了 1908 年诺贝尔化学奖。居里夫妇发现了放射性比铀强 400 倍的钋,以及放射性比铀强 200 多万倍的镭,打开了 20 世纪原子物理学的大门,居里夫妇为此而获得了 1903 年诺贝尔物理奖。居里夫人测定了镭的原子量,建立了镭的放射性标准,积极提倡把镭用于医疗,使放射治疗得到了广泛应用,造福于人类。为表彰居里夫人在发现钋和镭、开拓放射化学新领域以及发展放射性元素应用方面的贡献,1911 年她被授予了诺贝尔化学奖。用 β 射线轰击硼、铝、镁时发现产生了带有放射性的原子核,这是第一次用人工方法创造出放射性元素,为此,约里奥·居里夫妇荣获了 1935 年诺贝尔化学奖。衰变生成原子序数增加 1 的元素,使人工放射性元素的研究迅速成为热点。费米因这一成就而获得了 1938 年的诺贝尔奖。1939 年哈恩发现了核裂变现象,震撼了当时的科学界,成为原子能利用的基础,为此,哈恩获得了 1944 年诺贝尔化学奖。

## 3. 现代化学理论取得突破性进展

鲍林(L. Pauling, 1901 年—1994 年)长期从事 X 射线晶体结构研究,寻求分子内部的结构信息,把量子力学应用于分子结构,把原子价理论扩展到金属和金属间化合物,提出了电负性概念和计算方法,创立了价键学说和杂化轨道理论。1954 年,他由于在化学键本质研究和用化学键理论阐明物质结构方面的重大贡献而荣获了诺贝尔化学奖。莫利肯运用量子力学方法,创立了原子轨道线性组合分子轨道的理论,阐明了分子的共价键本质和电子结构,1966 年荣获诺贝尔化学奖。1952 年,福井谦一提出了前线轨道理论,用于研究分子动态化学反应。1965 年,伍德沃德和霍夫曼提出了分子轨道对称守恒原理,用于解释和预测一系列反应的难易程度和产物的立体构型。这些理论被认为是认识化学反应发展史上的一个里程碑,为此,福井谦一和霍夫曼共获 1981 年诺贝尔化学奖。1998 年,科恩因发展了电子密度泛函理论,波普尔因发展了量子化学计算方法而共获诺贝尔化学奖。化学键和量子化学理论的发展足足花了半个世纪的时间,让化学家由浅入深,认识分子的本质及其相互作用的基本原理,从而让人们进入分子的理性设计的高层次领域,创造新的功能分子,如药物设计、新材料设计等,这也是 20 世纪化学的一个重大突破。

研究化学反应是如何进行的,揭示化学反应的历程和研究物质的结构与其反应能力之间的关系,是控制化学反应过程的需要。在这一领域相继获得过两次诺贝尔化学奖。1956 年谢苗诺夫和欣谢尔伍德在化学反应机理、反应速度和链式反应方面的开创性研究获得了诺贝尔化学奖。另外,艾根提出了研究发生在千分之一秒内的快速化学反应的方法和技术,波特和诺里什提出和发展了闪光光解法技术用于研究发生在十亿分之一秒内的快速化学反应,对快速反应动力学研究做出了重大贡献,他们三人共获了 1967 年诺贝尔化学奖。

分子反应动态学,亦称态—态化学,从微观层次出发,深入到原子、分子的结构和内部运动、分子间相互作用和碰撞过程来研究化学反应的速率和机理。李远哲和赫希巴赫首先发明了获得各种态信息的交叉分子束技术,并利用该技术 $F+H_2$ 的反应动力学,对化学反应的基本原理做出了重要贡献,被称为分子反应动力学发展中的里程碑,为此李远哲、赫希巴赫和波拉尼共同获得 1986 年诺贝尔化学奖。1999 年,泽维尔因利用飞秒光谱技术研究过渡态的成就获诺贝尔化学奖。飞秒时间分辨的"快门",是由一前一后的两束飞秒激光来达成的。这是因为一次"快门"的运动需要"开门"和"关门"两个动作。光的传播速度为 $3\times10^5$ km/s,由此可以计算出,如果把一束激光分成两束,从一束光引发化学变化,到第二束光探测为止,两束光到达分子的时间相差只有 1fs,两束光的光程差别只有 $0.3\mu m(10^{-6}m)$。泽维尔教授进行了许多经典的飞秒化学实验。在 $ICN \longrightarrow I+CN$ 的实验中,他第一次测得了光解反应的过渡态寿命约为 200fs。这是人类第一次直接从实验上观察到过渡态的变化过程。在另一个重要实验中,泽维尔研究了 $NaI \longrightarrow Na+I$ 的光解反应,第一次观察到了反应的过渡态在势能面上的震荡和解离的全过程。泽维尔教授还研究了一系列从简单到复杂的化学和生物体系中各种类型的反应,包括单分子、双分子反应,其中有异构化、解离、电子转移、质子转移、分子内部的弛豫过程,还有许多生物过程的反应。他在实验观察的基础上,也从理论上对这些过程进行了计算,并给出了很好的解释,大大推进了人类对化学反应微观过程在深度和广度上的认识和控制能力。

## 4. 功能材料

合成橡胶、合成塑料和合成纤维这三大合成高分子材料化学中取得突破性的成就,在此领域曾有三项诺贝尔化学奖。1920 年,施陶丁格提出了高分子这个概念,创立了高分子链型学说,以后又建立了高分子黏度与分子量之间的定量关系,为此而获得了 1953 年的诺贝尔化学奖。1953 年,齐格勒成功地在常温下用 $(C_2H_5)_3AlTiCl_4$ 作催化剂将乙烯聚合成聚乙烯,从而发现了配位聚合反应。1955 年,纳塔将齐格勒催化剂改进为 $TiCl_3$ 和烷基铝体系,实现了丙烯的定向聚合,得到了高产率、高结晶度的全同构型的聚丙烯,将合成方法—聚合物结构—性能三者联系起来,成为高分子化学发展史中一项里程碑。为此,齐格勒和纳塔共同获得 1963 年诺贝尔化学奖。1974 年,弗洛里因在高分子性质方面的成就也获得了诺贝尔化学奖。

## 5. 对现代生命科学和生物技术的重大贡献

20 世纪生命化学的崛起给古老的生物学注入了新的活力,人们在分子水平上向生命的奥秘打开了一个又一个通道。蛋白质、核酸、糖等生物大分子和激素、神经递质、细胞因子等生物小分子是构成生命的基本物质。从 20 世纪初开始,生物小分子(如糖、血红素、叶绿素、维生素等)的化学结构与合成研究就多次获得诺贝尔化学奖,这是化学向生命科学进军的第一步。1955 年,维尼奥因首次合成多肽激素催产素和加压素而荣获了诺贝尔化学奖。1958 年,桑格因对蛋白质特别是牛胰岛素分子结构测定的贡献而获得诺贝尔化学奖。1953 年,沃森和克里克提出了 DNA 分子双螺旋结构模型,这项重大成果对于生命科学具有划时代的贡献,它为分子生物学和生物工程的发展奠定了基础,为整个生命科学带来了一场深刻的革命。沃森和克里克因此而荣获 1962 年诺贝尔医学奖。1960 年,肯德鲁和佩鲁兹利用 X 射线衍射成功地测定了鲸肌红蛋白和马血红蛋白的空间结构,揭示了蛋白质分子的肽链螺旋区和非螺旋区之间还存在三维空间的不同排布方式,阐明了二硫键在形成这种三维排布方式中所起的作用,为此,他们二人共同获得了 1962 年诺贝尔化学奖。1965 年,我国化学家人工合成结晶牛胰岛素获得成功,标志着人类在揭示生命奥秘的历程中迈进了一大步。此外,1980 年,伯格、桑格和吉尔伯特因在 DNA 分裂和重组、DNA 测序以及现代基因工程学方面的杰出贡献而共获诺贝尔化学奖。1982 年,克卢格因发明"像重组"技术及揭示病毒和细胞内遗传物质的结构而获得诺贝尔化学奖。1984 年,梅里菲尔德因发明多肽固相合成技术而荣获诺贝尔化学奖。1989 年,切赫和奥尔特曼因发现核酶(Ribozyme)而获得诺贝尔化学奖。1993 年,史密斯因发明寡核苷酸定点诱变法以及穆利斯因发明多聚酶链式反应技术对基因工程的贡献而共获诺贝尔化学奖。1997 年,斯科因发现了维持细胞中 Na 离子和 K 离子浓度平衡的酶及有关机理、博耶和沃克尔因揭示能量分子 ATP 的形成过程而共获诺贝尔化学奖。20 世纪化学与生命科学相结合产生了一系列在分子层次上研究生命问题的新学科,如生物化学、分子生物学、化学生物学、生物有机化学、生物无机化学、生物分析化学等。在研究生命现象的领域里,化学不仅提供了技术和方法,而且提供了理论。

6. 对人类健康的贡献

20 世纪初,由于对分子结构和药理作用的深入研究,药物化学迅速发展,并成为化学学科一个重要领域。1909 年,德国化学家艾里希合成出了治疗梅毒的特效药物肿凡纳明。20 世纪 30 年代以来,化学家从染料出发,创造出了一系列磺胺药,使许多细菌性传染病特别是肺炎、流行性脑炎、细菌性痢疾等长期危害人类健康和生命的疾病得到控制。青霉素、链霉素、金霉素、氯霉素、头孢菌素等类型抗生素的发明,为人类的健康做出了巨大贡献。据不完全统计,20 世纪化学家通过合成、半合成或从动植物、微生物中提取而得到的临床有效的化学药物超过 2 万种,常用的就有 1000 余种,而且这个数目还在快速增加。

7. 对国民经济和人类日常生活的贡献

化学在改善人类生活方面是最有成效、最实用的学科之一。利用化学反应和过程来制造产品的化学过程工业(包括化学工业、精细化工、石油化工、制药工业、日用化工、橡胶工业、造纸工业、玻璃和建材工业、钢铁工业、纺织工业、皮革工业、饮食工业等)在发达国家中占有最大的份额。这个数字在美国超过 30%,而且还不包括诸如电子、汽车、农业等要用到化工产品的相关工业的产值。发达国家从事研究与开发的科技人员中,化学、化工专家占 1/2 左右。世界专利发明中有 20% 与化学有关。

我国著名化学家、南开大学校长杨石先教授说过,农、轻、重、吃、穿、用,样样都离不开化学。化学在我们中间,化学与我们同行。人类之衣、食、住、行、用无不与化学所掌管之成百化学元素及其所组成之万千化合物和无数的制剂、材料有关。房子是用水泥、玻璃、油漆等化学产品建造的,肥皂和牙膏是日用化学品,衣服是合成纤维制成并由合成染料上色的。饮用水必须经过化学检验以保证质量,食品则是由用化肥和农药生产的粮食制成的。维生素和药物也是由化学家合成的。交通工具更离不开化学。车辆的金属部件和油漆显然是化学品,车厢内的装潢通常是特种塑料或经化学制剂处理过的皮革制品,汽车的轮胎是由合成橡胶制成的,燃油和润滑油是含化学添加剂的石油化学产品,蓄电池是化学电源,尾气排放系统中用来降低污染的催化转化器装有用铂、铑和其他一些物质组成的催化剂,它可将汽车尾气中的氧化氮、一氧化碳和未燃尽的碳氢化合物转化成低毒害的物质。飞机则需要用质强量轻的铝合金来制造,还需要特种塑料和特种燃油。书刊、报纸是用化学家所发明的油墨和经化学方法生产出的纸张印制而成的。摄影胶片是涂有感光化学品的塑料片,它们能被光所敏化,所以在暴光时和在用显影药剂冲洗时,它们就会发生特定的化学反应。彩电和计算机显示器的显像管是由玻璃和荧光材料制成的,这些材料在电子束轰击时可发出不同颜色的光。VCD光盘是由特殊的信息存储材料制成的。参加体育活动时穿的跑步鞋、溜冰鞋、运动服、乒乓球、羽毛球等也都离不开现代合成材料和涂料。甚至我们人类自己,也是由化学元素组成的。过去的化学改变了我们的生活,今天的化学将不可能变为可能,明天的化学将与时俱进,更加灿烂辉煌。

### 9.1.2　21世纪是化学科学、生命科学、信息科学相互交叉、相互融合、共同繁荣的世纪

21世纪学科发展的特点是各学科纵横交叉解决实际问题。对于化学学科,将其自身的继续发展和与相关学科融合发展相结合;化学学科内部的传统分支的继续发展和作为整体发展相结合;研究科学基本问题和解决实际问题相结合。

面对日益增长的各种功能材料的需要,合成化学在研究内容、目标和思路上要有大的改变。未来合成化学要能够根据需要(功能)去设计、合成新结构。合成化学不仅要研究传统的分子合成化学,也应研究高级结构(分子以上层次),特别是高级有序结构的构筑学(Tectonics)。组合化学是基于与传统的合成思路相反的反向思维,加上固相合成技术,并受生物学大规模平行操作启发而产生的,它在新药物、新农药、新催化剂的研究等领域已初步显示出强大的生命力,这方面的研究将是一个新的生长点。此外,发现和寻找新的合成方法是一个永久课题。

复杂化学体系的研究:目前,数学、物理、生物学以至金融、社会学都在研究复杂性问题。复杂性具有多组分、多反应和多物种的特征。结构复杂性的特征主要是多层次的有序高级结构;而过程复杂性主要是复杂系统参与化学反应时所表现的过程,它由时空有序的受控的一系列事件构成;状态变化的复杂性又是过程复杂性的表现。这些特点在生物和无生物系统中广泛存在,在工农业生产和医疗、环境等领域中也是无处不在的,所以研究复杂系统的化学过程具有普遍意义。未来化学要在研究分子

层次的结构的基础上,阐明分子以上层次结构和结构变化的化学基础,以及结构、性质与功能的关系。物理学从纳米材料的研究结果得到启发提出了介观尺度概念,并发现当物体分割到纳米尺寸时微粒的性质有突变,进一步提出了量子尺寸效应。多年来,化学家认为性质就是由原子结构的分子结构所决定的,事实上,很多现象早已说明,化学性质也有尺度效应,在化学性质和尺度之间也有一个飞跃,所以未来还要注意复杂系统的多尺度问题。此外,复杂系统中的化学过程是研究复杂系统的核心问题,因为人类所面对的生物、环境、山川、湖泊等都在变化中,未来化学还需研究宽时间范围的化学行为,建立跟踪分析方法,发展过程理论。

新实验方法的建立和方法学研究:未来化学研究要首先发展先进的研究思路、研究方法以及相关技术,以便从各个层次研究分子的结构和性质的变化。分析仪器的微型化(如生物芯片技术)和智能化是应该注意的方向。此外,要注意建立时间、空间的动态、原位、实时跟踪监测技术,建立方法和仪器去研究微小尺寸复杂体系中的化学过程(如扫描显微技术)。21世纪化学会在生物大分子之间、生物大分子与小分子之间的各种相互作用;生物功能分子的结构与功能关系;生命过程的复杂性等方面取得突破性进展。

材料是人类赖以生存的物质基础,化学要研究分子结构—分子聚集体高级结构—材料结构—理化性质—功能之间的关系,发展合成功能分子与构筑高级结构的理论与方法,模拟生物材料形成过程。

绿色化学是从源头上杜绝不安全因素,其主导思想是在工业中采用无毒、无害的原料和溶剂,采用高选择性的化学反应,生产环境友好的产品;在农业中减少农药、有害化肥、污水灌溉以及有害于环境土壤结构和肥力的材料(如塑料);在生活中减少使用有害环境的材料和过度消耗能源。这就要求未来化学改变现有生产的化学合成路线和工艺,使其成为能够保证人类可持续发展,并与生态环境协调发展的洁净、节能和节约的生产方式,要用新的化学品取代现在使用的有害化学品,用新的工作方法代替现在的有害工作方法。

未来化学在人类生存、生存质量和安全方面将以新的思路、观念和方式继续发挥核心科学的作用。应该说,20世纪的化学科学在保证人类衣食住行需求、提高人类生活水平和健康状态等方面起了重大作用,21世纪人类所面临的粮食、人口、环境、资源和能源等问题将更加严重,这些难题的解决要依赖各个学科,要依靠研究物质基础的化学学科。

化学将在设计、合成功能分子和结构材料以及从分子层次阐明和控制生物过程(如光合作用、动植物生长)的机理等方面,为研究开发高效安全肥料、饲料和肥料/饲料添加剂、农药、农用材料(如生物可降解的农用薄膜)、生物肥料、生物农药等打下基础。利用化学和生物的方法增加动植物食品的防病有效成分,提供安全的有防病作用的食物和食物添加剂,改进食品储存加工方法,以减少不安全因素等。

在能源和资源方面,未来化学要研究高效洁净的转化技术和控制低品位燃料的化学反应;新能源,如太阳能以及高效洁净的化学电源与燃料电池等都将成为 21 世纪的重要能源,这些研究大多都需要从化学基本问题做起,否则,很难取得突破。矿产资源是不可再生的,化学要研究重要矿产资源(如稀土)的分离和深加工技术以及利用。

各种结构材料和功能材料与粮食一样永远是人类赖以生存和发展的物质基础。化学是新材料的"源泉",任何功能材料都是以功能分子为基础的,发现具有某种功能的新型结构会引起材料科学的重大突破(如富勒烯)。未来化学不仅要设计和合成分子,而且要把这些分子组装、构筑成具有特定功能的材料。从超导体、半导体到催化剂、药物控释载体、纳米材料等都需要从分子和分子以上层次研究材料的结构。20 世纪化学模拟酶的活性中心的研究已取得进展,未来将会在可用于生产、生活和医疗的模拟酶的研究方面有所突破,而突破是基于构筑既有活性中心又有保证活性中心功能的高级结构的化合物。21 世纪电子信息技术将向更快、更小、功能更强的方向发展,目前大家正在致力于量子计算机、生物计算机、分子器件、生物芯片等新技术,标志着"分子电子学"和"分子信息技术"的到来,这就要求化学家做出更大的努力,设计、合成所需要的各种物质和材料。

在满足生存需要之后,不断提高生存质量和生存安全是人类进步的重要标志。化学可从三个方面对保证生存质量的提高做出贡献:① 通过研究各种物质能的生物效应,找出最佳利用方案;② 研究开发对环境无害的化学品和生活用品,研究对环境无害的生产方式,这两方面是绿色化学的主要内容;③ 研究大环境和小环境(如室内环境)中不利因素的产生、转化和与人体的相互作用,提出优化环境、建立洁净生活空间的途径。

健康是生存质量的重要标志。维持健康状态依靠预防和治疗两方面,以预防为主。预防疾病是 21 世纪医学的中心任务。化学可以从分子水平了解病理过程,提出预警生物标志物的检测方法,建议预防途径。

展望未来,我们有理由相信,21 世纪的化学将更加繁荣兴旺,化学将迎来它新的黄金时代。在国计民生的各个领域,如粮食、能源、材料、医药、交通、国防以及人类的衣、食、住、行、用等方面将继续发挥其不可替代的作用,从 20 世纪开始到 2010 年这 100 多年历届诺贝尔化学奖获得者的重大贡献充分说明了这一点。

## 9.2　化学有毒、有味儿、污染环境是社会的偏见

20 世纪 80 年代以来,人们也许可以观察到化学在社会公众中的形象有一些微妙的变化,甚至一些人认为化学有毒、有味儿、污染环境。国内一些食品、化妆品广告或包装上常加一句"本品不含任何化学添加剂"。好像"化学"成了"有害"的同义词,其实它标榜的纯天然物不也都是化学品吗?

广义地说,任何物质都是有毒的。物质的毒性与物质的量有关。常用衡量物质毒性的标准是 $LD_{50}$(mg/kg)等。详见表 9-1。

表 9-1　化学物质的急性毒性分级

| 毒性分级 | 大鼠一次经口 $LD_{50}$/(mg/kg) | 6 只大鼠吸入 4h 死亡 2 只~ 4 只的浓度($\times 10^{-6}$) | 兔涂皮时 $LD_{50}$/(mg/kg) | 对人可能致死量 | |
|---|---|---|---|---|---|
| | | | | (g/kg) | 总量/g (60kg 体重) |
| 剧毒 | $<1$ | $<10$ | $<5$ | $<0.05$ | 0.1 |
| 高毒 | 1— | 10— | 5— | 0.05— | 3 |
| 中等毒 | 50— | 100— | 44— | 0.5— | 30 |
| 低毒 | 500— | 1000— | 350— | 5— | 250 |
| 微毒 | 5000— | 10000— | 2180— | $>15$ | $>1000$ |

$CO_2$"无毒无害",是有一定前提的,目前大气中 $CO_2$ 平均浓度约 $360 \times 10^{-6}$(V/V),预计到 22 世纪浓度水平会翻倍。它的温室效应,会使地球温度升高 1.5 倍~4.5 倍,会引起一系列的全球性环境问题。另外,如果潜艇或宇宙飞船座舱空气中的 $CO_2$ 浓度提高到 20%,那么其中的工作人员也会因此"中毒"死亡。

人们对于高毒物质倍加小心,但对于低毒物质对人类的伤害却常常掉以轻心,以致造成严重后果。如过度饮酒、吸烟、滥用药品和保健品、过度化妆、染发、暴饮暴食等。

"有味"主要是指有不好闻的味儿。其实味儿的问题也和量有关。一些香料在较高浓度时是不好闻的,只有较稀的情况下才是香的;一些物质在较高浓度下是臭的,但稀释后可能是香料,一个极端的例子是 3-甲基吲哚,俗称粪臭素,但将之稀释后,可作为食品添加剂使用。

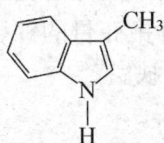

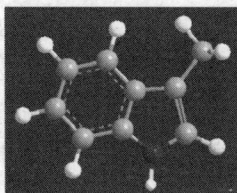

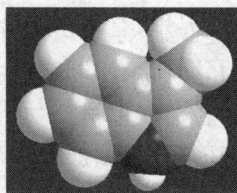

污染环境似乎成了化学的代名词。造成以上这些现象固然部分是出于误解,但是不可否认的是,不少化学工业生产的排放和一些化学品的滥用,确实给整个生态环境造成了非常严重的影响。1983 年,印度 Seveso 农药厂异氰酸甲酯泄漏造成 2000 人死亡,30 万人中毒。这是切尔诺贝利核电站事故后又一次由生产事故造成的震惊全球的大惨剧。除了这些偶然性的化学事故外,可能对社会和生态环境危害更严重的是化学化工生产过程中长期积累性的废物排放,以及一些有毒有害的化工产品在环境中的残留和对环境的破坏。

当前面临的形势是,我们这个社会已无法离开造成我们当前物质文明的化学工业和化工产品而倒退到19世纪。尽管处在恐怖的白色污染包围之中,但我们也无法想象离开今天的高分子产品后,我们的日常生活(尤其是在都市中),还能否正常进行。发达国家已经或正在将一些有毒有害的化学生产转移到发展中国家。而我们自己也已经或正在将这种生产从城市转移到农村,从沿海转移到内地。这样的结果最终还是搬起石头砸自己的脚,毁了我们赖以生存的地球。因此,我们既要为了开创美好生活而发展化学工业,又不能让它的生产过程和它的产品破坏我们的环境,贻害我们的子孙。这正是当前化学家面临的最大挑战,化学家要为社会创造新的、安全的化学——绿色化学。

环境问题密切相关的是能源问题,这在很大程度上也是一个化学问题。22世纪能源的来源主要依靠什么?石油的储量已经不多了,而煤还可能使用几十年甚至几世纪。但接下去的问题是燃煤对环境的影响,二氧化碳的排放是不可避免的,只是我们能否将它固定下来而不造成温室效应。酸雨主要是煤燃烧排放二氧化硫造成的,对它的控制应该是可能的,但要经济地实现则恐非易事。

# 9.3　美哉化学

大自然美令人心旷神怡,留恋忘返。而化学作为实践性和理论性很强的一门自然科学,其闪烁的每一个知识点,都凝成了彩虹般诱人光环的化学之美。

广西桂林岩洞内的钟乳石,真实展示了碳酸钙和碳酸氢钙借助天然水和空气中的二氧化碳相互转化的神奇变化;节日庆典时五彩缤纷的焰火,是焰色反应后美丽的火花装扮夜空的杰作;装扮城市和夜长城的霓虹灯、充入氖气的"人造小太阳",是稀有气体家族的"特技表演";举世闻名、巧夺天工的哈尔滨冰灯凝聚了物理变化的人造自然美;在自然界里,有许多植物色素,像牵牛花、月季花、美人蕉等的花瓣可做指示剂的代用品,它们在不同的酸性、碱性、中性溶液中所显示鲜艳夺目的红、紫、蓝、黄、绿,这魔术般的变化,把自然与科学,美与知识结合得完美无缺。

看看下面的结构,会使你浮想联翩,惊叹化学世界的奇异。

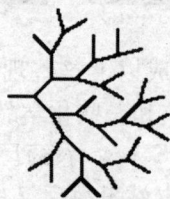

树形大分子　　　　超支化聚合物　　　　柱状树枝化聚合物

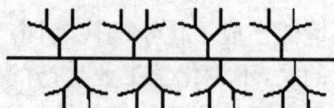

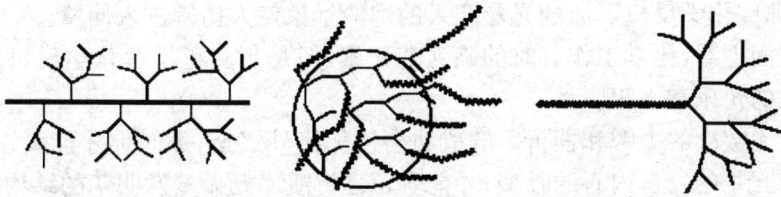

柱状超支化聚合物　　　多臂星形支化聚合物　　　线形—树状共聚物

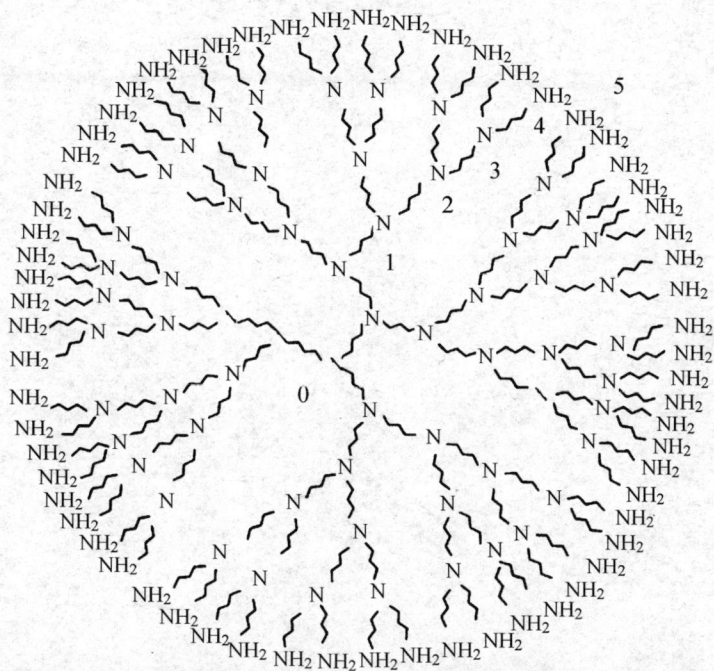

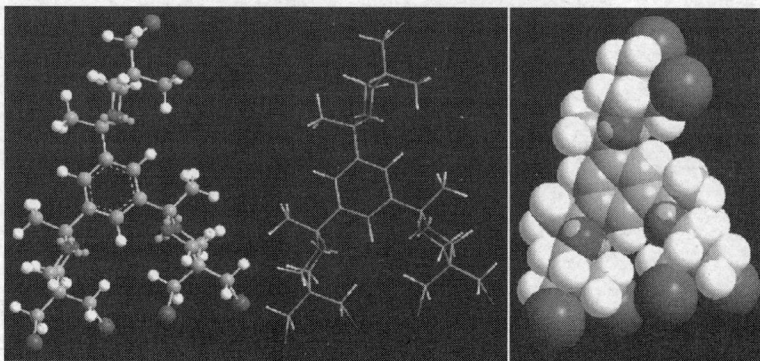

进入分子内部，看看当进行化学反应时分子间是如何重组的；走出太阳系，看看大宇宙，那些化学反应形成的光彩照人的绚丽景象使人仿佛进入仙境。

从表面上看，化学工作有时的确又苦又累，但是当真正了解化学后，你才会体会到那无比的快乐和幸福。

经过无数次的失败和挫折后的成功会使你格外兴奋，那时你才能真正理解诺贝尔"我成功了"的发自内心的呼喊；才能真正理解凯库勒做梦发明苯的结构；才能真正理解对苯肼所具有的依依难舍情怀的 E. 费歇尔；才能真正理解那些为了化学事业受伤、流血、献身的化学先辈……那是真正的美，发自内心的美。

# 参 考 文 献

[1] 严东生. 纳米材料的合成与制备. 无机材料学报,1995,10(1):1.

[2] 廖莉玲,刘吉平. 纳米氧化物的制备与应用. 贵州师范大学学报(自然科学版),2002,20(2):107.

[3] 张立德,牟秀美. 纳米材料科学. 沈阳:辽宁出版社,1994.

[4] 唐波,葛介超,王春先,等. 金属氧化物纳米材料的制备新进展. 化工进展,2002,21(10):707.

[5] 闫晓燕,卫英慧,胡兰青. 纳米氧化锌的制备及其应用. 兵器材料科学与工程,2002,25(6):64.

[6] Korov N A,Dekangy I,Fondler J H. The preparation of Nanometer. -TiO₂. J phys Chem,1995,99(35):130.

[7] 高濂,陈锦元,黄军华. 醇盐水解法制备二氧化钛纳米粉体. 无机材料学报,1995,10(4):423.

[8] 唐芳琼,郭广生,侯莉萍. 纳米 Al₂O₃ 粒子的制备. 感光科学与光化学,2001,19(3):198.

[9] 彭天右,杜平武,胡斌,等. 共沸蒸馏制备超细氧化铝粉体表征. 无机材料学报,2000,15(6):1097.

[10] 董相廷,麦世坚,张伟,等. 硬脂酸凝胶法制备 CeO₂ 纳米粉体. 材料科学与工程,2001,19(1):99.

[11] 石勇. 超导材料的制备与特性研究综述. 山西煤炭管理关埠学院学报,2006(2):48.

[12] 甬江. 双面 YBCO 高温超导薄膜的两面同时溅射沉积技术. 电子科技大学学报,2002(3):327.

[13] 刘春芳. MgB₂ 的超导特性. 稀有金属快报,2002(3):1.

[14] 张武森,王育顺,田昌会,等. 高温超导陶瓷材料的实验研究. 华中科技大学学报(自然科学版),2002,30(4):90.

[15] 晏华. 超分子液晶. 北京:科学出版社,2000.

[16] 刘育. 超分子化学:合成受体的分子识别与组装. 天津:南开大学出版社,2001.

[17] 郭忠先,沈含熙. 卟啉及其类似物超分子功能的分析应用. 分析化学,1998,26(2):226.

[18] 张奕华,田季德,彭司勋. 靶向作用的一氧化氮供体及其相关药物. 药学学报,2006,41(6):481.

[19] Nicolescu A C,Bennett B M. Nitratesand NO release:contemporary aspects in biological andmedicinal chemistry. Free Radic Biol Med,2004,37:1122.

[20] Hou Y C,Janczuk A,Wang P G. Current trends in the development of nitric oxide donors. Curr Pharm Des,1999,5:417.

[21] Wang P G,Xian M,Tang X. Nitric oxide donors and biological app lications. Chem Rev,2002,102:1091.

[22] Roberto S,Patrizia B,Giuseppe E M,et al. Nitric oxide drugs:an update on pathophysiology and thera-peutic potential. Expert Op in Investig Drugs,2005,14:835.

[23] Hrabie JA,Keefer LK. Chemistry of the nitric oxide releasing diazeniumdiolate functional group and its oxygensubstituted derivatives. Chem Rev,2002,102:1135.

[24] Wu X J,Tang X P,Xian M. Glycosylated diazeniumdiolates:a novel class of enzyme-activated nitric oxide donors. Tetrahedron Lett,2001,42:3779.

[25] Findlay V J,Townsend D M,Saavedra J E. Tumor cell responses to a novel glutathione S-transferase-acti-vated nitric oxide-releasing p rodrug Mol.
Pharmacol,2004,65:1070.

[26] Wu X,Tang X,Xian M. Synthesis and cytotoxicities of mannose conjugated S- nitroso-acetylpenicilla-mine. Bioorg Med Chem,2002,10:2303.

[27] 万国清."问题米"、"问题面".化学教育,2002,23,(4).

[28] 赵仲丽,莫尊理.21世纪绿色包装材料.化学教育,2009,30,(3).

[29] 阎蒙钢,马旭明,王江平.保鲜膜的是与非.化学教育,2006,27,(3).

[30] 马子川,张英锋,郑晓珍,等.避孕药中的化学.化学教育,2009,30,(1).

[31] 耿华田.番茄红素与人体健康.化学教育,2006,27(3).

[32] 董宝平.防癌卫士-β-胡萝卜素.化学教育,2004,25(4).

[33] 王丰玲,张英锋,马子川,防晒剂的分类、作用机理与评价.化学教育,2008,29(1).

[34] 杨贤放.服装中的化学.化学教育,2008,29,(5).

[35] 王彬,王俊茹.改正液与人体健康.化学教育,2003,24,(4).

[36] 张英锋,李长江,包富山.共轭亚油酸的结构、生理功能及来源.化学教育,2005,26,(6).

[37] 刘德智,刘翠萍,化学与麻醉剂,化学教育,2009,30,(1).

[38] 赵军,韦薇,环境激素对人体健康的影响.化学教育,2008,29,(1).

[39] 朱池平.环境污染是化学惹的祸吗.化学教育,2007,28,(1).

[40] 彭菊花,冯伯虎.健康之友—橄榄油.化学教育,2006,27,(1).

[41] 胡列扬.可燃"冰"与包合物.化学教育,2002,23,(4).

[42] 仇国苏.莽草酸与禽流感 治疗药——达菲.化学教育,2006,27,(1).

[43] 王炫,沈骚.偶氮染料——苏丹红.化学教育,2005,26,(1).

[44] 刘林,彭蜀晋.浅谈四氯乙烯干洗剂.化学教育,2007,28,(1).

[45] 闵丽,江家发.染发剂与人体健康.化学教育,2009,30,(1).

[46] 孙玉婷,林丹.食品添加剂之膨松剂简介.化学教育,2009,30,(1).

[47] 李静萍,王农.室内装修材料中的有害物质.化学教育,2004,25,(2).

[48] 盛丽,任爱梅.天然抗氧化剂茶多酚.化学教育,2004,25,(8).

[49] 曹楠,贺穗莉.增塑剂的污染与防治.化学教育,2003,24,(1).

[50] 金征宇.食品安全导论.北京:化学工业出版社,2005.

[51] 徐进宜.药物化学.北京:化学工业出版社,2006.

[52] 周志华,金安定,赵波,等.材料化学.北京:化学工业出版社,2006.

[53] 陈军,陶占良.能源化学.北京:化学工业出版社,2006.

[54] 周娜.化学教育.大豆异黄酮与人体健康,2004,25(12):(4).

[55] 杨宏秀,谷云骊.化学与社会发展.北京:化学工业出版社,2002.

[56] 曾北危,姜平.环境激素.北京:化学工业出版社,2005.

[57] 李金.有害物质及其检测.北京:中国石化出版社,2002.

[58] 孙胜龙.家庭环保知识问答.北京:化学工业出版社,2002.

[59] 毛东海,朱江,张德胜.身边的化学.上海:科技文献出版社,2003.

[60] 陈平初,李武客,詹正坤.社会化学.北京:高等教育出版社,2004.

[61] 迟锡增.微量元素与人体健康.北京:化学工业出版社,1997.

[62] 庄晚芳.中国茶史散论.北京:科学出版社,1988.

[63] 唐有祺,王夔.化学与社会.北京:高等教育出版社,1997.

[64] 魏荣宝,阮伟祥,梁娅.有机化学.北京:化学工业出版社,2005.

[65] 魏荣宝,阮伟祥.高等有机化学.北京:国防工业出版社,2006.

[66] 周同惠.今日化学.北京:北京大学出版社,1995.

[67] 常敏毅.烟草的医用价值.今晚报(天津),2000—3—8.

[68] 肖红梅,周光宏.食品中转基因成分的检测.食品科学,2001,22(6):91.

[69] 赵国志.转基因食品的现状与问题.中国油脂,2000,25(6):40.

［70］孙宝国.食用调香术.北京：化学工业出版社,2003.

［71］王明华,周永秋,王彦广,等.化学与现代文明.杭州：浙江大学出版社,2000.

［72］魏荣宝.烟草植物在有机医药和农药中的应用.化学教育,2009,30,(1).

［73］曹南.多氯联苯的污染与防治.化学教育,2004,25(1).

［74］戴志群,黄思量.化学废旧电池的环境污染与利用.化学教育,2005,26(4).

［75］杨明生.非典消毒与化学消毒剂.化学教育,2004,25(1).

［76］孙占怀.谈禁用偶氮染料.化学教育,2005,26(1).

［77］于立青,彭蜀晋.食品色素与人体健康.化学教育,2005,26(3).

［78］姜红卫.食品保鲜中的化学.化学教育,2004,25(1).

［79］张德娟.食物的色香味与食品添加剂.化学教育,2004,25(3).

［80］周云.铅对人体的危害与防治.化学教育,2005,26(4).

［81］董宝平.氟中毒及防治.化学教育,2005,26(3).

［82］王秀红,历静.毒气之王—芥子气.化学教育,2005,26(7).

［83］段天兵.兴奋剂.化学教育,2004,25(3).

［84］尹冬冬,曹应超,李鹏.对室内空气污染的探讨,化学教育,2004,25(1).

［85］高建峰,顾文秀.食品中的致癌物—丙烯酰胺.2005,26(1).

［86］付立海,孙景霞,闵凡新.面粉增白剂—过氧化苯甲酰.2005,26(4).

［87］刘宗寅,吕志清.化学发现的艺术.青岛：中国海洋大学出版社,2003.

［88］刘云.日用化学品原材料及技术手册,北京：化学工业出版社,2003.

［89］杜灿屏,等.21世纪有机化学发展战略.北京：化学工业出版社,2002.

［90］大学化学编辑部.今日化学.北京：高等教育出版社,2006.